环保公益性行业科研专项经费项目系列丛书

入海河口区营养盐基准
确定方法研究

——以长江口为例

郑丙辉　著

科学出版社

北　京

内 容 简 介

入海河口的环境变化一直以来都是国内外十分关注的问题。本书主要针对长江口营养盐基准的确定问题，运用海洋化学、海洋生物学、物理海洋学等多学科理论，识别出长江口富营养化的敏感因子，确定了长江口营养盐的参照状态，提出了长江口营养状态指标无机氮和活性磷酸盐的基准值和标准建议值，并建立了河口区营养盐基准制定的技术方法体系。

本书可供从事海洋环境保护的科技工作者、管理干部以及科研院所、大专院校有关专业的师生参考。

图书在版编目(CIP)数据

入海河口区营养盐基准确定方法研究：以长江口为例 / 郑丙辉著.
—北京：科学出版社，2013

（环保公益性行业科研专项经费项目系列丛书）

ISBN 978-7-03-037281-9

Ⅰ. 入… Ⅱ. 郑… Ⅲ. 长江口–海洋学–研究 Ⅳ. P7

中国版本图书馆 CIP 数据核字（2013）第 071605 号

责任编辑：张 震 / 责任校对：邹慧卿
责任印制：徐晓晨 / 封面设计：无极书装

科 学 出 版 社 出版
北京东黄城根北街 16 号
邮政编码：100717
http://www.sciencep.com

北京京华虎彩印刷有限公司 印刷
科学出版社发行 各地新华书店经销

*

2013 年 5 月第 一 版 开本：787×1092 1/16
2017 年 4 月第二次印刷 印张：14
字数：400 000

定价：180.00 元
（如有印装质量问题，我社负责调换）

环保公益性行业科研专项
经费项目系列丛书
序　言

我国作为一个发展中的人口大国，资源环境问题是长期制约经济社会可持续发展的重大问题。党中央、国务院高度重视环境保护工作，提出了建设生态文明、建设资源节约型与环境友好型社会、推进环境保护历史性转变、让江河湖泊休养生息、节能减排是转方式调结构的重要抓手、环境保护是重大民生问题、探索中国环保新道路等一系列新理念新举措。在科学发展观的指导下，"十一五"环境保护工作成效显著，在经济增长超过预期的情况下，主要污染物减排任务超额完成，环境质量持续改善。

随着当前经济的高速增长，资源环境约束进一步强化，环境保护正处于负重爬坡的艰难阶段。治污减排的压力有增无减，环境质量改善的压力不断加大，防范环境风险的压力持续增加，确保核与辐射安全的压力继续加大，应对全球环境问题的压力急剧加大。要破解发展经济与保护环境的难点，解决影响可持续发展和群众健康的突出环境问题，确保环保工作不断上台阶出亮点，必须充分依靠科技创新和科技进步，构建强大坚实的科技支撑体系。

2006 年，我国发布了《国家中长期科学和技术发展规划纲要（2006-2020 年）》（以下简称《规划纲要》），提出了建设创新型国家战略，科技事业进入了发展的快车道，环保科技也迎来了蓬勃发展的春天。为适应环境保护历史性转变和创新型国家建设的要求，原国家环境保护总局于 2006 年召开了第一次全国环保科技大会，出台了《关于增强环境科技创新能力的若干意见》，确立了科技兴环保战略，建设了环境科技创新体系、环境标准体系、环境技术管理体系三大工程。五年来，在广大环境科技工作者的努力下，水体污染控制与治理科技重大专项启动实施，科技投入持续增加，科技创新能力显著增强；发布了 502 项新标准，现行国家标准达 1263 项，环境标准体系建设实现了跨越式发展；完成了 100 余项环保技术文件的制修订工作，初步建成以重点行业污染防治技术政策、技术指南和工程技术规范为主要内容的国家环境技术管理体系。环境科技为全面完成"十一五"环保规划的各项任务起到了重要的引领和支撑作用。

为优化中央财政科技投入结构，支持市场机制不能有效配置资源的社会公益研究活动，"十一五"期间国家设立了公益性行业科研专项经费。根据财政部、科技部的总体部署，环保公益性行业科研专项紧密围绕《规划纲要》和《国家环境保护"十一五"科技发展规划》确定的重点领域和优先主题，立足环境管理中的科技需求，积极开展应急性、培育性、基础性科学研究。"十一五"期间，环境保护部组织实施了公益性行业科研专项项目 234 项，涉及大气、水、生态、土壤、固废、核与辐射等领域，共有包括中央级科研院所、高等院校、地方环保科研单位和企业等几百家单位参与，逐步形成了优势互补、团结协作、良性竞争、共同发展的环保科技"统一战线"。目前，专项取得了重要研究成果，提出了一系列控制污染和改善环境质量技术方案，形成一批环境监测预警和监督管理技术体系，研发出一批与生态环境保护、国际履约、核与辐射安全相关的关键技术，提出了一系列环境标准、指南和技术规范建议，为解决我国环境保护和环境管理中急需的成套技术和政策制定提供了重要的科技支撑。

为广泛共享"十一五"期间环保公益性行业科研专项项目研究成果，及时总结项目组织管理经验，环境保护部科技标准司组织出版"十一五"环保公益性行业科研专项经费系列丛书。该丛书汇集了一批专项研究的代表性成果，具有较强的学术性和实用性，可以说是环境领域不可多得的资料文献。丛书的组织出版，在科技管理上也是一次很好的尝试，我们希望通过这一尝试，能够进一步活跃环保科技的学术氛围，促进科技成果的转化与应用，为探索中国环保新道路提供有力的科技支撑。

中华人民共和国环境保护部副部长

吴晓青

2011 年 10 月

前　言

我国海岸线漫长，有众多规模各异、类型多样的入海河口。据统计，在长达 32 000km 的海岸线上，分布着大小河口 1800 多个，仅河流长度在 100km 以上的河口就有 60 多个。河口作为连接流域和海洋的枢纽，既是流域物质的归宿，又是海洋物质补给的开始。河口区由于受到淡水径流和海洋潮汐的影响，陆海相互作用特别强烈。同时，河口也是受人类活动与全球气候变化影响最为显著的区域。全球 60% 的人口和 2/3 的大中城市集中在河口海岸地区，日益加剧的人类活动增加了河口海岸地区的压力。全世界河流携带的入海悬浮物质及化学元素/污染物的 75% ~ 90% 归宿于河口—近海地区。大量污染物进入河口，导致河口营养盐过剩从而发生富营养化，破坏了原有的生态系统平衡，引起赤潮的暴发，对人类生存环境安全构成严峻的挑战。

2008 年，环境保护部在环保公益性行业科技专项中设立"长江河口区营养盐基准确定方法研究"项目，项目编号为"2008467041"。项目以长江口及其邻近海域为典型研究区域，在深入调查河口区生态系统健康及演变过程、河口生态系统对营养盐的响应特征基础上，建立基于营养盐敏感性的河口分区方法、河口区参考状态确定方法，进而提出营养盐基准制定技术方法，解决营养盐基准制定过程中的关键基础问题，提出长江口及毗邻海域营养盐参照状态、基准值以及标准建议稿，探索基准应用及管理模式，为长江口水域营养盐管理提供决策支持，并为我国开展区域性河口营养盐基准制定提供技术示范。

本书是对"长江河口区营养盐基准确定方法研究"项目研究成果的进一步凝练，主要针对河口营养盐基准的制定问题，运用海洋生物学、生物地球化学、环境地质学、物理海洋学、统计学以及地理信息学等多学科理论，确定了河口区营养盐的变量指标，进行了河口分区，提出了河口营养盐基准制定方法。我们的研究为河口营养盐标准的制定提供了技术支撑，为实现河口分类、分区的管理模式提供了支持。

全书共计八章。第 1 章系统介绍了河口的特征、富营养化、国外营养盐基准制定的典型案例以及河口营养盐基准制定的技术理论框架。第 2 章全面介绍了长江口自然环境特征、社会经济特征、水质与沉积物以及生物群落特征。第 3 章系统分析了长江口浮游植物、浮游动物、底栖生物等主要生物群落对营养盐变化的响应关系，分析了长江口 40 年以来赤潮暴发的时空分布特征。第 4 章系统阐述了河口分区理论与分区方法，并从营养盐敏感性角度，基于长江口自然地理特征，对长江口进行了一、二级分区和检验。第 5 章基于 EFDC 模型，搭建了长江口及邻近海域三维水动力水质模型，对河口区营养盐对流域氮、磷负荷的响应进行了模拟与验证。第 6 章系统介绍了河口富营养化指标的筛选与确定方法，利用频率分布曲线法，确定了长江口敏感区富营养化指标的参照状态。第 7 章基于长江口营养盐的历史记录与模型分析，初步确定了长江口外近海区和舟山海区的无机氮和活性磷酸盐的基准建议值，并进一步提出了长江口及近岸海域营养盐的分级控制标准。第

8 章对河口及近岸海域营养盐管理工作提出了若干对策建议和研究展望，包括开展河口分区、完善河口营养盐指标体系、基于流域尺度进行营养盐的综合管理以及实施河口科技专项研究等。

本项目由中国环境科学研究院牵头，浙江省舟山海洋生态环境监测站协作完成。本项目的圆满完成与两承担单位的通力合作以及众多研究者的辛勤劳动是分不开的。作为本项目的负责人，我衷心地感谢中国环境科学研究院同仁刘录三博士、林岿璇博士、朱延忠助理研究员、乔飞博士、王丽平博士、李黎博士、王丽婧博士、周娟助理研究员、王瑜助理研究员等，他们为本项目的高质量、高水平的完成各尽其责，不懈努力。此外，还要感谢浙江省舟山海洋生态环境监测站的邵君波高工、唐静亮高工、王益鸣高工、胡颢琰高工、何松琴高工、黄备高工等项目组人员对本项目开展长江口海洋生态综合调查以及近 20 年的历史数据综合分析提供的帮助。

在本书写作过程中，作者力求最大限度的科学性、前沿性和应用性的有机结合，但是河口营养盐基准研究中涉及的内容广泛，又是多学科交叉，缺乏现成的经验可以借鉴，书中若存在不足与错误，恳请读者批评指正。

郑丙辉

2013 年 2 月于北京

目　　录

1

概　论

1.1　河口的定义与特征

　　河口是流域和海洋的枢纽，既是流域物质的归宿，又是海洋的开始。经典的河口定义由 Pritchard（1967）提出："可与外海自由连通的半封闭沿海水体，海水在这里被由陆地流入的淡水所冲淡。"然而该定义聚焦于所选择的物理特性，却忽略了沿海海域的生态系统多样性以及生物的作用，例如，河口区珊瑚礁生物与湿地对近岸海域生态结构与功能的影响。在美国，大多数州将河口及近岸海域的法定管理权限设置为 3 海里之内，然而在此界限之外的沿海海洋过程也会影响 3 海里之内的营养盐负荷与系统脆弱性。因此，美国环境保护署（U. S. Environmental Protection Agency，EPA）将河口及近岸海域所包括的范围定义为"位于沿岸平均高水位基线与陆架坡折之间的海洋系统，当存在开放性的大陆架时则指离岸 20 海里以内的海洋系统"。目前，一般根据动力条件和地貌形态将河口分为河流近口段、河口段和口外海滨三部分：河流近口段以河流特性为主；河口段的河流因素和海洋因素强弱交替地相互作用，有独特的性质；口外海滨以海洋特性为主。

　　河口区由于受淡水径流及海洋潮汐两种主要动力作用的影响，存在环流现象（图 1-1），致使这里咸淡水及海陆交汇作用频繁，环境因子变化剧烈，各种物理、化学和生物过程耦合多变，生态环境错综复杂，生态系统敏感脆弱。河口海岸地带通常又是经济发达、人口聚居之地，大约有世界 60% 的人口和 2/3 的大中城市集中在沿海地区。高强度经济活动如流域周边森林的破坏、高坝的建设、跨流域的调水、化肥的大量使用等赋予流域环境的压力最终向河口转移、汇聚，通过改变物质和能量通量对河口及其邻近海域的环境产生深刻的影响。此外，来自海洋系统的自然和人类活动如海洋的潮汐、环流、赤潮以及人类在海洋上的开发活动等也强烈影响着河口区环境。河口的一些重要的特征包括：

　　1）河口位于淡水生态系统（湖泊、河流、溪流，淡水和沿岸湿地，地下水系统）和沿岸陆架系统之间，生态边界状态形成了淡水和外海这两种不同生态系统之间的过渡体。

　　2）河口相对较浅，常常仅几米至几十米深。这一区域底栖-浮游系统的耦合影响了营养盐循环，发达的底栖生物群落参与到营养盐循环中。

　　3）受河流影响的河口与其他系统显著不同。一般来说，垂直混合主要受热量输入的季节循环和水温分层调节。然而河口区的垂直混合则受一种更大、变化性更强的浮力源

（source of buoyancy）调节，即河流冲淡水使得水体在垂向上更加稳定。此外，冲淡水导致了纵向和垂直方向的盐度梯度，并驱动非潮汐重力循环，该重力循环也是冲刷过程的主要来源。

4）相对海洋系统，河口颗粒丰富，且具有保留这种颗粒的物理机制。这些悬浮颗粒调和了许多活动（如对光的吸收和散射或对深水物质的吸收如磷和有毒污染物）。河川径流带来新的颗粒，而潮汐流和风浪使底层颗粒重新浮起。

5）由于陆源的输入以及理化和充当"过滤器"功能的生物过程将营养盐阻留在河口，许多河口在自然状态下就呈现出营养盐富足的状况。

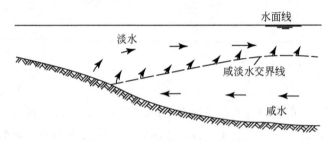

图 1-1　河口区环流现象示意图

1.2　河口富营养化现象

富营养化是一种自然现象，但近几十年来各种人类活动显著增加，致使大量富含氮、磷的工业废水和城市生活污水被排入海湾、河口等近岸水域，导致藻类及其他浮游生物在适宜的光照、水温等物理条件下恶性繁殖，对生态系统造成了一系列的危害和影响。

河口区一直是人口稠密、经济富足的区域。通过入海河流输送、流域城市以及农村等排放的大量污染物不断进入河口海湾等海域，使得该海域普遍存在营养盐过量问题，表现为过量的营养物质使原有的水生生态失去平衡，导致一系列物理、化学和生物过程发生变化。在沿海水域，富营养化与一系列沿海环境问题密切相关，例如赤潮、鱼类死亡、海洋哺乳动物死亡、贝类暴发性中毒、海草与底栖生物栖息地丧失、珊瑚礁毁坏以及如墨西哥湾"死亡带"一样的缺氧与无氧现象等（NRC，2000；Rabalais et al.，1991）。此外，富营养化还能够加剧人类健康效应（Colwell，1996）。富营养化的征兆通常包括初级征兆（如有机质供给率的增加、藻类优势度的改变以及水体透明度下降）与上面所述的一项或多项次级征兆（图 1-2）。人类活动引起的河口与沿海海域富营养化问题被认为是一个国家的主要问题之一（EPA，2001）。在美国，美国国家海洋和大气管理局（National Oceanic and Atmospheric Administration，NOAA）启动的国家河口超营养评估 1991 显示，在 138 个调查河口中，约 60% 存在从适度到严重等不同程度的富营养化状况。总之，富营养化问题由来已久，各国及其相关组织均致力于该问题的解决。

以长江口为例。长江三角洲地区是我国工农业最发达的地区之一，经济高速发展的同时也带来了严重的环境污染问题，影响着长江口及其邻近海域的生态环境。污染特别是富营养化使长江口及毗邻海域生态环境严重恶化。长江的无机氮通量自 20 世纪 60 年代以来

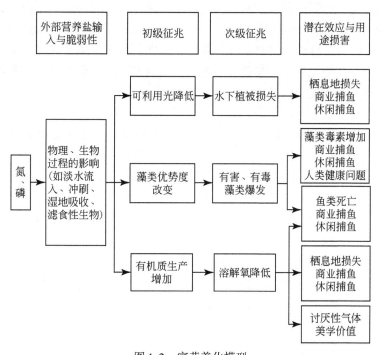

图 1-2　富营养化模型

资料来源：Bricker et al.，1999

增加了 7 ～ 8 倍，而硅酸盐通量呈显著减少趋势。由于富营养化的加剧，原有生态系统失去平衡，引起大面积赤潮的暴发。一方面，某些赤潮生物体内分泌有毒物质对生态系统、渔业资源、海产养殖及人体健康等造成损害；另一方面，因赤潮生物的大量增殖导致海域耗氧过度，影响海洋生物生存环境，进而破坏海域生态系统结构。目前，长江口及毗邻海域已经成为我国有害赤潮高发区之一，有记录的赤潮事件约有 1/4 发生于该海域。因此急需从环境管理的角度出发，提高河口区营养盐监测、评估和管理水平。

1.3　河口营养盐基准的概念

河口区营养盐基准（nutrient criteria in estuarine waters）可定义为环境中营养状态参数对河口区不产生不良或有害影响的最大剂量（无作用剂量）或浓度。近几十年来，国内外学者们围绕河口区营养盐循环分布、理化因子与初级生产力关系、营养盐生态动力学过程等方面开展了大量研究，为了解富营养化的发生过程提供了重要基础（孟伟等，2006）。然而，如何吸收利用相关研究成果，从营养盐基准制定的角度分析相关的科学基础问题，提出有效的操作方式和方法，学术界的关注和系统研究显然不够。同时，学术方面尚存的争议、复杂的河口富营养化机制、地理区域和自然特征的差异、定位（学术或管理）各异的研究需求和手段，亦使得河口营养盐基准制定的难度变大。

河口与其他生态系统相比，最基本的生境特征在于受淡水径流及海洋潮汐两种主要动力作用的影响，海陆物质在此交汇，咸淡水体在此混合，理化过程、生物过程复杂多样。

因此，随着经济社会的高速发展，在河口生态系统中，维持浮游植物生长并能调节系统物质循环与能量流动的氮、磷等营养物质引发的河口生态环境问题越来越受到人们的关注。由于河口生态系统的特殊性，河口营养盐控制管理尤为重要，需要通过对河口生态系统特殊性的详细研究与其变化规律的掌握，制定出一套有别于淡水营养盐基准和海水营养盐基准的体系，以有利于相关部门开展河口营养盐监测、评估和管理工作。

从国内外营养盐基准制定的进展来看，河口以及河流、湖泊与湖库等水体的营养盐基准制定普遍滞后于其他水质指标基准的制定，目前仍处于探索阶段。美国早在1976年就发布了第一部国家水质基准，1998年制定了《区域营养盐基准的国家战略》，2000年前后才分别发布了湖泊与水库、河流、河口及近岸水域、湿地营养盐基准技术指南，以推动各州和各郡制定区域性营养盐基准。欧盟于2002年制定了《水框架指令实施战略》，针对过渡水体及海岸水体的参照状态问题提出了指导意见和方法。然而，其主要立足水生态保护角度，虽涵盖了部分生物指标，却并未从营养盐控制角度系统地考虑营养盐管理相关指标。

氮、磷等营养盐对水生生物的毒理作用相对较小，其危害主要在于促进藻类的生长而暴发水华，从而导致水生生物的死亡和水生态系统的破坏。因此，防止水体富营养化的营养盐基准是基于生态学原理和方法来制定的，而不能采用生物毒理学方法来制定。

1.4 典型案例研究

美国和欧盟的营养盐基准研究工作起步较早，近年来取得了不少成效，对我国的河口营养盐基准制定具有借鉴意义。美国EPA于2001发布了《营养盐基准技术指导手册——河口与近岸水域》，随后沿海各州的环保部门也分别制定了营养盐基准发展计划。虽然截至2011年底仍没有哪个州的营养盐基准通过EPA的审核而正式生效，但在某些特定水域，其营养盐基准工作已经就绪，并开始按照基准进行有效管理，如切萨皮克湾等（Virginia DEQ，2004）。美国各州的营养盐基准制定进展见表1-1。欧盟于2000年制定了《水框架指令》（Water Framework Directive，WFD），规定成员国以及准备加入的国家都必须使本国的水资源管理体系符合WFD的要求，并共同参与流域管理。欧盟各国的近岸水域营养盐基准也都是在WFD的指导下建立的。以下以具体案例来探讨美国和欧盟的营养盐基准研究及管理的经验。

表1-1　美国各州河口营养盐基准研究进展（截至2011年年底）

州	基准制定				敏感指标	基准应用时间
	N	P	Chl-a	浊度		
缅因州	—	—	—	—	TP，TN，Chl-a	未定
马萨诸塞州	W	—	—	—	TP，TN，可溶性磷，Chl-a，丝状藻类覆盖度，漂浮植物，透明度，DO	未定
罗德岛州	—	—	—	—	TP，TN，Chl-a，电导率，透明度	未定

州	基准制定				敏感指标	基准应用时间
	N	P	Chl-a	浊度		
康涅狄格州	—	—	—	—	TP, Chl-a, 透明度	未定
纽约州	—	—	—	—	TP, DO, pH, Chl-a, 浊度, 透明度	未定
新泽西州	—	—	—	W	P	未定
德拉维尔州	W	W	—	W	TP, TN, Chl-a, 浊度	2007
马里兰州	—	—	—	S	TP, Chl-a, 透明度	切萨皮克湾 2004
哥伦比亚特区	—	—	S	S	TP, TN, Chl-a, 浊度	N/A
弗吉尼亚州			W	W	TP, TN, Chl-a, 电导率, DO	Tidal James 2005; York River, 2006
北卡罗来纳州	—	—	S	W	Chl-a	2010
南卡罗来纳州	—	—	—	W	TP, TN, Chl-a, 电导率	2011
佐治亚州	—	—	—	—	TP, TN, Chl-a, 透明度	2014
佛罗里达州	—	—	—	—	TP, TN, Chl-a	2012
阿拉巴马州	—	—	—	—	Chl-a, TP, TN, 透明度	2013
密西西比州	—	—	—	—	TP, TN, Chl-a, 电导率	2011
路易斯安那州	—	—	—	—	TP, TN	未定
得克萨斯州	—	—	—	—	TP, TN, Chl-a, DO, 电导率, 透明度	2011
加利福尼亚州	W	W	—	W	N/A	—
俄勒冈州	—	—	S	—	N/A	暂无计划
华盛顿州	—	—	—	—	TP, Chl-a, 透明度	未定

注：N，氮；P，磷；Chl-a，叶绿素a；TP，总磷；TN，总氮；S，全州；W，特定水域；—，未完成；N/A，不具执行性。

1.4.1　切萨皮克湾

切萨皮克湾是美国东部大西洋沿岸最大的海湾。由于陆地淡水注入，湾内水体分层明显，加上地形特征造成的营养盐滞留和水文循环，在水温较高的季节（5~9月）特别容易导致底层水体严重缺氧。早在1987年，切萨皮克湾计划的合作者就制定了氮、磷减少

40%的目标，以改善海湾的低溶氧状况，参与的州有马里兰州、弗吉尼亚州、宾夕法尼亚州和哥伦比亚特区。2000年达成的《切萨皮克2000协议》制定了到2010年恢复海湾水质的一系列合作行动办法。协议提出到2010年，确定保护水生生物资源所必需的水质状况。这种水质状况由切萨皮克湾的水质基准，包括溶解氧、浊度和叶绿素a含量来定义，这3个指标提供了对生物资源造成影响的营养盐过剩和沉积物污染的最直接参考（EPA，2001）。溶解氧基准是其中最重要的指标。对切萨皮克湾溶解氧修复的目标是：制定和采纳能够维持湾内生物资源的水质以及保护栖息环境的规范。弗吉尼亚州的近岸海域溶解氧标准为5mg/L，其目标有三个：保证海洋生物幼体与成体存活，保证生物正常生长，保证种群个体补充（Virginia DEQ，2004）。但专家认为，在切萨皮克湾，特别是较深的水道，是无法保证溶解氧达标的。而在其他一些地方，比如重要洄游鱼类产卵地，需要更高的溶解氧水平以保证晚冬至初夏之间的鱼类生存。因此，弗吉尼亚州环境质量管理处根据切萨皮克湾的水深、水动力条件和生物群落特征，把水域划分成不同用途的区域，采用不同的营养盐基准进行管理。表1-2显示切萨皮克湾不同水域采纳的溶解氧基准。至2006年，弗吉尼亚州水控制委员会制定的James河Chl-a基准、Mattaponi河和Pamunkey河的溶解氧基准开始生效，标志着切萨皮克湾相关的营养盐基准全部完成。

表1-2 切萨皮克湾保护水体特殊用途的溶解氧基准

指定用途水体	基准浓度	时间
洄游性鱼类产卵和发育场所	7日平均值>6mg/L （盐度0~0.5 ppt[①]的潮滩栖息地） 瞬时最低值>5mg/L	2月1日~5月31日
开阔水域	30天平均值>5.5mg/L （盐度0~0.5 ppt的潮滩栖息地） 30天平均值>5mg/L （盐度>0.5 ppt的潮滩栖息地） 7日平均值>4mg/L 瞬时最低值>3.2mg/L（气温<29℃） 瞬时最低值>4.3mg/L（气温>29℃）	全年
深水	30天平均值>3mg/L 1天平均值>2.3mg/L 瞬时最低值>1.7mg/L	1月1日~9月30日
深水航道	瞬时最低值>1mg/L	1月1日~9月30日

① $1\text{ppt} = 1 \times 10^{-12}$

1.4.2　坦帕湾

坦帕湾位于墨西哥湾东部海岸，是佛罗里达州最大的河口，流域面积 5700km²，人口超过两百万（图 1-3）。坦帕湾栖息地类型包括红树林、盐沼和海草床。20 世纪 50 年代以来，由于疏浚和填海工程，这些栖息地面积急剧萎缩，影响最显著的是海草床。坦帕湾的海草床是鱼类和无脊椎动物的重要栖息地和发育场所，也给海牛、海龟提供了食物来源。由于营养盐污染及物理扰动，湾内水体浊度升高，致使水底光照不足，海草无法生长。早在 1990 年，坦帕湾就被纳入美国 EPA 的国家河口计划，以恢复海湾的生态系统。坦帕湾国家河口计划建立了水质模型，定量分析氮盐负荷与湾内水质，以及水质与海草床恢复的

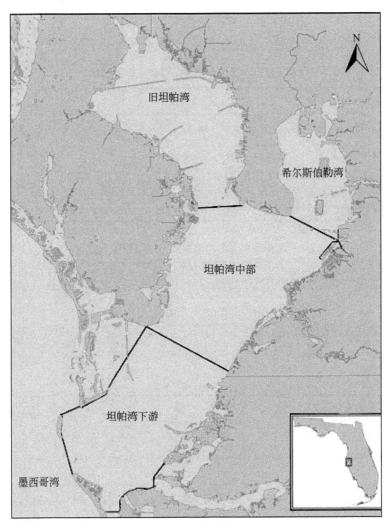

图 1-3　坦帕湾分部地图

关系。坦帕湾海草床恢复计划的总体思路为：通过控制水体的氮负荷，从而控制湾内的叶绿素 a 浓度，降低水体浊度，以保证海草的光需求，保障海草的繁殖和生长。坦帕湾海草床恢复的关键步骤有以下 3 点：

（1）针对海湾的每个部分设立定量的海草覆盖度目标；

（2）确定海草床水质要求和合适的氮盐负荷目标；

（3）定义并执行氮管理措施以实现负荷管理目标。

1992 年，坦帕湾国家河口计划确定了海草床恢复目标为恢复到 1950 年水平的 95%，面积约为 38 000 英亩。1996 年，坦帕湾国家河口计划确定将 1992~1994 年的氮负荷水平作为营养盐管理的警戒线，因为监测资料表明，1992~1994 年的水质状况能保证 20.5% 以上的年均水面辐射达到海草生长深度，该光照强度足以确保海草床的恢复目标（EPA，2001）。同年，坦帕湾国家河口计划确定了叶绿素 a 管理目标（表 1-3）；2002 年，编制了海草床恢复的保证计划；2010 年提出营养盐数值基准（表 1-4）（佛罗里达州环境质量部门，2011）。

表 1-3　坦帕湾各部分叶绿素 a 管理目标　　　　　　（单位：mg/m^3）

海湾	Chl-a 目标值	Chl-a 临界值
旧坦帕湾	8.5	9.3
希尔斯伯勒湾	13.2	15.0
坦帕湾中部	7.4	8.5
坦帕湾下游	4.6	5.1

表 1-4　坦帕湾各部分总氮输入率的数值营养盐基准*　　　　（单位：mg/L）

海湾	总氮负荷临界值
旧坦帕湾	1.08
希尔斯伯勒湾	1.62
坦帕湾中部	1.24
坦帕湾下游	0.97

* 基于 1992~1994 年水质状况。

1.4.3　英国

英国的近岸及河口过渡区营养盐标准是按照欧盟《水框架指令》和《奥斯陆–巴黎公约》制定的。标准制定时先对水体进行水质分级，然后根据不同等级的水质确定其营养盐浓度阈值。水质状况共分为 5 个等级：优、良、一般、较差、差。其中优为环境未受干扰时的背景值，良是在背景值基础上增加 50%。分级的依据为生物评价和环境指标评价。表

1-5 显示了英国外海、近岸和河口过渡区海域现行水框架指令下健康水质等级的无机氮浓度值。英国的水质标准咨询机构（United Kingdom Technical Advisory Group，UKTAG）把以上分级原则推广到较差的水质环境，并建议修订等级间的临界值，使其能应用于英国所有沿岸水域。其建议临界值见表1-6。

表 1-5　英国外海、近岸和过口渡区海域现行水框架指令下的健康水质等级的无机氮浓度

（单位：mg/L）

海域	无机氮	
	优	良
外海	0.14	0.21
近岸	0.18	0.28
过渡区	0.28	0.42

表 1-6　英国河口及近岸海区水质等级无机氮浓度建议临界值　（单位：mg/L）

海域	盐度	分级			
		优	良	一般	较差
近岸	30～34.5	0.17	0.25	0.38	0.57
过渡区	<30	0.28	0.42	0.63	0.95

1.5　营养盐基准确定的技术方法

1.5.1　技术流程

从营养盐基准的定义以及其生态学属性可以看出，推荐一个适用于我国所有河口的国家级营养盐基准显然是不现实的。因为在不同气候区、不同水动力条件、不同输入方式、不同季节间，营养盐基准存在明显的波动。而且，与河流或湖泊可以按类型（如高原湖泊、浅水草型湖泊、浅水藻型湖泊）制定营养盐基准不同，河口及邻近水域大都具有较强的独特性，更多时候需要针对每个河口制定适合其自身特点的营养盐基准，甚至根据水体盐度或深度等梯度特征分区制定。

为保证所制定的河口营养盐基准具有较高的科学性与适用性，在河口营养盐基准制定前，建立一个囊括国内知名河口专家、学者、政策制定者、利益相关者的人才库是非常必要的。他们精通河口及近岸海域的科学原理与管理手段，不必全程参与到具体河口的数据分析与基准提出工作中，但需要以集中研讨或书面咨询的方式，参与河口营养盐基准的调整、确认与说明。

综上，我们认识到，在河口营养盐基准制定过程中，确定营养盐参照状态是至关重要的一环。以确定参照状态为核心，可以将河口营养盐基准制定的程序概要如下（图1-4）：

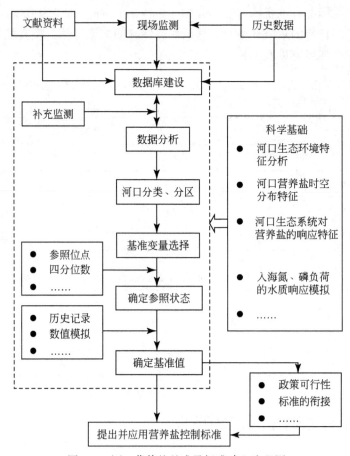

图 1-4　河口营养盐基准及标准建立流程图

1）调研河口的相关文献资料与历史信息。包括河口上游流域特征；河口水动力条件、水力滞留时间、径流量、营养盐的自然背景水平与现状、赤潮发生情况等；在河口区开展以营养盐相关指标为核心的周期性生态环境综合监测与补充监测，建立数据库。

2）根据盐度、水深、浑浊度等自然环境特征，进行基于自然生境特征的河口区域划分，区分对营养盐敏感的区域与不敏感区域。

3）选择营养盐基准变量指标。包括原因变量无机氮、活性磷酸盐，以及响应变量叶绿素 a。另外根据水域环境特点可选择若干补充指标，如浮游植物密度、化学需氧量（COD_{Mn}）、透明度等。

4）确定河口营养盐敏感区的参照状态。鉴于目前我国主要河口都受到人为因素强烈干扰的实际情况，难以寻找"流域开发强度很小、基本未受干扰"的区域，建议在全区域系统调查的基础上确定其参照状态。

5）提出河口营养盐敏感区的基准值以及相应的控制标准。以参照状态为准，结合历史数据分析、水质响应模拟及其敏感目标的实际需求，提出河口营养盐敏感区基准值。在此基础上，利用水质模拟结果，综合上游营养盐输入影响，推导出河口区营养盐控制标准。

6）河口营养盐基准与标准的评价、解释和校正。河口营养盐基准制定程序与相应基准、标准值的调整应具有一定程度的灵活性，可以允许管理者根据如下情况作出修正：根据不同河口的生态环境特征或水体利用情况建立特定基准值；根据科技发展情况选择更为适宜的营养盐基准制定程序与方法。

1.5.2　研究区域

本研究选择长江口及其邻近海域（29°30′N～32°00′N，123°E以西）作为研究区域。长江口是我国唯一的超大型河口，是海陆交互作用较为强烈的地区，面积约 38 040 km²，包括江苏东南部海域、上海周边海域、杭州湾及舟山海域（图1-5）。长江口沿岸亦是我国经济发展最为活跃的区域，人类活动频繁，导致水体中氮、磷含量明显高于其他海区。此外，作为典型的河口区，这里长期受长江冲淡水以及台湾暖流的直接影响，水体环境较为复杂，我国现有的海域环境标准难以满足长江口营养盐控制管理的需求。

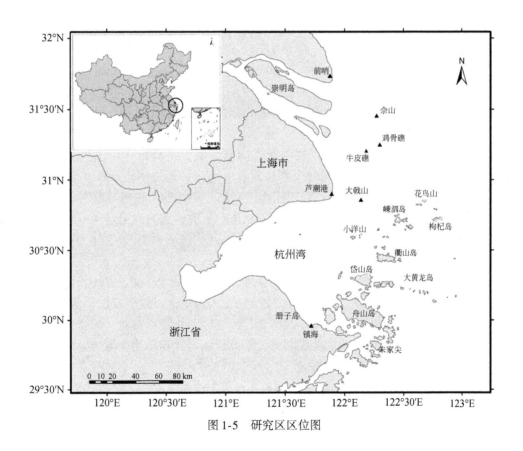

图1-5　研究区区位图

1.5.3　研究内容

（1）长江口水域生态系统健康状况及其演变过程研究

长江口水生态环境状况调查分析：基于长江口水生态现状调查及历史资料收集，掌握长江口水文、化学、生物学参数的时空分布和变化特征，阐明氮、磷营养盐分布和生物群落的时空分异特征，分析长江口水生态系统健康状况。

长江口水生态系统长期演变过程研究：研究长江口海域近 50~60 年来的入海污染物通量变化、水质特征变化、生物群落结构变化特征，分析长江口水生态系统长期演变过程，重点识别水生态系统演变趋势、重要突变时段，并剖析相应时段变化原因。

（2）长江口河口营养盐敏感性特征研究

研究不同季节性、地理性特征下，长江口水域对营养盐的敏感性特征。河口营养盐敏感性即为河口生态系统对营养盐的敏感程度。具体包括，分析河口区主要的化学、生物参数变化与生物群落的响应关系；分析主要物理参数（如盐度、环流、水深、径流特征等）变化与河口生物群落的响应关系；研究长江口生态系统对营养盐产生响应的敏感程度。长江口营养盐敏感性特征研究是长江口营养盐基准制定需要解决的重要基础性科学问题。

（3）长江口分区研究

调研分析国内外相关文献资料，建立基于营养盐敏感性的长江口分区方法；根据长江口水生态环境状况空间分布特征、河口营养盐敏感性特征，开展长江口分区研究。

由于不同的自然地理条件下水体生态系统对营养盐含量的反应具有很大差异。因而河口分区是营养盐基准制定过程中的重要步骤，直接影响基准制定的操作性问题。

（4）长江口营养盐参照状态确定方法研究

借鉴国外研究进展，建立长江口参照状态确定方法，结合长江口水生态系统演变过程，综合采用多种途径与技术，通过分析、对比、综合，最终确定长江口营养盐参照状态。参照状态（reference condition）是追踪水体自然、初始的一种较好状态，用以衡量此区域内该水体类型相对于未受干扰水体的营养状态。参照状态的确定是河口营养盐基准值最终确定的基础。

（5）长江口营养盐基准与标准确定方法研究

在确定长江口参照状态的基础上，研究基准值确定、评估及校正方法，确定长江口营养盐基准指标（如总氮、总磷、叶绿素 a、透明度、溶解氧），提出长江口营养盐基准值。从基准应用及管理实施角度出发，结合我国现行标准体系及管理实践，研究长江口营养盐基准与标准体系的建立、应用及实施机制等，提出长江口营养盐基准值与标准建议稿，探索建立长江口营养盐基准应用管理模式。

1.5.4　技术路线

本研究拟采取历史资料的收集与再分析—现场调查—室内实验研究—数学模型以及数理统计等相结合的系统研究方法。项目采取的技术路线如图 1-6 所示：

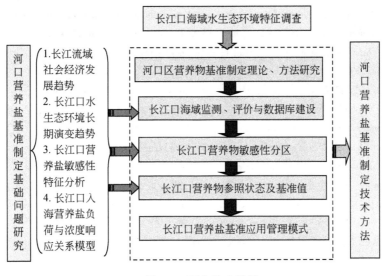

图 1-6　研究技术路线

参 考 文 献

戴志军，任杰，周作付 . 2000. 河口定义及分类研究的进展 . 台湾海峡，19（2）：254-260.

冯士祚，李凤歧，李少菁 . 1999. 海洋科学导论 . 北京：高等教育出版社 .

高会旺，杨华，张英娟，等 . 2001. 渤海初级生产力的若干理化影响因子初步分析 . 青岛海洋大学学报，
　　31（4）：487-494.

刘浩，尹宝树 . 2007. 渤海生态动力过程的模型研究：Ⅱ . 营养盐以及叶绿素 a 的季节变化 . 海洋学报，
　　29（4）：20-31.

刘慧，董双林，方建光 . 2002. 全球海域营养盐限制研究进展 . 海洋科学，26（8）：47-53.

陆健健 . 2002. 河口生态学 . 北京：海洋出版社 .

孟伟，张远，郑丙辉 . 2006. 水环境质量基准、标准与流域水污染物总量控制策略 . 环境科学研究，
　　19（3）：1-6.

蒲新明，吴玉霖，张永山 . 2001. 长江口区浮游植物营养限制因子的研究：Ⅰ . 春季的营养限制情况 . 海
　　洋学报，23（3）：57-65.

孙军，刘东艳，柴心玉，等 . 2003. 1998~1999 年春秋季渤海中部及其邻近海域叶绿素 a 浓度及初级生产力
　　估算 . 生态学报，23（3）：517-526.

夏青，陈艳卿，刘宪兵 . 2004. 水质基准与标准 . 北京：中国标准出版社 .

杨东方，王凡，高振会，等 . 2005. 长江口理化因子影响初级生产力的探索：Ⅰ . 营养盐限制的判断方法和
　　法则在长江口水域应用 . 海洋科学进展，23（3）：368-373.

于志刚，米铁柱，谢宝东，等 . 2000. 二十年来渤海生态环境参数的演化和相互关系 . 海洋环境科学，
　　19（1）：15-19.

张远，郑丙辉，富国 . 2006. 河道型水库基于敏感性分区的营养状态标准与评价方法研究 . 环境科学学报，
　　26（6）：1016-1021.

周俊丽，刘征涛，孟伟，等 . 2006. 长江口营养盐浓度变化及分布特征 . 环境科学研究，19（6）：139-144.

Chai C，Yu Z M，Song X X. 2006. The status and characteristics of eutrophication in the Yangtze River

(Changjiang) Estuary and the adjacent East China Sea, China. Hydrobiologia, 563: 313-328.

Cloern J E. 1996. Phytoplankton bloom dynamics in coastal ecosystems: a review with some general lessons from sustained investigation of San Francisco Bay, California. Reviews of Geophysics, 34 (2): 127-168.

Cloern J E. 2001. Our evolving conceptual model of the coastal eutrophication problem. Marine Ecology Progress Series, 210: 223-253.

European Commission. 2003. Common implementation strategy for the water framework directive —transitional and coastal waters: typology, reference conditions and classification systems. Luxembourg: Office for Official Publications of the European Communities. Washington DC, USEPA.

Florida DEP. 2007. State of Florida numeric nutrient criteria development plan.

Nixon S W, Ammerman J W, Atkinson L P, et al. 1996. The fate of nitrogen and phosphorus at the land-sea margin of the North Atlantic Ocean. Biogeochemistry, 35: 141-180.

USEPA. 2001. Nutrient Criteria Technical Guidence Manual Esturaine and Coastal Marine Waters. Washington DC, USEPA .

USEPA. 2001. Nutrient Criteria Technical Guidance Manual-Estuarine and Coastal Marine Waters. Washington DC, USEPA.

USEPA. 1998. Nationl Strategy for the Development of Regional Nutrient Criteria. Washington DC, USEPA.

Virginia DEQ. 2004. Nutrient criteria development plan for the common wealth of Virginia.

2

长江口生态环境特征调查

2.1 长江口自然环境状况

2.1.1 地理区位

长江口位于 30°50′N ~ 31°40′N，123°E 以西海域，北接古黄河冲积滩，南濒杭州湾，东临东海。地理上把长江口南缘—上海芦潮港—浙江镇海连线以西称为杭州湾，连线以东为舟山海区，亦称舟山渔场，是中国目前海洋渔业捕捞量最大的近海渔场，也是东海重要经济鱼类的繁殖育肥场所。

2.1.2 地质地貌

长江河口南北两岸地貌主要由滨海平原组成。海岸带陆地部分地势低平，海拔高度一般在 4m 左右。它是由长江带来的泥沙在江、海相互作用下冲淤而成，其组分为黏土、亚黏土、粉沙质黏土和粉沙夹沙砾层构成的第四纪疏松沉积层，厚度一般在 300 ~ 400m 之间。

长江口及毗邻海域海底地貌可分为全新世长江水下三角洲、晚更新世后期长江口及毗邻地区、河口湾堆积平原、潮流沙脊和东海构造单元 5 种类型。全新世长江水下三角洲是现代长江泥沙堆积形成的水下三角洲，呈舌状自长江口向东南展布，外界水深可达 30 ~ 50m。晚更新世后期长江口及毗邻地区分布在全新世长江水下三角洲的外侧，地貌形态较复杂。它的上面分布着一系列的北—南东走向的古河道，最显著的一条以"长江古河道"著称。河口湾堆积平原位于杭州湾内，水深 10 ~ 14m，地形平坦，底质主要为粉沙质泥和泥质粉沙。它是由杭州湾特定的地形和强潮流作用，长江入海泥沙直接扩散或经潮流再搬运在湾内淤积形成的堆积地貌。潮流沙脊分布在长江水下三角洲的西北侧和东南部，呈辐射状或条状分布。调查区南部海域在地质构造上属于东海构造单元，是大陆边缘凹陷和环西太平洋新生代沟—弧—盆构造体系的组成部分。

2.1.3　河流水系

长江是我国流入东海的最大河流，平均年入海径流量为 $9.28×10^{11}\,m^3$，占流入东海总径流量的84.8%，其中约75%的径流量在4~9月丰水期时注入东海，并向东呈扇形扩展。距河口约40km是流经上海市区注入长江的黄浦江，其平均年径流量为 $9.95×10^9\,m^3$，其中约 $1.46×10^9\,m^3$ 为污水，径污比约为7：1。

注入杭州湾的平均年径流量为 $4.50×10^{10}\,m^3$，约占流入东海总径流量的4%，其中钱塘江径流量为 $3.83×10^{10}\,m^3$，约占流入东海总径流量的3.5%。这些径流在杭州湾口与长江冲淡水一起汇成沿岸流。

2.1.4　气候特征

长江河口区位于北亚热带南缘，受东亚季风影响四季分明，最高月平均气温为27.8℃（7月），最低月平均气温为3.5℃（1月）。长江河口区平均年降水量约1100mm，其中雨季（5~9月）降水量占全年降水量的60%左右，6月为长江下游梅雨期。夏季盛行东南风，冬季多西北风，年平均风速为3.1m/s。全年日照时数平均为1710~2400小时，日照时数以夏季最多，冬季最少。台风集中在8~9月之间，平均每年有一到两次台风影响长江口区。

2.1.5　水文特征

（1）水温
本区海域海水水温冬低夏高，北低南高。全年平均水温为17.0~17.4℃，8月最高，平均水温为27.5~28.8℃；2月最低，平均水温为5.6~6.7℃。整个海域是一个变化梯度很小、基本均匀一致的温度场。

（2）盐度
长江口海域处于咸、淡水混合区域，盐度平面分布变化极大，海水盐度呈现内低外高的分布特征。夏季长江口内南支水道盐度一般在1‰以下，北支水道盐度稍高。在长江口外佘山岛、鸡骨礁和大戢山附近，形成3个低盐舌，长江冲淡水由长江口先向东南延伸，然后在122.5°E左右转向东或东北，扩散到海区东部广大海域，形成本海区在夏季近表层低盐的特征，其影响可达到济州岛附近。但在10~12m的水层，由于台湾暖流水和外海水将长江内陆水压制在口门处，盐度则很快达到30‰以上。受长江径流影响，盐度的季节变化很大，冬季盐度比夏季高。

（3）潮汐与潮流
本海区的潮波主要是东海前进波系统，此外还受到黄海旋转潮波的影响。东海潮波传入长江口及杭州湾，受地形作用，长江口成为一个中等强度的潮汐河口（平均潮差约为2.5m），杭州湾成为一个强潮河口（平均潮差超过4m）。根据长江口门处的中竣潮位站的多年观测，最大潮差为4.62m，最小潮差为0.17m，多年平均潮差为2.66m。

长江口海域潮流属于非正规浅海半日潮流，长江口以拦门沙为界，东侧为旋转流，西侧为往复流，杭州湾北岸为往复流。海流主要有江浙沿岸流、台湾黑潮暖流、东海暖流等。台湾黑潮暖流沿大陆架逆坡北上，进入江浙沿岸海域流，流向终年偏北，沿途海水高温、高盐，直观水色偏蓝，透明度大。

（4）海浪

海浪要素的变化除地理形态制约外，风的盛衰是它的决定因素。本海区位于副热带季风气候区，全年主要风向偏北，其次是偏南风，冬季偏北风居多，夏季偏南风盛行，春秋两季风向变换频繁。本海区出现大风天的主要原因是：冬季南下的寒潮与冷空气以及夏秋季节的台风。前者影响的天数远多于后者，而后者产生的风速则往往大于前者。本海区最大风速的极值及相应海浪要素的极值均出现在台风影响期间。

2.2　长江口社会经济特征

2.2.1　行政区划与人口分布

长江口自徐六泾以下南支沿岸有江苏省的常熟市、太仓市，上海市的宝山区、浦东新区，沿北支北岸的有江苏省南通市，长江口江心中有上海市的崇明岛和属于宝山区的长兴岛与横沙岛。长江口海岸区是我国经济最为发达的区域之一，人口众多。以上海市为例，截至2010年，常住人口达到1921.32万人。其中在上海市的户籍人口中，农业人口有164.54万人，非农业人口达1236.16万人。上海市常住人口和人口密度变化趋势见图2-1。

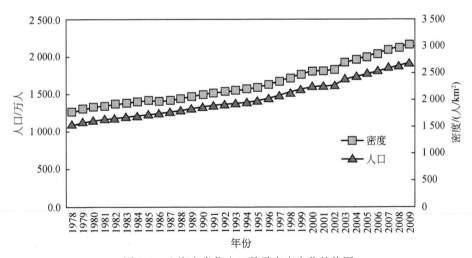

图2-1　上海市常住人口数及密度变化趋势图

2.2.2　经济状况

截至2009年年底，上海市国内生产总值（GDP）15 046.45亿元，比上年增长6.9%，第一、二、三产业 GDP 分别为 113.82 亿元、6001.78 亿元、8930.85 亿元。自 1978 年以来上海市经济发展状况见图 2-2。从图中可以看出,上海市三十多年来生产总值及各产业总值呈稳步增长趋势。尤其在 20 世纪 90 年代以后,生产总值增长率成倍增加,经济发展势头良好。

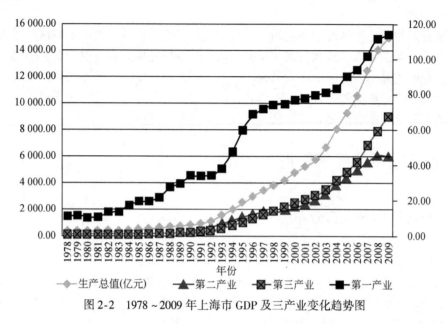

图 2-2　1978～2009 年上海市 GDP 及三产业变化趋势图

图 2-2、图 2-3 显示,第一产业所占比例在 90 年代之前为稳定发展期,到 90 年后则呈逐步减少的趋势,而第一产业 GDP 值稳中略有增加,可见第一产业的技术革新等手段起到了很大的作用。第二产业所占比例逐渐降低,第三产业所占比例则大幅度提升。1978 年第一、二、三产业的构成比例为 1.1:21.1:5.1,到 2009 年时,变为 1.1:60:89.3。三大产业构成发生了翻天覆地的变化。

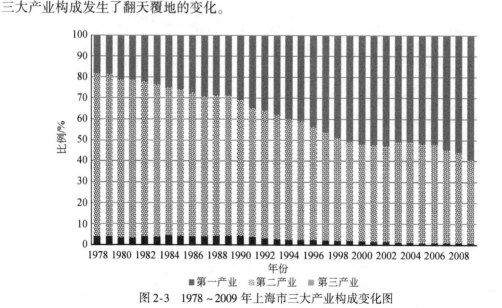

图 2-3　1978～2009 年上海市三大产业构成变化图

2.3 长江口水质特征

2.3.1 调查区概况

（1）站位布设

调查范围为 29°30′N ~ 32°00′N、123°E 以西水域，面积约 38 040 km²，如图 2-4 所示。考虑到长江河口区水动力条件、陆源排污等，并且与历史调查站位具有可比性，在调查范围内共设置 31 个站位。监测站位能够较为全面地反映长江口及其邻近海域的生态环境状况。

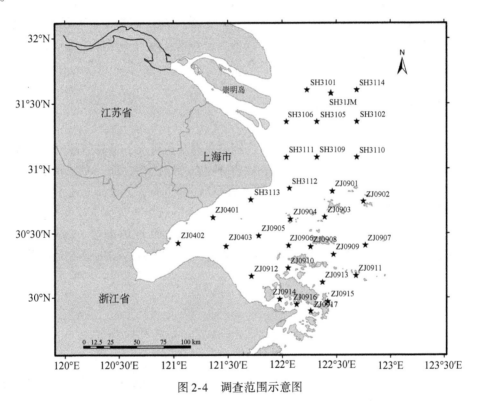

图 2-4　调查范围示意图

（2）调查时间

海洋生态环境调查共进行了 6 次，2009 年和 2010 年的春、夏、秋三个季节各进行了一次调查。具体调查时间如表 2-1 所示。

（3）监测项目

水质常规监测包括透明度、水深、水温、盐度、溶解氧、pH、悬浮物、化学需氧量、重金属及油类。营养盐监测指标为无机氮（硝酸盐氮、亚硝酸盐氮和氨氮）、活性磷酸盐。

表 2-1 野外现场调查航次明细

调查航次	2009 年			2010 年		
	春季	夏季	秋季	春季	夏季	秋季
调查时间	4 月 12～28 日	8 月 17～21 日	10 月 29～11 月 8 日	3 月 17～29 日	7 月 20～29 日	10 月 12～17 日

（4）调查船舶

本项目调查所用船舶为浙江省舟山海洋生态环境监测站所属的"浙海环监号"专业海洋生态环境监测船（540 吨级）。

（5）质量保证

项目调查所有参与人员都经过海上作业与监测分析方法技术培训，且均持证上岗。检测过程中使用的计量检测仪器、设备和计量器具都经过有效检定，采样设备有严格的防玷污措施。专用监测船具有良好的安全性能，船上有合适的样品采集用甲板及机械设备，并配有符合基本要求（位置和空间、供水和排水、电源、照明和通风、冷藏装置、高压气瓶装置等）的现场监测分析用实验室。本项目协作单位浙江省舟山海洋生态环境监测站的监测项目都通过了国家级计量认证。

2.3.2 氮、磷时空分布特征

调查海域水体受有机污染的影响较大，细菌总数普遍较高，局部区域受沿岸生活污水影响明显，尤其是长江口沿岸海域，粪大肠菌群存在一定的超标面。海域水质以劣四类海水为主，占 67.4%，四类海水占 11.6%，三类海水占 4.7%，二类海水占 16.3%。夏季水质略好于秋季和春季。

按一类水质标准评价，水质超标指标包括无机氮、活性磷酸盐、溶解氧、铅、铜、锌、COD_{Mn} 和粪大肠菌群 8 项。其中该海域无机氮、活性磷酸盐超标普遍且严重，是影响调查海域水环境质量的主要超标污染因子。

2.3.2.1 无机氮分布特征

（1）表层分布特征

调查海域无机氮的实测值范围为 0.170～2.144 mg/L 之间，平均浓度为 0.847mg/L，浓度平均值超过四类海水水质标准限值≤0.5mg/L。调查海域无机氮 97.78% 水样超一类海水标准，分别有 90%、85.56% 和 77.78% 水样超二类、三类和四类海水标准。从均值季节比较来看，夏季高于春、秋两季。最高值出现在春季的 ZJ0402 站，无机氮浓度达 2.144 mg/L，超过一类海水标准限值的 9.72 倍。长江口海域各季节表层水体无机氮监测统计结果见表 2-2。

春季，调查海域的无机氮的浓度范围为 0.170～2.144mg/L，平均值 0.749mg/L，93.33% 水样超一类海水标准，83.33% 水样超二类海水标准，73.33% 水样超三类海水标准，66.67% 水样超四类海水标准。最低值出现在 ZJ0907 站，最高值出现在 ZJ0402 站。从空间分布看［图 2-5（a）］，无机氮呈现西高东低的趋势，杭州湾湾顶和牛皮礁海域浓度最高，舟山群岛外部海域浓度最低。这与从上海和浙江北部沿岸陆源氮输入海洋后的稀释、沉降等作用有关。

表2-2 2009年长江口海域各季节表层水体无机氮监测统计结果

季节	样品数	平均浓度/(mg/L)	实测值范围/(mg/L)	超一类标准水样比例/%	超二类标准水样比例/%	超三类标准水样比例/%	超四类标准水样比例/%
春季	30	0.749	0.170~2.144	93.33	83.33	73.33	66.67
夏季	30	0.998	0.265~2.12	100	96.67	96.67	86.67
秋季	30	0.794	0.204~1.914	100	90	86.67	80
平均	30	0.847	0.170~2.144	97.78	90	85.56	77.78

夏季，调查海域的无机氮浓度范围为0.265~2.12 mg/L，平均值0.998mg/L，100%水样超一类海水标准，96.67%水样超二类海水标准，96.67%水样超三类海水标准，86.67%水样超四类海水标准。最低值出现在ZJ0902站，最高值出现在ZJ0402站。其空间分布趋势与春季基本一致［图2-5（b）］，也是呈现出由西向东逐步降低。杭州湾近岸海域和长江口冲淡水海域浓度高，长江口东部外侧海域和舟山群岛东部外侧海域浓度低。受台湾暖流西移北上及南黄海水团等的共同影响，在大戢山附近海域0.8mg/L等值线明显向西偏移。与春季相比，无机氮平均浓度有所升高。从无机氮浓度分布上看，1.0mg/L等值线明显向东偏移，海域无机氮整体浓度较春季有所升高。

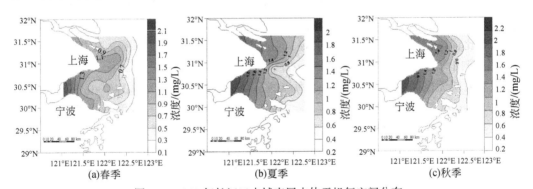

图2-5 2009年长江口水域表层水体无机氮空间分布

秋季，调查海域的无机氮浓度范围为0.204~1.904 mg/L，平均值0.794mg/L，比春季无机氮平均浓度略高。其中100%水样超一类海水标准，90%水样超二类海水标准，86.67%水样超三类海水标准，80%水样超四类海水标准。最低值出现在ZJ0902站，最高值依旧出现在ZJ0402站，与夏季相同。无机氮的空间分布总体趋势与春季、夏季基本一致，1.0mg/L的浓度等值线圈定范围高于春季，略低于夏季［图2-5（c）］。

（2）底层分布特征

与表层相比，底层无机氮的数据不足，站位在各个航次调查也有所不同，在水深10m以内的近岸海域，水体垂直混合作用剧烈，表底层无机氮浓度相差无几。出于此考虑，水深10m以内海域的站位仅进行表层无机氮样品的采集，因此底层无机氮的数据比表层

图 2-8 是无机氮以及总氮的空间分布趋势。NO_3^--N 的变化趋势是由长江口内向口外近海逐渐递减，最高点出现在 A4 点，紧邻黄浦江入海处。由于 NO_3^--N 是氮的稳定存在形式，不易被悬浮颗粒物质吸附或包裹，因此长江口近岸受陆源排放的影响 NO_3^--N 出现高值，而到了长江口外围，由于受海水稀释作用，NO_3^--N 含量逐渐降低。而 NH_4^+-N 是氮的还原态，它的主要来源是沿岸径流输入以及悬浮颗粒物的释放。河口内部由于长江径流的输入，水体中盐度比河口外围低，而长江口外高盐度区悬浮颗粒物对 NH_4^+-N 的释放量加大，因此 NH_4^+-N 的高值区分布在长江口外围。从这一点上可以看出，NH_4^+-N 具有非保守性，因此它的空间分布规律与 NO_3^--N 相反。

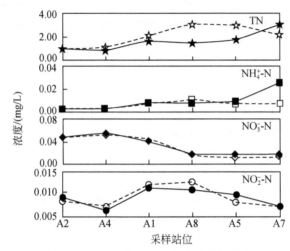

图 2-8　长江口水体中氮营养盐空间分布

注：实线以及实心标记代表表层数据，虚线和虚心标记代表底层数据

（4）小结

1）从无机氮的表层分布来看，等值线总体呈东西分布，西部近岸海域高，向东含量逐渐递减，形成了西高东低，近岸海域高于远岸海域的分布特征。从等值线反映的变化趋势来看，长江口附近及杭州湾西部无机氮含量存在一个相对的高值区域，其余大部分区域无机氮含量较低。

其中，春季调查海域的无机氮的浓度范围为 0.170~2.144mg/L，平均值 0.749mg/L，93.33% 水样超一类海水标准，83.33% 水样超二类海水标准，73.33% 水样超三类海水标准，66.67% 水样超四类海水标准。夏季调查海域的无机氮浓度范围为 0.265~2.12mg/L，平均值 0.998mg/L，100% 水样超一类海水标准，96.67% 水样超二类海水标准，96.67% 水样超三类海水标准，86.67% 水样超四类海水标准。秋季调查海域的无机氮浓度范围为0.204~1.904mg/L，平均值 0.794mg/L，100% 水样超一类海水标准，90% 水样超二类海水标准，86.67% 水样超三类海水标准，80% 水样超四类海水标准。

2）从无机氮在调查海域的底层分布来看，等值线总体呈东西分布，受城市排污及径流等影响，在杭州湾附近，尤其是在 ZJ0402 站位附近形成了一个无机氮含量高值区，其余大部分区域无机氮含量较低。

其中，春季调查海域底层无机氮的浓度范围为 0.088 ~ 1.526mg/L，平均值 0.555mg/L，72.73% 水样超一类海水标准，68.18% 水样超二类海水标准，59.09% 水样超三类海水标准，40.91% 水样超四类海水标准。夏季调查海域底层无机氮浓度范围为 0.141 ~ 0.998mg/L，平均值 0.518mg/L，82.35% 水样超一类海水标准，70.59% 水样超二类海水标准，58.82% 水样超三类海水标准，41.18% 水样超四类海水标准。秋季调查海域底层无机氮浓度范围为 0.136 ~ 2.203mg/L，平均值 0.646mg/L，86.36% 水样超一类海水标准，72.73% 水样超二类海水标准，68.18% 水样超三类海水标准，50% 水样超四类海水标准。

3）从无机氮在调查海域的垂直分布来看，长江口水域 3 种溶解态无机氮中以 NO_3^--N 为主，平均占到 DIN 的 90% 以上，表层、底层水体中 3 种无机氮的垂直变化规律不明显。

2.3.2.2 活性磷酸盐分布特征

（1）表层分布特征

调查海域活性磷酸盐的测值范围为 0.002 ~ 0.081mg/L，平均浓度为 0.036mg/L，均值浓度超过二、三类海水标准限值 ≤0.03mg/L。其中，87.78% 水样超一类海水标准，63.33% 水样超二、三类海水标准，32.22% 水样超四类海水标准。最大实测值出现在夏季 ZJ0401 站位，超过一类海水标准限值的 4.4 倍。长江口海域各季节表层水体活性磷酸盐监测统计结果见表 2-4。

表 2-4　2009 年长江口海域各季节表层水体活性磷酸盐监测统计结果

季节	样品数	平均浓度/(mg/L)	实测值范围/(mg/L)	超一类标准水样比例/%	超二类标准水样比例/%	超三类标准水样比例/%	超四类标准水样比例/%
春季	30	0.021	0.002 ~ 0.047	70	20	20	3.33
夏季	30	0.048	<0.001 ~ 0.081	93.33	86.67	86.67	60
秋季	30	0.04	0.018 ~ 0.065	100	83.33	83.33	33.33
平均	30	0.036	0.002 ~ 0.081	87.78	63.33	63.33	32.22

春季调查海域的活性磷酸盐的浓度范围为 0.002 ~ 0.047mg/L，平均值 0.021mg/L。其中，70% 水样超一类海水标准，20% 水样超二类海水标准，20% 水样超三类海水标准，3.33% 水样超四类海水标准。最低值出现在 SH3110 和 ZJ0902 站，最高值出现在 ZJ0402 站。从空间分布看［图 2-9（a）］，活性磷酸盐呈现西高东低的趋势，并形成两个相对的高值区域，分别位于长江口南及杭州湾内，其中杭州湾内 ZJ0906 站位附近等值线达到 0.04 mg/L。向东水体中活性磷酸盐含量逐渐降低，在东南部区域存在相对低值区。

夏季调查海域的活性磷酸盐浓度范围为 <0.001 ~ 0.081mg/L，平均值 0.048mg/L，93.33% 水样超一类海水标准，86.67% 水样超二类海水标准，86.67% 水样超三类海水标准，60% 水样超四类海水标准。最低值出现 ZJ0902 站，最高值出现在 ZJ0401 站。其空间分布趋势与春季基本一致［图 2-9（b）］，也是呈现出由西向东逐步降低。在长江口的 SH3106 站位附近和整个杭州湾存在大于 0.05mg/L 的高值区，在泗礁山附近海域存在一条 0.035mg/L 等值线。受台湾暖流西移北上及南黄海水团等的共同影响，长江口东部外侧海域和舟山群岛东部外侧海域活性磷酸盐浓度低。

秋季调查海域的活性磷酸盐浓度范围为 0.018 ~ 0.065mg/L, 平均值 0.040mg/L, 100% 水样超一类海水标准, 83.33% 水样超二类海水标准, 83.33% 水样超三类海水标准, 33.33% 水样超四类海水标准。最低值出现在 ZJ0902 站, 最高值依旧出现在 ZJ0402 站, 与春季相同。从秋季平面分布看 [图 2-9 (c)], 0.035mg/L 等值线明显东移, 在杭州湾 ZJ0402 站附近出现大于 0.06mg/L 的高值区。空间分布总体趋势与春、夏季基本一致, 呈现西高东低的趋势。

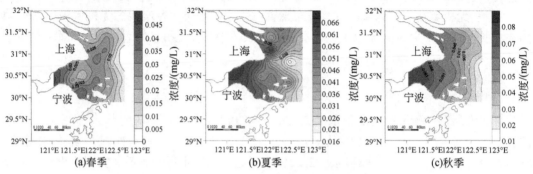

图 2-9　2009 年长江口海域表层水体活性磷酸盐空间分布

(2) 底层分布特征

与表层相比, 底层活性磷酸盐的数据不足, 站位在各个航次调查也有所不同, 在水深 10m 以内的近岸海域水体垂直混合作用剧烈, 表底层活性磷酸盐浓度相差无几, 出于此考虑, 水深 10m 以内海域的站位仅进行表层活性磷酸盐样品的采集, 因此底层活性磷酸盐的数据比表层略少。

调查海域活性磷酸盐的测值范围为 0.004 ~ 0.065mg/L, 平均浓度为 0.028mg/L, 均值浓度超过一类海水标准限值。其中, 83.33% 水样超一类海水标准, 36.9% 水样超二、三类海水标准, 15.86% 水样超四类海水标准。最大实测值出现在秋季 ZJ0402 站位, 超过一类海水标准限值的 3.3 倍。长江口海域各季节底层水体活性磷酸盐监测统计结果见表 2-5。

表 2-5　2009 年长江口海域各季节底层水体活性磷酸盐监测统计结果

季节	样品数	平均浓度 /(mg/L)	实测值范围 /(mg/L)	超一类标准 水样比例/%	超二类标准 水样比例/%	超三类标准 水样比例/%	超四类标准 水样比例/%
春季	22	0.016	0.004 ~ 0.036	50	4.55	4.55	0
夏季	17	0.034	0.016 ~ 0.057	100	47.06	47.06	29.41
秋季	22	0.035	0.019 ~ 0.065	100	59.09	59.09	18.18
平均	20	0.028	0.004 ~ 0.065	83.33	36.9	36.9	15.86

春季底层活性磷酸盐数据 22 组, 浓度范围 0.004 ~ 0.036mg/L, 平均值 0.016mg/L, 比表层偏低, 这与活性磷酸盐在水体中的稀释和沉降有关。其中, 50% 水样超一类海水标准, 4.55% 水样超二类海水标准, 4.55% 水样超三类海水标准, 没有水样超四类海水标准。最低值出现在 SH3102 站, 最高值出现在 ZJ0402 站。其分布趋势也是呈现西高东低

[图 2-10（a）]，且仅在杭州湾 ZJ0402 站位出现大于 0.026mg/L 的高值区。受黄海高盐水团影响，在长江口东北部海域活性磷酸盐含量明显降低，同时低值区还出现于受台湾暖流及海洋浮游生物作用等因素影响强烈的舟山东部海域。

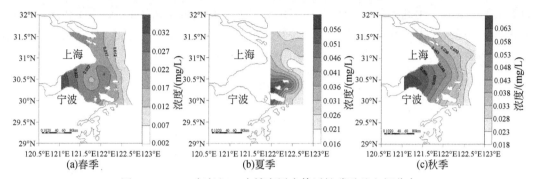

图 2-10　2009 年长江口水域底层水体活性磷酸盐空间分布

夏季底层活性磷酸盐数据 17 组，浓度范围为 0.016～0.057mg/L，平均值 0.034mg/L，与表层相比，浓度偏低。其中，100% 水样超一类海水标准，47.06% 水样超二类海水标准，47.06% 水样超三类海水标准，29.41% 水样超四类海水标准。最低值出现在 ZJ0901站，最高值出现在 ZJ0910 站。与春季底层活性磷酸盐浓度相比，夏季活性磷酸盐浓度有所偏高。从夏季底层数据所反映的区域来看，分布趋势为舟山群岛附近海域活性磷酸盐浓度高于长江口外侧海域的浓度，磷酸盐的等值线变化范围表现出由舟山岛向泗礁山逐渐降低的趋势 [图 2-10（b）]，其中舟山海域 ZJ0916 站位附近存在一个大于 0.047mg/L 的高值区。

秋季底层活性磷酸盐数据 22 组，与春季数量相同，浓度范围为 0.019～0.065mg/L，平均值 0.035mg/L，与表层相比，浓度偏低。其中，100% 水样超一类海水标准，59.09%水样超二类海水标准，59.09% 水样超三类海水标准，18.18% 水样超四类海水标准。最低值出现在 SH3114 站，最高值出现在 ZJ0402 站。与春、夏季底层活性磷酸盐浓度相比，秋季活性磷酸盐浓度最高，这与杭州湾海域几个站位的高活性磷酸盐浓度有关。杭州湾海域活性磷酸盐浓度在 0.04mg/L 以上，ZJ0401、ZJ0402、ZJ0403 三个站的平均浓度为 0.063mg/L，成为该海域活性磷酸盐浓度最高的三个站点。因此整个调查海域的活性磷酸盐浓度呈现出西高东低的分布趋势 [图 2-10（c）]，杭州湾海域存在一个大于 0.048mg/L 等值线的区域，长江口东南部及舟山海区东部海域处于一个低值区。

（3）垂直分布特征

本研究以 2003 年 11 月份开展的对长江口水体中氮、磷营养盐的调查为依据，研究长江口水域氮、磷营养盐的形态组成以及垂直分布特点。采样范围及站位信息详见 2.3.2.1节图 2-4。

活性磷酸盐（PO_4^{3-}）可以看作水样中溶解态无机磷酸盐的主要组成成分，过滤后的水样测定的总磷含量可以认为是总溶解态磷酸盐（TDP）的含量，而水样中的总溶解态有机磷（DOP）则可以从 TDP 与 PO_4^{3-} 之差得到。未过滤的水样测定的 TP 浓度减去 TDP 后可得到总颗粒态磷酸盐（TPP）浓度。表 2-6 是长江口水域各形态磷酸盐的含量。从表 2-6 可知，长江口水域 TP、TPP 底层高于表层，其中底层的 TP 是表层的 1.5 倍，而底层的 TPP 是表层的 1.8 倍。其他形态的磷，如 TDP、PO_4^{3-}、DOP 均是表层、底层含量相当。长江口海域水体中活性磷酸盐（PO_4^{3-}）平均含量为 0.013mg/L。达到了国家海水一类标准。而总磷的平均含量为 0.144 mg/L。一般认为海水中总磷允许含量为 0.030 mg/L，所测得的长江口所有站位均超过了海水总磷的允许含量。尽管长江口海域水体中 PO_4^{3-} 含量适中，但由于总磷含量较高，因此长江口水域仍然存在磷超标的潜在危险。

表 2-6　长江口海域各形态磷的含量　　　　　（单位：mg/L）

磷酸盐形态	TP	TPP	TDP	PO_4^{3-}	DOP
表层	0.066 ~ 0.25	0 ~ 0.113	0.066 ~ 0.198	0.009 ~ 0.022	0.055 ~ 0.189
平均	0.142	0.062	0.129	0.016	0.113
底层	0.065 ~ 0.342	0.036 ~ 0.204	0.099 ~ 0.181	0.010 ~ 0.021	0.083 ~ 0.171
平均	0.211	0.109	0.126	0.015	0.111
总体	0.063 ~ 0.309	0.001 ~ 0.176	0.062 ~ 0.133	0.01 ~ 0.021	0.052 ~ 0.112
平均	0.144	0.043	0.101	0.013	0.088

表 2-7 为各形态磷在 TDP、TP 中所占的比例。从表 2-7 可知，TDP 中以 DOP 为主，平均占到 86%，PO_4^{3-} 仅占到 TDP 的 14%。总磷中以溶解态磷酸盐居多，TDP 平均占 TP 的 63%，TPP 平均占到 37%，这表明长江口海域中的磷以溶解态为主，溶解态磷又以溶解态有机磷为主。

表 2-7　水体中各形态磷占 TDP、TP 的比例　　　　　（单位：%）

磷形态比例	TDP/TP	TPP/TP	PO_4^{3-}/TP	DOP/TDP	DOP/TP
表层	55 ~ 93.8	6.2 ~ 45	4.6 ~ 16.8	83.2 ~ 95.4	46.2 ~ 83.8
平均	70.2	17.9	13.3	86.7	89.8
底层	40.4 ~ 74.3	25.7 ~ 59.6	5.4 ~ 16.2	83.8 ~ 94.6	34.4 ~ 63.3
平均	58.8	41.2	12.5	87.5	51.2
总体	43 ~ 98.4	1.6 ~ 57	11.4 ~ 16.2	83.8 ~ 88.6	36.3 ~ 82.5
平均	62.6	37.4	13.9	86.1	53.9

图 2-11 是长江口水域不同形态磷酸盐的空间分布图。从垂直分布上看，A2、A4 点的 PO_4^{3-} 表层、底层浓度近似，DOP 表层略高于底层。DOP 是浮游植物分泌和浮游动物排泄的产物，因此它的分布主要受生物活动的控制。由于这两点位于长江口内南、北支附近，长江径流输入带来了大量营养物质，从而导致浮游生物大量繁殖，因此表层 DOP 含量要高于底层。长江口外围海域 A1、A8、A5、A7 点 DOP 浓度底层高于表层，而这一趋势越往长江口外越明显。长江口外围水体交换频繁，表层浮游生物代谢产生的富含有机磷的生物碎屑沉向水底，在沉降过程中大部分被分解、破坏，变成 DOP 而重新回到水体中，从而导致底层的 DOP 明显高于表层。而 TPP 的垂直分布无论是长江口内还是口外，始终是底层高于表层。

长江口水样中各形态磷的水平分布趋势均是自西向东、由长江口内向口外近海逐渐降

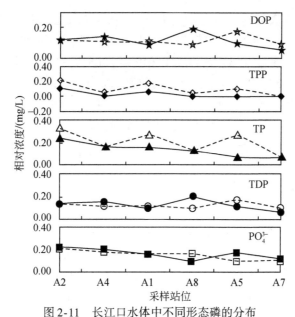

图 2-11　长江口水体中不同形态磷的分布

注：实线以及实心标记代表表层数据，虚线和虚心标记代表底层数据

低，其中以 TPP 的降幅最大。海洋中磷的主要来源是河流输送。TPP 与 TDP 在 TP 中所占的比例有一定的空间分布规律，即长江口内到长江口外围，TPP 在 TP 中所占的比例逐渐下降，而 TDP 的比例逐渐加大。在长江口外近海的 A7 点 TDP 在 TP 中的比例已达到近 98%。造成这一分布规律的主要原因有两个：①长江径流带来大量泥沙入海，水体中的磷酸盐易于吸附在水体中的悬浮颗粒物上；②长江口内由于长江入海带来大量淡水，导致河口内盐度低河口外盐度高，在高盐度区 TPP 易于解吸重新回到水体中，成为 TDP。

（4）小结

1）从活性磷酸盐在调查海域的表层分布来看，等值线总体呈东西分布，活性磷酸盐含量从长江口过渡区和杭州湾海域由西向东呈现逐渐下降趋势，整个调查海域活性磷酸盐平均浓度为 0.036mg/L。从等值线反映的变化趋势来看，高值区稳定存在于长江口东南海域及杭州湾内，其余大部分区域活性磷酸盐含量较低。其中，春季调查海域的活性磷酸盐的浓度范围为 0.002~0.047mg/L，平均值 0.021mg/L，70% 水样超一类海水标准，20% 水样超二、三类海水标准，3.33% 水样超四类海水标准。夏季调查海域的活性磷酸盐浓度范围为<0.001~0.081 mg/L，平均值 0.048mg/L，93.33% 水样超一类海水标准，86.67% 水样超二、三类海水标准，60% 水样超四类海水标准。秋季调查海域的活性磷酸盐浓度范围为 0.018~0.065mg/L，平均值 0.040mg/L，100% 水样超一类海水标准，83.33% 水样超二、三类海水标准，33.33% 水样超四类海水标准。

2）从活性磷酸盐在调查海域的底层分布来看，等值线总体呈东西分布，整个调查海域活性磷酸盐平均浓度为 0.028mg/L，比表层平均浓度偏低 0.008mg/L。从等值线反应的变化趋势来看，高值区稳定存在于杭州湾内，其余大部分区域活性磷酸盐含量较低。其中，春季调查海域底层活性磷酸盐的浓度范围为 0.004~0.036mg/L，平均值 0.016mg/L，50% 水样超一类海水标准，4.55% 水样超二、三类海水标准，没有水样超四类海水标准。

夏季调查海域底层活性磷酸盐浓度范围为 0.016 ~ 0.057mg/L，平均值 0.034mg/L，100%水样超一类海水标准，47.06% 水样超二、三类海水标准，29.41% 水样超四类海水标准。秋季调查海域底层活性磷酸盐浓度范围为 0.019 ~ 0.065 mg/L，平均值 0.035mg/L，100%水样超一类海水标准，59.09% 水样超二、三类海水标准，18.18% 水样超四类海水标准。

3）从活性磷酸盐在调查海域的垂直分布来看，长江口水域 TP、TPP 底层高于表层，其中底层的 TP 是表层的 1.5 倍，而底层的 TPP 是表层的 1.8 倍。其他形态的磷，如 TDP、PO_4^{3-}、DOP 均是表层、底层含量相当。

2.4　长江口沉积物质量特征

受各种自然和人为因素的影响，储存在河口沉积物中的营养盐——氮可能向上覆水体中释放不同结合态的氮，是水体富营养化重要的来源（Klump and Martens，1981）。此外，有机质含量对河口及近岸区的沉积物中营养元素的迁移、转化等地球化学行为起着至关重要的作用（Dong et al.，2000；Herbert，1999），而通过对柱状沉积物中氮的形态分布的研究，可在一定程度上反映有机氮的降解与各形态氮的埋藏等作用的进程及结果（马红波等，2002）。长江每年携带丰富的无机氮营养盐输入东海，导致长江口及邻近海区水体严重富营养化并成为赤潮多发区（徐韧等，1994；周名江等，2001，2003）。因此，本书通过分析测定水动力条件活跃、海陆相互作用强烈的长江河口区柱状沉积物中不同形态氮的垂直分布，结合沉积速率和有机碳含量分析氮的地球化学特征，为进一步研究长江口及邻近海区氮循环和水体富营养化等问题提供可靠的依据。

2.4.1　调查区概况

2009 年 4 月搭乘"浙海环监号"科考船，我们用柱状采泥器采集到长江口外 SH3110 站（31.0891°N，122.6890°E）和长江口 SH3111 站（31.0891°N，122.0380°E）采集两个柱状样（图 2-12），长度分别为 105cm 和 57cm。采集的沉积物样品以 2cm 为间隔分样，

图 2-12　柱状沉积物采样站位

注：SH3111 为长江口，SH3110 为长江口外

随后样品立即密封冷冻，带回实验室进行冷冻干燥，表层沉积物过 160 目筛后测定各形态的氮和其他环境参数。

2.4.2 柱状沉积物中各形态氮的含量及垂直变化

对长江口区域两个站位的柱状沉积物样品利用 ^{210}Pb 法测定柱状样 SH3110（长江口外）和 SH3111（长江口）的沉积速率分别为 2.44cm/a（拟合的 R^2 为 0.9664）和 1.13cm/a（拟合的 R^2 为 0.5178），测得其中各形态氮的含量垂直分布见图 2-14。

2.4.2.1 离子交换态氮（IEF-N）

就所取深度范围内，长江口柱状样的 IEF-N 含量较高，范围为 10.64 ~ 30.08ppm[①]，平均值为 23.30ppm，而长江口外柱状样的 IEF-N 范围为 4.26 ~ 23.54ppm，平均值为 14.86ppm。长江口外 IEF-N 随着沉积深度的增加呈现螺旋式的往复增长，总体表现为底层含量高于表层含量。而长江口站的 IEF-N 在前 15cm 增加趋势明显，并且在 10 ~ 15cm 处出现最高值，之后含量一直维持在 25ppm 左右。对比两个站位 IEF-N 的垂直分布，发现两者存在差异，可能是因为长江口站处于长江口拦门沙地带，是最大的混浊带地区，这里水动力较强，床沙和悬沙频繁交换（陈吉余等，1988），所以 IEF-N 的波动比较大。而长江口外站 IEF-N 含量随深度递增是因为 NH_4^+-N 是长江口沉积物 IEF-N 的优势形态，而随着深度的增加，环境趋于还原性，有机质矿化作用释放出来的 NH_4^+-N 不易发生硝化作用，所以 NH_4^+-N 随深度增加（Mortimer et al.，1999）。

2.4.2.2 碳酸盐结合态氮（CF-N）

碳酸盐结合态氮（CF-N）是柱状样中四种浸取态氮中含量最低的一种形态。长江口外柱状样的 CF-N 含量范围为 2.27 ~ 7.65ppm，平均值 4.87ppm，长江口柱状样为 0.46 ~ 5.24ppm，平均值 2.70ppm。图 2-13（c）显示，长江口外的 CF-N 含量随深度的变化与长江口外的 IEF-N［图 2-13（b）］相同，总体表现为表层低、底层高，而长江口则整体上波动较大。由于其水动力条件比较复杂，最高值出现在 20cm 左右。CF-N 含量主要取决于沉积物中有机质矿化作用过程中 pH 的变化。在碳酸盐含量越高区域有机碳（OC）含量越小，矿化作用越弱，pH 变化越小，越不易发生碳酸钙的溶解沉淀，因此 CF-N 含量小。研究发现沉积物中碳酸盐含量是随着沉积物粒度变细含量逐渐减小的（陈忠等，2002）。柱状样长江口测点处于最大浑浊带地区，沉积物颗粒粗，主要为粉砂质砂和细砂，因此其碳酸盐含量较高，CF-N 含量较低。

2.4.2.3 铁锰氧化物结合态氮（IMOF-N）

长江口外柱样中 IMOF-N 含量范围为 11.66 ~ 20.00ppm，平均 16.05ppm；长江口柱样

---

① 1ppm = 1×10^{-6}

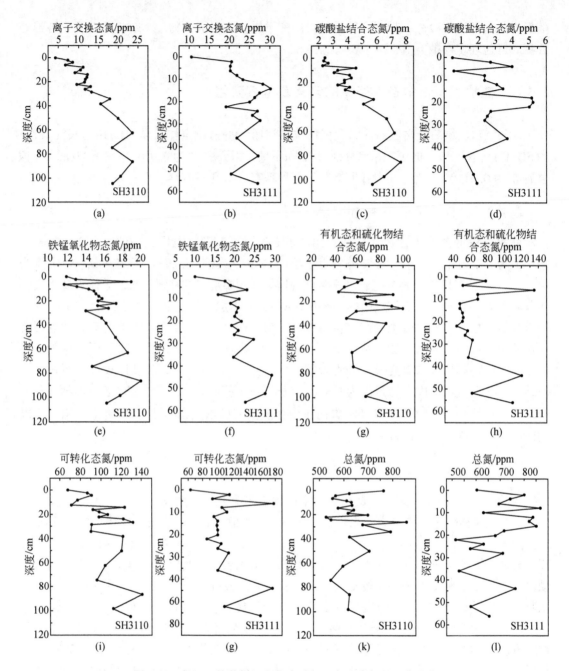

图 2-13　长江口柱状样沉积物中总氮和各形态氮的垂直分布

中 IMOF-N 含量范围为 8.72 ~ 27.54ppm，平均 19.59ppm，两柱样 IMOF-N 含量相近，原因为两者都在长江口，相互距离很近，氧化还原环境相似。两者在垂直分布上表现出了相同的变化趋势，即整体上随着深度增加含量增大，且均有三个高值峰，但所处深度不一样。长江口外的高值峰分别处于约 5cm、60cm 和 90cm 处；长江口的高值峰分别处于约 7cm、30cm 和 45cm 处，扣除扰动层厚度 10 ~ 15cm 的影响，两柱出现 IMOF-N 高值峰的年代基本相同。一般情况下，随着深度增加，环境越趋于还原，IMOF-N 极易释放，但是本研究所测得的 IMOF-N 含量却随深度的增加而增高，呈现出聚集现象，可能是由于柱样处于长江口区，水动力条件复杂所致。

2.4.2.4 有机态和硫化物结合态氮（OSF-N）

有机态和硫化物结合态氮（OSF-N）是有机形态的氮，是柱状样可转化形态氮中主要的赋存形态，它在两柱中的平均含量分别为 70.13ppm（长江口外）和 67.67ppm（长江口）。在垂直分布上，两者各不相同。长江口外柱样垂直分布比较复杂，呈现出较大的波状起伏变化，没有呈现出一定的变化规律。长江口柱样的垂直分布在表层含量最低，其余呈现两端高、中间低型的三段式分布，含量最高点在表层 6cm 处，为 135.56ppm，22cm 处含量最低，为 43.13ppm。OSF-N 的垂直分布与微生物含量和氧气所能到达沉积物的深度有关。有机质的矿化作用大部分发生在沉积物的表层，因为表层的氧气充足，而且微生物也大部分在沉积物表层，矿化作用充分。但是本研究中长江口外柱样和长江口柱样在表层都呈现 OSF-N 含量增大的趋势，可能是因为两柱状样的沉积速率比较大，沉积物携带的有机物来不及被氧化就被埋藏起来了。

2.4.2.5 总氮（TN）

长江口外测点 TN 平均含量为 644.05ppm，变幅为 525.80～854.06ppm；长江口测点 TN 平均含量为 635.47ppm，变幅为 463.0～818.90ppm。两柱状样中的 TN 含量差异不大，原因是两柱状样同处长江口，接受的同为从长江输入的陆源物质。从垂直分布特征上看，两测点结果相差较大。长江口外测点在前 20cm 表现出波动往复式减小，20cm 过后又迅速增加。其最大值出现在 20～25cm 处，对应于 1986～1996 年，然后呈现波动往复式减小。26～70cm（对应于 1955～1985 年）中的 50cm 处（对应于 1970 年）TN 含量较高。其余年份变化幅度相对较小，整体呈现随深度增加 TN 下降的趋势。这说明长江口氮负荷近 50 年来受人为影响逐步增大，到 1996 年达到最高峰，此后在一定范围波动。而长江口测点则比长江口外测点变化剧烈得多，总体呈现两段式分布，前 18cm 为一段，18cm 后为另一段，而且 18cm 前的 TN 含量高于 18cm 后的 TN 含量，说明早期沉积物中氮的输入小于近代沉积物。

2.4.3 柱状样沉积物中氮的降解与埋藏

2.4.3.1 有机氮的降解

柱状沉积物中各种形态氮的垂向分布从一定程度上反映了在早期成岩过程中所发生的反应，记录了不同地质时期沉积物中氮的形态、含量变化及其他环境条件变化的信息。有机氮（ON）随深度的变化体现了矿化作用的速度和进程。根据沉积物中有机氮含量的下降程度，可以估算有机氮的降解速率常数。按化学结合形态分，有机氮含量为总氮和无机氮之差，本书中离子交换态氮（IEF-N）、碳酸盐结合态（CF）、铁锰氧化物态（IMOF）

提取方式和无机氮提取方式相同，因此有机氮含量为总氮和离子交换态氮、碳酸盐结合态、铁锰氧化物态之差。设有机氮降解为一级反应，Z 表示沉积物的深度（cm），C_0、C_z 分别表示深度为 0 cm 和 Zcm 时有机氮的含量，K 为降解速率常数（a^{-1}），S 为沉积速率（cm/a），则根据 $K = \ln(C_0/C_z)/(Z/S)$（洪华生等，1994）计算得出有机氮的降解速率（K），并且绘制出降解速率的垂直变化图（图2-14）。长江口外测点沉积物中的 K 值在前 30 cm 随着深度增加呈现下降趋势，30 cm 过后保持稳定。前 10 cm 快速下降，说明 0 ~ 10cm 是长江口外测点沉积物中有机氮的主要降解深度。而长江口测点沉积物中 K 值在 0 ~ 8 cm 呈增加趋势，8 ~ 12 cm 快速下降，之后随着深度增加，K 值又呈波状的增加趋势，在 24 cm 处出现一个小峰值。两个站位在表层或次表层 K 值都出现了快速下降的趋势说明有机氮的降解主要发生在表层有氧区。长江口测点的 K 值在表层先出现了增加的趋势，可能与该站的水动力条件有关。长江口测点水深 9 m，且地处长江口拦门沙段，是最大混浊带地区，因此水动力条件比较活跃，使得柱状样中氧气的渗透量比较高。从 K 值大小来看，长江口外测点有机氮的初始降解速率常数值明显要高于长江口测点。

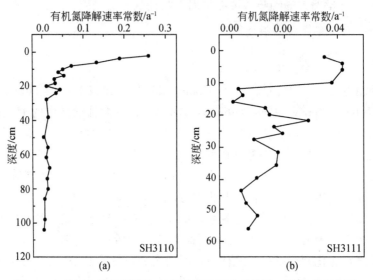

图 2-14　长江口柱状沉积物中有机氮降解速率常数 K 的垂直变化图

2.4.3.2　各种形态氮的埋藏

沉积物中的有机质经过一系列复杂的矿化作用后，一部分营养元素通过孔隙水向上覆水体扩散，补充水体中的生物对营养元素的需求，另一部分则以各种不同的形式保留在沉积物中，称为生源要素的埋藏。保留在沉积物中的这部分物质可以在水动力和生物扰动作用下释放出来进入水体，成为水体潜在的营养源。分级浸取法辨别了氮在沉积物中的不同结合状态，进而可以对沉积物中生物可利用部分的上限进行估算。IEF-N 是最易与水体发生交换作用、参与生物生命活动的氮。当沉积物氧化还原环境、pH 等环境条件发生改变时，CF-N、IMOF-N 和 OSF-N 通常可以释放到水体中。因此 IEF-N、CF-N、IMOF-N 和 OSF-N 可以被认为是潜在生物可利用氮，它们的含量代表了可由沉积物向上覆水体中释放氮总量的上限。综合本研究中测定的柱状沉积物中各种形态氮含量及沉积速率等数据，对长江口两个测点总氮及各种形态氮埋藏通量通过公式进行估算（Ingall and Jahnke, 1994）：

$$BF = C_i \times S \times \rho_d = C_i \times S \times (1 - W_c)/[(1 - W_c)/\rho_s + W_c/\rho_w] \quad (2-1)$$

式中，BF 为沉积物中各种形态氮的埋藏通量；C_i 为沉积物中第 i 种形态氮的含量；S 为沉积物中沉积速率；ρ_d 为沉积物的干密度；W_c 为沉积的含水率；ρ_s 为沉积物的密度，本文中 ρ_s 取 2.300g/cm³；ρ_w 为水密度，取 1.027g/cm³（吕晓霞等，2008）。

由表 2-8 可以看出，长江口外测点各形态氮的埋藏通量都比长江口测点大。这与沉积物的沉积速率有关。沉积速率越大，沉积物堆积越快，沉积物中各元素的堆积和埋藏也较高，造成了高沉积速率的沉积物中各形态氮的含量较高（吕晓霞，2003）。但是两个测点各形态氮含量却相近，这可能是因为长江口外测点中有机氮的降解速率常数比较高，因此分解得比较快，保留下来的比较少。在潜在生物可利用氮形态中，OSF-N 含量占绝对优势，但却是四种形态氮中最难释放出来参与再循环的。四种形态的生物可利用氮对氮循环的贡献大小分别为 OSF-N>IMOF-N>IEF-N>CF-N。

表 2-8 长江口柱状样沉积物中总氮及各形态氮的埋藏通量 ［单位：μg/(cm²·a)］

各形态氮	长江口外 取值范围	平均值	长江口 取值范围	平均值
IEF-N	9.08~58.85	34.71	10.50~31.82	25.36
CF-N	4.59~19.15	11.36	0.45~6.26	2.96
IMOF-N	23.60~53.30	37.09	8.61~33.66	21.51
OSF-N	96.89~246.97	161.45	42.44~131.63	73.58
Bio-N	143.14~359.22	244.61	62.00~192.46	123.41
TN-N	1105.31~2316.90	1477.27	489.48~861.13	685.67

注：Bio-N 为潜在生物可利用氮，即可转化态氮（IEF-N、CF-N、IMOF-N 和 OSF-N）。

2.4.4 有机质来源判断

沉积物中有机质的来源分内源输入和外源输入两种。内源有机质主要是水体生产力本身产生的动植物残体、浮游生物及微生物等，外源输入主要是通过外界水源补给过程中携带进来的颗粒态和溶解态的有机质（朱广伟，陈英旭，2001）。陆源高等植物的 OC/TN 值高于 20.0，而海洋有机质中 OC/TN 值在 3.0~8.0 之间，因为海洋有机质富含大量的蛋白质，因此海洋沉积物中的 OC/TN 值可以有效地指示有机质的来源（Ujiie et al., 2001）。

从图 2-15 中可以看出长江口两个站位的柱样中 OC/TN 值在垂直分布上变化幅度较大，最大值分别为最小值的 3.6 倍（SH3110）和 2.7 倍（SH3111）。长江口外测点柱样的 OC/TN 值在 40cm 以上呈升高趋势，40cm 深度范围内又逐渐降低；长江口测点柱样的 OC/TN 值更为复杂，在 0~50 cm 范围内呈现先升高后降低，然后再升高后降低的趋势。两测点柱样在表层范围内 OC/TN 值呈现增加趋势，可能因为矿化过程中 ON 比 OC 优先降解（Ishiwatari et al., 1994）。而在底层 OC/TN 值比较低，可能由于沉积物以某种形式富集了有机氮，如有机氮被黏土矿物吸附或进入黏土矿物的晶格内，也可能是因为底层有机物完全分解了（Paramasivam and Breitenbeck，1994）。

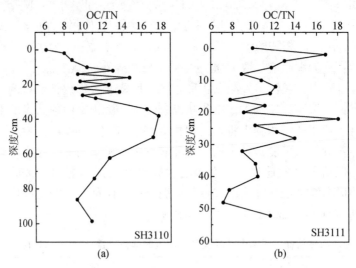

图 2-15 　长江口柱状沉积物中 OC/TN 比的分布特征

长江口区域两个站位中沉积物有机质的 OC/TN 值在 6.2~18.3 之间，平均 12.0。通常沉积物中有机质的 OC/TN 值大于 5.0 或 8.0 被认为是受到两种物源的影响（吕晓霞等，2005），所以两测点沉积物中的有机质属于混合来源有机质。钱君龙（1997）利用二元模型估算了陆源和自生的有机碳、氮含量。该方法假设自生和陆源的 OC/TN 值分别为 5.0 和 20.0（作为零级近似），可得陆生和自生有机碳、氮的含量。根据计算，长江口测点柱样中陆源物质平均占 71.2%，自生占 28.8%；长江口外测点柱样中陆源物质平均占 74%，自生占 26%，说明长江口区域沉积物中的有机质绝大多数是陆源。通常情况下，离岸越远，陆源有机质所占比例会减少，但是本研究中离岸远的长江口外测点柱样中陆源物质所占比例比离岸近的长江口柱样高，这可能与两个站位的盐度有关。长江口外测点的盐度较高，为 31.7，而离岸近的长江口测点的盐度为 14.5。有研究发现在河口区低盐度水环境和颗粒物表面丰富的有机质有利于微生物滋生繁衍（林以安等，1995；陈庆强等，2005），因此细菌数量大，微生物的活动将促进有机质降解。而在长江口外近海，盐度增大，陆源细菌大量死亡，泥砂颗粒表面有机质降解作用大减，浮游植物可以摄取水中大量的营养盐进行光合作用，因此有机质增加。

2.4.5　柱状沉积物中不同时期氮的变化趋势

长江口外和长江口两个测点柱状样的沉积速率分别为 2.44cm/a 和 1.13cm/a，两者在所取的深度都反映了近四五十年来沉积物中氮的沉积史。图 2-16 是长江口柱状样中总氮与年代的对应关系图。两个测点柱状样中总氮含量随年代的变化相似，反映了两柱状样有相同的氮来源。两站位从 20 世纪 60 年代中期到 70 年代氮含量快速升高，70 年代以后总氮含量快速降低。主要因为 1950~1965 年长江流域未兴建大型水利工程，同时整个流域全民大兴农业，开垦荒地，表层植被受到严重的破坏，水土流失严重，因此整个长江入海的径流量和输沙量大量增加，随之氮的输入量也增多。而1966～1979年，长江干流及其主要支流开始兴修大型水利工程，因此输沙量大幅减少（张瑞等，2008）。90年代总氮含量有升高的趋势。

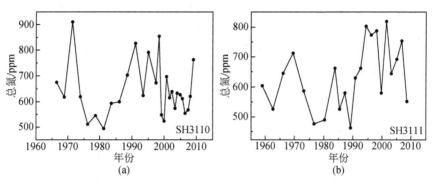

图2-16 长江口柱状沉积物中的总氮随年份变化

2.5 长江口生物群落特征

海洋生物调查与水质调查同步进行（表2-1），包括2个年度6个航次的浮游植物、浮游动物、大型底栖生物3个类群的调查。

2.5.1 浮游植物

2.5.1.1 种类组成

2009年调查共鉴定出浮游植物7门328种，其中硅藻占绝对优势，为218种，占66.5%；其次是甲藻，为76种，占23.17%；其他5门共34种，占10.3%，分别为蓝藻13种、绿藻16种、金藻3种、裸藻1种、隐藻门1种（图2-17）。主要种类有中肋骨条藻、具槽直链藻、尖刺拟菱形藻、裸甲藻sp.、海链藻、辐射圆筛藻、柔弱根管藻等。

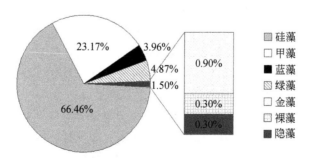

图2-17 调查海域浮游植物种类组成

春季：调查海域共鉴定出浮游植物 6 门 195 种，其中硅藻占绝对优势，为 151 种，占 77.4%；其次为甲藻，31 种，占 15.9%；其他 4 门共 13 种，占 6.7%，分别为蓝藻 4 种，绿藻 7 种，金藻 1 种，隐藻 1 种。主要种类有中肋骨条藻、具槽直链藻、裸甲藻 sp.、柔弱根管藻、辐射圆筛藻、海链藻、隐藻门的 *Hillea* sp.、美丽星杆藻、四尾栅藻等。

夏季：调查海域共鉴定出浮游植物 7 门 226 种，其中硅藻占绝对优势，为 145 种，占 64.2%；其次为甲藻 52 种，占 23.0%；其他 5 门共 29 种，占 12.8%，分别为蓝藻 11 种，绿藻 12 种，金藻 3 种，裸藻 2 种，隐藻 1 种。主要种类有中肋骨条藻、拟尖刺菱形藻、窄细角毛藻、柔弱根管藻、海链藻 sp.，丹麦细柱藻、裸甲藻 sp.、颤藻 sp.、钝顶螺旋藻等。

秋季：调查共鉴定浮游植物 7 门 244 种，其中硅藻占绝对优势，为 167 种，占 68.4%；其次为甲藻 58 种，占 23.8%；其他 5 门共 19 种，占 7.8%，分别为绿藻 8 种，蓝藻 6 种，金藻 3 种，裸藻 1 种，隐藻 1 种。主要种类有中肋骨条藻、链状亚历山大藻、尖刺拟菱形藻、旋链角毛藻、塔马亚力山大藻、布氏双尾藻、裸甲藻 sp.、菱形海线藻、海链藻 sp. 和螺旋环沟藻等。

调查结果表明，调查海域浮游植物种类组成按其生态特征可划分为 3 个生态类群，分别为近岸广温广盐种、近岸广温低盐和半咸水种、亚热带及热带暖水性种。近岸广温广盐种为调查海域的主要优势类群，不同季节其种类和数量均占绝对的优势地位，代表种有中肋骨条藻、琼氏园筛藻、有棘园筛藻、中华盒形藻、梭角藻等。近岸广温低盐和半咸水种在不同季节均出现较多，遍布整个调查海域，尤其在河口、内湾及盐度较低的区域分布较多，为本海域的次优势类群，代表种有颗粒直链藻、具槽直链藻、红海束毛藻、辐射园筛藻、极大螺旋藻等。亚热带及热带暖水性种在夏季期间随台湾暖流注入，分布较为普遍，春、秋季相对较少，代表种有奇异棍形藻、纺锤角藻、印度翼根管藻、柔弱拟菱形藻等。此类群种类出现时间较短，数量也较少。中肋骨条藻是三次调查的绝对优势种，其平均丰度为 8.32×10^4 cells/L，为总平均细胞丰度的 65.31%。中肋骨条藻成为支配调查海域浮游植物数量的关键种。

2.5.1.2 空间分布

(1) 物种数

2009 年调查全海域浮游植物每站位出现的物种数平均为 12.15 种，变幅范围为 3~30 种。浮游植物物种数高值区在三个季节有所差异，春季高值区出现在芦潮港东部海域，物种数在 11.5 种以上；夏季高值区出现在嵊泗列岛附近海域，物种数在 20 种以上；秋季高值区出现在崇明岛以东及岱山附近海域，物种数在 20 种以上；总的来说，春、夏、秋三季，春季站位出现的平均物种数最低，秋季次之，夏季最高。

1) 春季。如图 2-18 (a) 所示，调查海域平均物种数为 8.83 种，变幅范围为 4~19 种。浮游植物物种数高值区出现在芦潮港东部海域，物种数在 11.5 种以上，最高值出现在 SH3109 站；杭州湾湾顶处最少，ZJ0402、ZJ0403 站仅有 4 种；杭州湾和舟山海区形成大片低值区，物种数在 9.5 种以下，且平面分布较均匀。

2) 夏季。如图 2-18 (b) 所示，调查海域平均物种数为 15.83 种，变幅范围为 4~30

种。浮游植物物种数高值区出现在嵊泗列岛附近海域，物种数在 20 种以上，最高值出现在 ZJ0901 站；杭州湾湾顶处最少，ZJ0402、ZJ0403 站仅有 4 种；杭州湾和长江口过渡海域形成大片低值区，物种数在 10 种以下；与春季相比，夏季浮游植物物种数明显增加，平均值比春季高了将近一倍，变化趋势业与春季大不相同，调查海域东部外侧海域物种数高于近海。

3）秋季。如图 2-18（c）所示，调查海域平均物种数为 11.80 种，变幅范围为 3～29 种。浮游植物物种数高值区出现在崇明岛以东海域和岱山岛附近海域，物种数在 20 种以上，最高值出现在 ZJ0901 站；杭州湾湾顶处最少，ZJ0402、ZJ0403 站仅有 2 种；杭州湾和长江口过渡海域形成大片低值区，物种数在 6 种以下；与春季相比，秋季浮游植物物种数明显增加，平均值比春季高了将近 1.3 倍，变化趋势也与春季大不相同，调查海区东部外侧海域物种数高于近海。

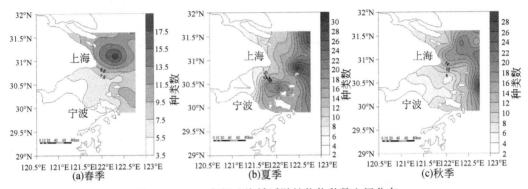

图 2-18 2009 年调查海域浮游植物物种数空间分布

（2）细胞丰度

2009 年调查海域浮游植物细胞丰度均值为 $1.27×10^5$ cells/L，变幅范围为 $1.41×10^3$～$1.86×10^6$ cells/L。浮游植物细胞丰度高值区出现在崇明岛以东长江口中部偏北及长江口东南部咸淡水锋面交汇处，细胞丰度值在 10^6 cells/L 以上；长江口以南、舟山岛以北形成大片低值区，其他海域细胞丰度值为 10^4～10^5 cells/L，且平面分布较均匀。

1）春季。如图 2-19（a）所示，调查海区平均细胞密度为 $8.82×10^4$ cells/L，变幅范围为 $1.41×10^3$～$7.39×10^5$ cells/L。浮游植物细胞丰度高值区出现在崇明岛以东长江口中部海域，细胞丰度值在 $4×10^5$ cells/L 以上，最高值出现在 SH3109 站；杭州湾和舟山海区形成大片低值区，最低值出现在 ZJ0914 站，其他海域细胞丰度值在 $5×10^4$～$2.5×10^5$ cells/L 之间，且平面分布较均匀。

2）夏季。如图 2-19（b）所示，调查海域浮游植物细胞丰度均值为 $2.50×10^5$ cells/L，变幅范围为 $5.71×10^3$～$1.86×10^6$ cells/L。细胞丰度高值区出现在舟山群岛东部外侧海域，数量在 10^6 cells/L 以上，最高值出现在 ZJ0911，在衢山岛与泗礁山岛之间也出现一个丰度在 10^6 cells/L 左右的高值区，杭州湾和崇明岛东部海域浮游植物密度较低，普遍在 $2.0×10^5$ cells/L 以下。在三个调查航次中，夏季浮游植物密度最高，约为春季的 3 倍。

3）秋季。如图 2-19（c）所示，调查海域浮游植物细胞丰度均值为 $4.42×10^4$ cells/L，

变幅范围为 $1.57 \times 10^3 \sim 2.98 \times 10^5$ cells/L。秋季高值区出现在芦潮港海域，数量为 $10^5 \sim 10^7$ cells/L。低值区位于杭州湾海域和舟山群岛以西海域，丰度在 5×10^3 cells/L 以下，最高值在 SH3111 站，最低值出现在 ZJ0403 站。与春夏季相比，秋季浮游植物密度最低，高值区与春季类似。

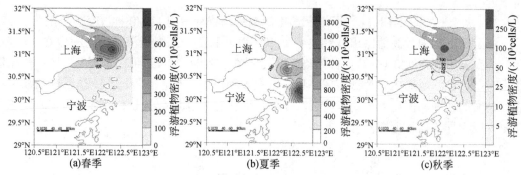

图 2-19　2009 年调查海域浮游植物密度空间分布

（3）多样性指数

浮游植物多样性指数 H' 平均为 1.37，群落均匀度指数 J' 平均值为 0.59，表明浮游植物多样性指数较低，种类分布不均匀，浮游植物生存环境差。多样性指数高值区出现在崇明岛南北两侧及长江口中北部、舟山海区中部以东海域，值为 2~3；多样性指数低值区出现在崇明岛以东长江口中部及长江口锋面交汇区，值均 <1.0；其他海域多样性指数值均为 1~2。调查海域浮游植物多样性指数呈现四周高，中间低的态势（图 2-21 ~ 图 2-23）。

1）春季。如图 2-20 所示，浮游植物多样性指数 H' 平均为 1.11，群落均匀度指数 J' 平均值为 0.54。生物多样性呈现由河口向外海逐渐增大的趋势，其中在佘山和牛皮礁以及杭州湾海域出现一片低值区，多样性指数在 0.8 以下，群落均匀度指数在 0.3 以下；长江口东部外侧海域和舟山东部外侧海域多样性指数和群落均匀度指数较高，分别在 1.6 以上和 0.6 以上。多样性指数和群落均匀度指数表明调查海区浮游植物多样性低，种类分布极不均匀，浮游植物生存环境差。

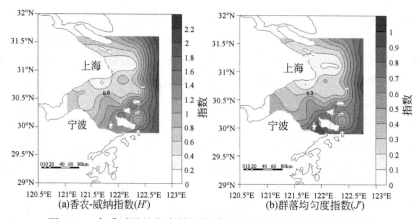

图 2-20　春季浮游植物多样性指数和群落均匀度指数的空间分布

2）夏季。如图 2-21 所示，浮游植物多样性指数 H' 平均为 1.34，群落均匀度指数 J' 平均值为 0.50。浮游植物多样性指数和群落均匀度指数分布不均匀，高值区出现在舟山群岛附近海域以及长江口东部外侧海域，多样性指数在 1.8 以上，群落均匀度指数在 0.6 以上，在衢山岛与泗礁山之间出现两个低值区，多样性指数在 0.3 以下，群落均匀度指数在 0.1 以下，主要是 ZJ0903 和 ZJ0904 站出现大量中肋骨条藻，其丰度占了该站总丰度的 98.2% 和 96.3%，成为两个站的绝对优势种，造成浮游植物种类分布极不均匀。

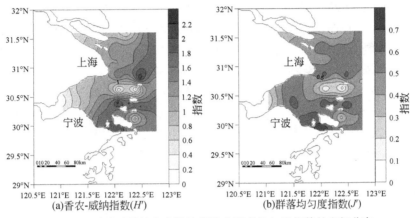

图 2-21　夏季浮游植物多样性指数和群落均匀度指数的空间分布

3）秋季。如图 2-22 所示，浮游植物多样性指数 H' 平均为 1.66，群落均匀度指数 J' 平均值为 0.74，两个指数在佘山附近海域和芦潮港东南海域出现两个低值区，多样性指数和群落均匀度指数分别在 0.8 以下和 0.3 以下。相比春季和夏季，秋季浮游植物多样性和群落均匀度指数最高，而浮游植物细胞丰度却是三个季节中最低的，这主要与优势种中肋骨条藻大量减少有关，中肋骨条藻优势度有所降低，群落多样性有所升高。

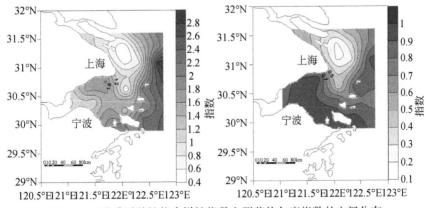

图 2-22　秋季浮游植物多样性指数和群落均匀度指数的空间分布

（4）Chl-a

浮游植物 Chl-a 平均浓度为 1.91mg/m³，浓度范围为 0.25～12.80mg/m³，最高值出现在夏季的 ZJ0911 站，浮游植物 Chl-a 高值区在三个季节有所差异：春季高值区出现在长江口近岸海域和舟山群岛东南外侧海域，浓度值在 0.7mg/m³ 以上；夏季高值区出现在舟山群岛东部外侧海域和岱山附近海域，浓度值在 7mg/m³ 以上；秋季高值区出现在芦潮港附近海域和嵊泗列岛东侧海域，浓度值在 2.0mg/m³ 以上。总的来说，春、夏、秋三季各站位出现的平均 Chl-a 浓度以春季最低，秋季次之，夏季最高。

1）春季。如图 2-23（a）所示，浮游植物 Chl-a 平均浓度为 0.59mg/m³，浓度范围为 0.25～1.18mg/m³。最高值出现在夏季的 SH3111 站，分布不均匀，在长江口近岸海域和舟山群岛东南外侧海域出现两个高值区，浓度值在 0.7mg/m³ 以上，而在舟山群岛西侧海域和杭州湾海域浓度值普遍较低，浓度在 0.4mg/m³ 以下。

2）夏季。如图 2-23（b）所示，浮游植物 Chl-a 平均浓度为 3.78mg/m³，浓度范围为 0.61～12.80mg/m³。最高值出现在夏季的 ZJ0911 站，最低值出现在 ZJ0402 和 SH3111 站。Chl-a 分布不均匀，与春季相比，分布大不相同。夏季 Chl-a 浓度高值区在舟山群岛东部外侧海域和岱山附近海域，浓度值在 7mg/m³ 以上，而长江口近岸水域则成为夏季 Chl-a 浓度的低值区，浓度值在 3mg/m³ 以下，但是其浓度仍然高于春季，整个海域 Chl-a 浓度均普遍提高。

3）秋季。如图 2-23（c）所示，浮游植物 Chl-a 平均浓度为 1.34mg/m³，浓度范围为 0.25～4.66mg/m³。最高值出现在夏季的 ZJ0902 站，在芦潮港附近海域和嵊泗列岛东侧海域出现两个高值区，浓度值在 2.0mg/m³ 以上，而在舟山群岛附近海域和杭州湾浙江近岸海域浓度值普遍较低，浓度在 0.5mg/m³ 以下。与春、夏季 Chl-a 浓度相比，秋季介于春季和夏季之间水平，其分布趋势类似于春季，而与夏季大不相同。

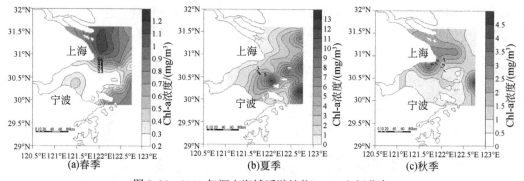

图 2-23　2009 年调查海域浮游植物 Chl-a 空间分布

2.5.1.3　年际变化

（1）群落结构

在正常的海域中，浮游植物的主要种类及数量组成均为硅藻。调查结果显示，调查海域的浮游生物群落结构已发生明显变化，浮游植物中甲藻所占比例在全海域呈现明显上升趋势，从 1996 年的 12.3% 上升到本次调查的 23.1%，上升了近 1 倍（图 2-24）。浮游植物中的甲藻密度比例也发生相应的变化，在 1996 年至本次调查的 10 年间，甲藻的密度组成比例上升了 8 倍。这些都说明浮游植物的群落结构发生了明显的变化。

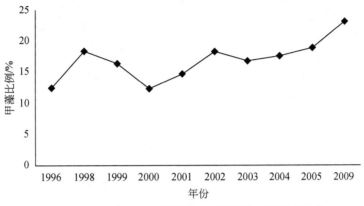

图 2-24　1996 年以来浮游植物中甲藻所占比例变化趋势

（2）丰度

如图 2-25 所示，浮游植物密度变化很大。1998 年浮游植物密度普遍较小，在 10^5 cells/L 以下，而 1998 年以后浮游植物密度大大增高，在 2002 年以后变化非常剧烈，在 2003 年和 2007 年浮游植物密度很高，达到 $1.4×10^6$ cells/L 以上。从季节上来看，春季浮游植物密度低于夏、秋两季。如图 2-26 所示，浮游植物 Chl-a 浓度呈现上下波动的趋势，年际变化范围不是很大，夏季 Chl-a 浓度在 2007 年后有上升的趋势，而春季和秋季变化不是很明显。

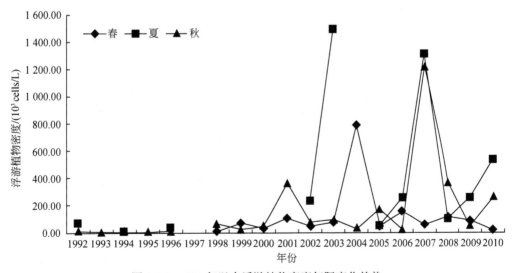

图 2-25　1992 年以来浮游植物密度年际变化趋势

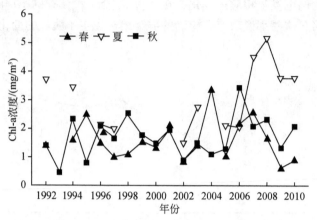

图 2-26　1992 年以来浮游植物 Chl-a 浓度年际变化趋势

2.5.2　浮游动物

2.5.2.1　种类组成

经过三次调查，本调查海域共鉴定出浮游动物种类 165 种。由图 2-27 可以看出，调查海域浮游动物主要由桡足类、水螅水母类和浮游幼虫三大部分组成。其中，桡足类 48 种，占 29.1%；水螅水母类 36 种，占 21.8%；浮游幼虫 19 种，占 11.5%；浮游软体和多毛类各 10 种，各占 6.1%；毛颚动物和被囊类各 7 种，各占 4.2%；十足类 6 种，占 3.6%；糠虾类 5 种，占 3.0%；端足类 4 种，占 2.4%；栉水母、枝角类、介形类、磷虾类各 3 种，各占 1.82%；樱虾类 1 种，占 0.6%。

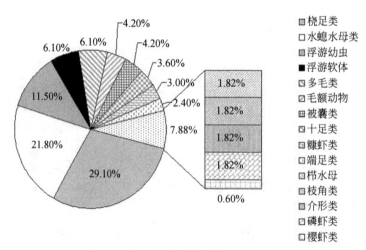

图 2-27　调查海域浮游动物各种类组成

调查海域浮游动物群落基本上属低盐性群落，主要种类有太平洋纺锤水蚤、中华哲水蚤、真刺唇角水蚤、背针胸刺水蚤、火腿许水蚤、肥胖箭虫、百陶箭虫、五角水母、双生水母等沿岸低盐种和半咸水河口种。从外海高盐种来看，夏季>秋季>春季，说明夏季暖流对调查海域影响逐渐增强，一些外洋性种类比例逐渐加大。

1）春季。共出现浮游动物 61 种，以水螅水母类、桡足类、浮游幼虫占优势，分别为 15 种、11 种、7 种，分别占总数的 24.6%、18.0%、11.5%；软体动物 4 种，占种类总数的 6.56%；端足类、糠虾类、磷虾类、十足类、毛颚类和被囊类各 3 种，各占种类总数的 4.92%；栉水母 2 种，占总种类总数的 3.28%；枝角类、介形类、樱虾类和浮游多毛类各 1 种，分别占总物种类的 1.64%。主要种类有中华哲水蚤、双生水母、五角水母、精致真刺水蚤、拿卡箭虫、虫肢歪水蚤、百陶箭虫、拟细浅室水母、真刺唇角水蚤、中华假磷虾等。

2）夏季。共出现浮游动物 17 大类 127 种，以桡足类、水螅水母类、浮游幼虫占优势，分别为 38 种、22 种、17 种，各占总数的 29.9%、17.3%、13.4%；软体类 9 种，占总数的 7.1%；被囊类 7 种，占总数的 5.5%；毛颚类 6 种，占总数的 4.7%；浮游多毛类和糠虾类各 5 种，各占总数的 3.9%；水母类、端足类和樱虾类各 3 种，各占总数的 3.9%；栉枝角类、介形类、磷虾类和十足类各 2 种，各占总数的 1.6%；涟虫 1 种，占总数的 0.8%。主要种类有双生水母、肥胖箭虫、百陶箭虫、真刺唇角水蚤、长尾类幼体、中华哲水蚤、中华假磷虾、中型莹虾和球型侧腕水母等。

3）秋季。共出现浮游动物 123 种，以桡足类、水螅水母类、浮游幼虫占优势，分别为 34 种、29 种、18 种，各占总数的 27.6%、17.1%、14.6%；浮游多毛类 8 种，占总数的 6.5%；软体类和毛颚类各 5 种，各占总数的 4.1%；糠虾类 4 种，占总数的 3.3%；栉水母、端足类、樱虾类、十足类和被囊类各 3 种，各占总数的 2.4%；磷虾类 2 种，占总数的 1.6%；枝角类、介形类和涟虫类各 1 种，各占总数的 0.8%。主要种类有双生水母、肥胖箭虫、精致真刺水蚤、球型侧腕水母、亚强真哲水蚤、百陶箭虫、真刺唇角水蚤和萨利纽鳃樽等。

（1）优势种

在三次调查中，优势种的季节变化非常明显。春季浮游动物优势种数目锐减，仅出现 3 种，中华哲水蚤在海域中占绝对优势（优势度：0.562），成为调查海域的关键种群；夏季第一优势为双生水母，优势度达 0.142，且优势种的种类较多；到了秋季，单一物种占绝对优势的趋势消失，取而代之的是几个优势种共同出现，但优势度均不高，最高的也只有 0.072，为双生水母。双生水母也是三个季节唯一都出现的优势种（表2-9）。

表2-9 调查海域浮游动物优势种优势度的季节变化

优势种	春季	夏季	秋季
双生水母	0.041	0.142	0.072
五角水母	0.027	—	—
球型侧腕水母	—	—	0.035
中华哲水蚤	0.562	0.022	

优势种	春季	夏季	秋季
真刺唇角水蚤	—	0.027	0.021
亚强真哲水蚤	—	—	0.033
精致真刺水蚤	—	—	0.040
百陶箭虫	—	0.028	0.028
肥胖箭虫	—	0.117	0.050
长尾类幼虫	—	0.023	—
萨列纽鳃樽	—	—	0.028

（2）生态类群

调查海域环境较为复杂，受长江、钱塘江、甬江径流的影响较大，5月开始又受黑潮分支明显影响，各季节浮游动物的种类组成及变化均较大。根据浮游动物适应温、盐的性质等生态习性和分布，本调查海域的浮游动物分为如下几种生态类群：

1）河口半咸水类群：该类群种类较少，主要出现在秋季。主要种类有中华哲水蚤（*Calanus Sinicus*）、火腿许水蚤（*Schmackeria poplesia*）、虫肢歪水蚤（*Tortanus vermiculus*）、长额刺糠虾（*Acanthomysis logirostlis*）、双生水母（*Diphyes chamissonis*）等，出现在长江河口冲淡水影响区域和舟山海域。

2）近岸低盐类群：该类群为本次调查的主要类群，其种类多、数量大。主要种类有嵴状镰螅水母（*Zanclea costata*）、五角水母、针刺真浮萤（*Euconchoecia aculeata*）、真刺唇角水蚤（*Labidocera euchaeta*）、克氏纺锤水蚤（*Acartia clausi*）、拟长腹剑水蚤（*Oithona similis*）、长额刺糠虾（*Acanthomysis longirostris*）、中华假磷虾（*Pesudeuphausia sinica*）、拿卡箭虫（*Sagitta nagae*）、强壮箭虫（*Sagitta crassa*）、短尾类蚤状幼虫（*Brachyura zoea* larva）等。

3）广盐类群：这一类群包含范围较广，包括广温广盐、高温广盐和低温广盐等类型。代表种类有小介穗水母（*Podocoryne minima*）、嵊山秀氏水母（*Sugiura chengshanense*）、四叶小舌水母（*Liriope tetraphylla*）、两手筐水母（*Solmundella bitentachlata*）、双生水母（*Diphyes chamissonis*）、后圆真浮萤（*Euconchoecia maimai*）、中华哲水蚤、小拟哲水蚤（*Paracalanus parvus*）、平滑真刺水蚤（*Euchaeta palana*）、近缘大眼剑水蚤（*Corycaeus affinis*）、中型莹虾（*Lucifer intermedius*）、异体住囊虫（*Oikopleura dioica*）等。

4）外海高温高盐类群：这一生态类群主要分布在外海，代表种类有瘦长真哲水蚤（*Eucalanus elongatus*）、强真哲水蚤（*E. crassus*）、海洋真刺水蚤（*Euchaeta marina*）、精致真刺水蚤（*Euchaeta concinna*）、肥胖箭虫（*Sagitta enflata*）等。

2.5.2.2　空间分布

（1）物种数

2009年调查海域浮游动物每站位出现的物种数平均为18.38种，变幅范围为1～58种。浮游动物物种数高值区在三个季节有所差异，春季高值区出现在东部外侧海域，物种数为12种以上；夏季和秋季高值区出现在舟山群岛东南部海域和长江口外侧海域，物种数为 30 种以上。总的来说，春、夏、秋三季，春季站位出现的平均物种数最低，夏、秋季平均物种数大致相同。

1）春季。如图 2-28（a）所示，调查海域平均物种数为 11.47 种，变幅范围为 2~26种。浮游动物物种数高值区出现在东部外侧海域，物种数为 12 种以上，最高值出现在ZJ0911 站；杭州湾水域和横沙南部近岸海域是物种数低值区，ZJ0403、SH3113 站仅有两种。

2）夏季。如图 2-28（b）所示，调查海域平均物种数为 21.80 种，变幅范围为 1~50种。浮游动物物种数高值区出现在舟山群岛东南部海域和长江口外侧海域，物种数为 30种以上，最高值也出现在 ZJ0911 站；杭州湾海域和崇明岛—横沙岛海域浮游动物物种数最少，SH3106 站仅有 1 种；杭州湾和长江口过渡海域形成大片低值区，物种数在 10 种以下。与春季相比，夏季浮游动物物种数明显增加，平均值比春季高了将近 1 倍，变化趋势与春季基本相同，调查海域东部外侧海域物种数高于近海。

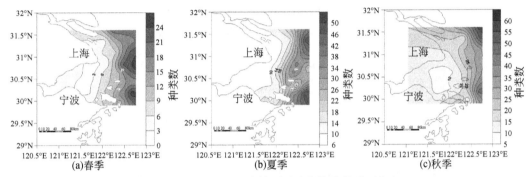

图 2-28　2009 年调查海域浮游动物物种数平面分布

3）秋季。如图 2-28（c）所示，调查海域平均物种数为 21.86 种，变幅范围为 5~58种。浮游动物物种数高值区与夏季类似，出现在舟山群岛东南部海域和长江口外侧海域，物种数在 30 种以上，最高值出现在 SH3114 站；杭州湾湾口中部形成一个低于 10 种的低值区，ZJ0905 站仅有 5 种；岱山岛和余山海域形成低值区，物种数在 20 种以下。秋季浮游动物平均物种数与夏季大致相同，三个季节的浮游动物物种数分布趋势大致一样，由近岸向东部外海增多，这主要是因为在受台湾暖流影响的区域出现了许多暖水性种类。

（2）生物量

2009 年调查海域浮游动物平均生物量为 165.9mg/m³，变幅范围为 1~1320.8 mg/m³。浮游动物生物量高值区在三个季节相差不大，春季高值区出现在长江口外海区和嵊泗海域，生物量在 100mg/m³ 以上；夏季高值区出现在嵊泗列岛、长江口东部外侧海域以及舟山岛东北部海域，生物量在 500mg/m³ 以上；秋季高值区出现在长江口东部外侧海域、舟山岛—嵊泗列岛东部海域，生物量在 200mg/m³ 以上。总的来说，春、夏、秋三季，春季站位出现的平均生物量最低，秋季次之，夏季最高。

1）春季。如图 2-29（a）所示，浮游动物平均生物量为 134.8mg/m³，变化范围为1.1~750.4 mg/m³。长江口外海区和嵊泗海域生物量在 100mg/m³ 以上，最高值出现在ZJ0907 站；低值区出现在长江口的横沙一带、杭州湾及舟山岛以西区域，实测值<100mg/

m^3，最低值出现在 ZJ0905，仅为 1.1 mg/m^3。

2）夏季。如图 2-29（b）所示，浮游动物平均生物量为 251.4mg/m^3，变幅范围为 7.9～1320.8mg/m^3。生物量高值区出现在嵊泗列岛、长江口东部外侧海域以及舟山本岛东北部海域，实测值均在 500mg/m^3 以上；长江口东南部、杭州湾海域形成实测值在 100mg/m^3 以下的低值区，且多数站位在 50mg/m^3 以下。

3）秋季。如图 2-29（c）所示，浮游动物平均生物量为 111.7mg/m^3，变幅范围为 2.7～567.8mg/m^3。其变化幅度明显低于夏季，高值区出现在长江口东部外侧海域、舟山岛—嵊泗列岛东部海域，值在 200mg/m^3 以上。其余海区除个别站位在 50～100mg/m^3 外，大多数站位均小于 50 mg/m^3。

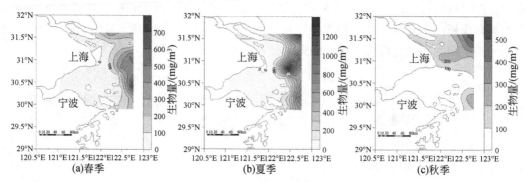

图 2-29　2009 年调查海域浮游动物生物量

（3）丰度分布

2009 年调查海域浮游动物平均丰度为 93.3 个/m^3，变幅范围为 1.4～969.0 个/m^3。浮游动物丰度高值区在三个季节相差不大，春季高值区出现在嵊泗列岛以东海域，实测值在 200 个/m^3 以上；夏季高值区出现在长江口外部海域，实测值均在 250 个/m^3 以上；秋季高值区出现在长江口外部海域和舟山群岛东部海域，实测值在 100 个/m^3 以上。总的来说，春、夏、秋三季，春季站位出现的平均丰度最低，秋季次之，夏季最高。

1）春季。如图 2-30（a）所示，浮游动物的平均丰度是 91.4 个/m^3，变化范围为 1.7～494.0 个/m^3。丰度高值区出现在嵊泗列岛以东海域，实测值在 200 个/m^3 以上，最高值出现在 ZJ0907 站，杭州湾以及舟山群岛西侧海域则在 10 个/m^3 以下，其他海域多数站位为 10～100 个/m^3。

2）夏季。如图 2-30（b）所示，浮游动物丰度平均为 128.5 个/m^3，变幅范围为 1.4～969.0 个/m^3。高值区出现在长江口外部海域，实测值均在 250 个/m^3 以上；低值区出现在横沙一带、杭州湾海域，实测值均小于 25 个/m^3。其他海域为 25～250 个/m^3。

3）秋季。如图 2-30（c）所示，浮游动物丰度是三个季节中最低的，均值为 60.1 个/m^3，变幅范围 3.1～287.8 个/m^3。丰度高值区出现在长江口外部海域和舟山群岛东部海域，实测值在 100 个/m^3 以上。其他海域除个别站位值为 50～100 个/m^3，其余站位均小于 50 个/m^3，特别是杭州湾湾口中部，舟山—岱山附近海域丰度均值小于 10 个/m^3。

2.5.2.3　年际变化

将本次调查的浮游动物生物量数据与过去的调查结果进行比较来研究浮游动物的年际

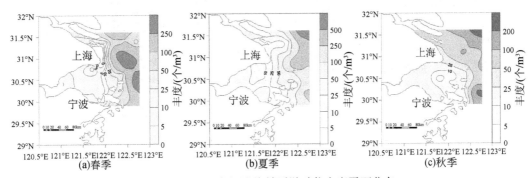

图 2-30　2009 年调查海域浮游动物丰度平面分布

变化，具体结果见表 2-10。由图 2-31 可以看出，1983 年长江口区浮游动物的平均生物量比 1959 和 1961 年有明显下降。自 1986 年以后生物量又大幅增加。1999 年和 2001 年 5 月的总生物量明显高于 1959 年和 1986 年同期水平，分别增加了 1.43 ~ 1.76 和 0.95 ~ 1.22倍。20 世纪 90 年代至今长江口区浮游动物生物量的变化幅度不大，但在 2001 年 5 月出现了一个 815.5mg/m³ 的高峰。

表 2-10　长江口及邻近水域不同年份浮游动物平均生物量　（单位：mg/m³）

调查年份	站位数	生物量	月份	资料来源
1959	25	244.6	5	全国海洋调查，1964
1961	28	277.5	6	陈亚瞿等，1985
1983	77	120	5	朱启琴，1988
1986	42	277.8	5	高尚武等，1992
1999	33	674.3	5	王克等，2004
2000	20	482.6	5	徐兆礼，2005a
2001	20	815.5	5	徐兆礼，2005a
2002	20	395.2	5	徐兆礼，2005a
2003	28	368.6	6	陈洪举，硕士论文，2006
2005	43	79.2	7	本项目前期调查
2006	42	473.8	6	陈洪举，硕士论文，2006
2009	31	251.45	7	本项目调查
2010	31	149.83	7	本项目调查

　　1982 ~ 1983 年的调查中，长江口区的环境污染严重，调查期间还发生过两次夜光虫赤潮石油、重金属浓度普遍偏高，可能都是导致该时期浮游动物生物量降低的原因。进入 20世纪 90 年代以后，长江口区的浮游动物生物量显著增高，可能与水体的富营养化有关。长江口区赤潮频繁发生，必然导致初级生产力的提高，使浮游动物的饵料来源更加丰富，从而促进了浮游动物的大量繁殖和生长发育（尤其是在春季）。2001 年浮游动物生物量达到高峰之后，又逐年下降，2003 年下降幅度最大。2003 年黄海冷水的势力较强，流经长

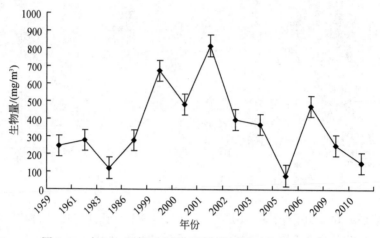

图 2-31　长江口及邻近水域不同年份浮游动物平均生物量

江口的黑潮暖流势力比 2001 年弱。当外海暖水势力较弱时，高生物量分布区范围就会缩小。2001 年以后长江口水域浮游动物生物量迅速降低可能是这个原因。此外，所对比的资料调查范围和调查方法也不尽相同，湿重生物量受到含水量较高的生物（如水母、夜光虫）的影响较大，若某个调查种是含水量较高的生物，则会造成浮游动物生物量增高。不过从总的趋势来看，从 20 世纪 80 年代开始，浮游动物生物量开始增高，2000 年后浮游动物呈现下降的总体趋势。

2.5.3　大型底栖生物

底栖生物作为海洋生态系统中的重要组成部分，在海洋食物网和沉积物–水层界面的生物地球化学循环过程中起着重要的作用。作为环境指示生物，底栖动物与其他生物类群相比，具有更多的优点，例如：不易移动或移动范围有限；具有较长的生命周期；占据了几乎所有的消费者营养级，能完成一个完整的生物积累过程；易于分类和统计等。因此，其群落结构特征常被用于监测人类活动或自然因素引起的长周期海洋生态系统变化。我国对长江口底栖生物的大规模调查可追溯到 20 世纪 50 年代末，在之后的几十年时间内，随着一系列研究项目的实施，人们对长江口底栖生物的认识也逐渐深化（刘录三等，2008；刘瑞玉等，1992；叶属峰等，2004）。近年来，我国学者对长江口底栖动物群落结构特征的研究较多（李欢欢等，2007；袁兴中等，2002；章飞军等，2007；周晓等，2006）。研究表明，长江口底栖生物群落在靠近长江口的一些站位显示出受到轻微污染扰动的趋势，而距长江口较远区域尚未受到干扰（李宝泉等，2007）。长江口及毗邻海域整体健康状况不容乐观（周晓蔚等，2009）。

本节主要采用 2009 年 4 月航次的数据对长江口大型底栖动物群落结构的现状进行分析，并结合近 30 年来长江口及毗邻海域历史资料，对其大型底栖动物群落结构演变特征进行阐释，探讨结构演变的原因。

2.5.3.1　种类组成

在 2005 年 5～7 月、2005 年 9 月、2005 年 11 月、2006 年 6 月、2009 年 4 月及 2010 年 3 月进行的 6 个航次调查中，我们分别对长江河口段、杭州湾、舟山海区等不同水域进行了共计 86 个站位的大型底栖动物样品采集工作，调查水域位于 29°00′N～31°50′N，121°02′E～124°02′E。6 个航次共发现大型底栖动物 330 种，其中包括软体动物 122 种，多毛类 83 种，甲壳动物 67 种，棘皮动物 23 种，底栖鱼类 28 种，以及其他类群 7 种。多毛类中，以个体较小的海稚虫科的物种数最多，为 10 种，其次为沙蚕科和齿吻沙蚕科，分别为 9 种和 7 种。软体动物中，单壳类物种数（87 种，占软体动物总物种数的 71.3%）明显大于其他类群，其中塔螺科最多，达 31 种，占软体动物总物种数的 25.4%；其次为小塔螺科及织纹螺科，分别为 10 种及 9 种。棘皮动物中以阳遂足科和锚参科物种为主，甲壳类主要以中等大小的虾蟹为主，如长臂虾等。底栖鱼类以个体较小的鳗虾虎鱼科为主，其他种类以纽虫为主。

2.5.3.2　空间分布

2009 年春季航次共得到 21 个大型底栖动物样品（其中 ZJ0402、ZJ0910 这两个站位未采集到大型底栖生物），调查水域位于 29°54′N～31°36′N，121°02′E～122°45′E（图 2-32）。调查采用面积 0.1m² 的箱式采泥器取样，每站成功取样 1 次计为一个样品。泥样用孔目为 0.5mm 的筛网冲洗，标本用 75% 酒精现场固定，在实验室中进行分类鉴定、个体计数以及称重（湿重）等工作（国家海洋局 908 专项办公室，2006）。

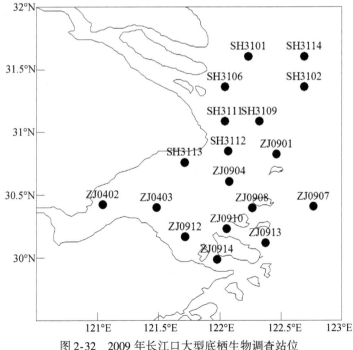

图 2-32　2009 年长江口大型底栖生物调查站位

（1）物种数

2009 年 4 月航次共发现大型底栖动物 54 种（另有拖网定性种类 58 种），其中多毛类 38 种，占 70.4%；软体动物 7 种，占 12.96%；甲壳动物 3 种，占 5.6%；棘皮动物 2 种，占 3.7%；底栖鱼类 1 种，占 1.9%；其他种类 3 种（纽虫、星虫、薮枝螅各一种）（图 2-33）。各个站位的物种数也不相同。其中，位于长江口门外的 SH3101 和 SH3114 站最多，分别达 21 种和 15 种，最小值出现在杭州湾的 ZJ0402 和舟山海区的 ZJ0910 站，未采集到生物。总体上来说，位于长江口内侧及杭州湾近岸的站位大型底栖生物的相对较低，且大体沿长江口和杭州湾内侧向外缘增加（图 2-34）。

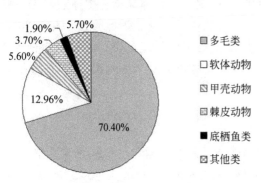

图 2-33　2009 年春季航次大型底栖生物类群组成图

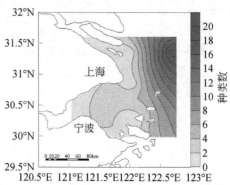

图 2-34　2009 年春季航次种类数平面分布图

（2）丰度

2009 年调查海域大型底栖生物丰度值范围为 10 ~ 1470 个/m²，平均 212.38 个/m²，其中位于长江口外的 3 个站数值明显高，分别达到 1230 个/m²、1060 个/m² 和 960 个/m²，主要是由于双形拟单指虫（*Cossurella dimorpha*）和昆士兰稚齿虫（*Prionospio queenslandica*）分布密度较高。位于长江口内侧的站位大型底栖生物的丰度均相对较低，且大体沿长江口内侧向外缘增加（图 2-35）。

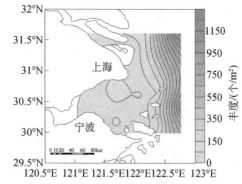

图 2-35　2009 年长江口大型底栖生物丰度的水平分布

（3）生物量

2009 年大型底栖生物量值范围为 0 ~ 83.5 g/m²，平均值为 10.90 g/m²，其中位于长江口外缘的 4 个站数值明显高，超过 27.3 g/m²，最高值达到 83.5 g/m²，主要是由于采集到底栖型鱼类所致。而位于长江口内侧的站位大型底栖生物的生物量均相对较低。由于不同底栖动物的个体存在大的差异，某些大型种类如鱼类被采到的几率不确定，因此导致底栖生物的生物量水平分布无明显规律。但整体上长江口外侧水域生物量大于内侧水域生物量（图 2-36）。

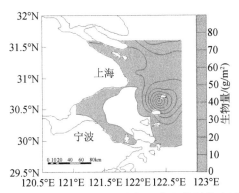

图 2-36　2009 年长江口大型底栖生物生物量的水平分布

（4）物种多样性

2009 年 4 月长江口海域底栖生物的丰富度指数、均匀度指数、香农–威纳指数平均值分别为 0.87±0.79、0.80±0.21、1.36±1.11，均较低，说明该海域生物群落物种多样性较低，分布的均匀度和物种的丰富度均不高。如图 2-37 所示，调查海域的多样性指数与物种数分布一致，位于长江口内侧及杭州湾近岸的站位大型底栖生物的相对较低，且大体沿长江口和杭州湾内侧向外缘增加。

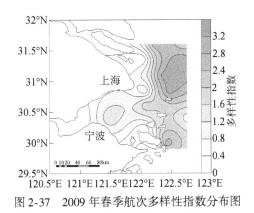

图 2-37　2009 年春季航次多样性指数分布图

2.5.3.3　年际变化

（1）物种数

自 20 世纪 70 年代末以来，长江口附近海域大型底栖动物的物种数发生了较大的波动，从 70 年代末、80 年代初的 153 种降至 90 年代的平均 28 种。2005 年后，物种数又有

（3）丰度

从图 2-40 可以看出，2005 年之后长江口海域大型底栖动物丰度明显增加，从之前的 21.6～64 个/m²迅速增加至 138 个/m²（2005 年）和 212 个/m²（2009 年），2010 年则又下降至 70 个/m²（表 2-13）。

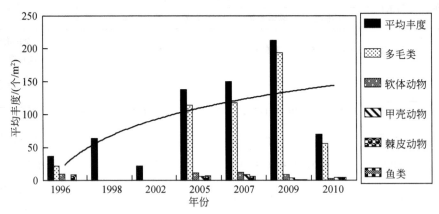

图 2-40　长江口大型底栖动物平均丰度的年际变动

表 2-13　长江口底栖生物丰度的年际变化　　　　　　　　（单位：个/m²）

调查时间	平均丰度	类群					资料来源
		多毛类	软体动物	甲壳动物	棘皮动物	鱼类	
1996	36.88	21.45(57.85)	9.38(25.3)	—	8.3(3.75)	—	徐兆礼等,1999**
1998	64	—	—	—	—	—	上海市环境科学研究院,2001
2002	21.6	—	—	—	—	—	叶属峰等,2004
2005	138	114(82.6)*	11(8.0)	6(4.3)	7(5.1)	—	王延明等,2009
2007	150	118(79.1)	12(8)	9(6)	6(4)	—	孙亚伟等,2007
2009	212.38	193.73(92.1)	8.58(4.04)	3.33(1.57)	0.96(0.45)	0.95(0.44)	本次调查
2010	70	55.79(79.7)	2.63(3.8)	4.73(6.8)	4.2(6.0)	—	本次调查

注：*括号内的数字表示种类组成比例（%）；**含阿式拖网样品。

（4）群落结构组成

物种组成方面，各主要类群物种数在群落中的比例发生了明显变化，其中变化较为明显的是多毛类、甲壳动物和底栖鱼类。多毛类从 2009 年之前所占群落比例范围 15.6%～34% 在两年内迅速增加至 70%；甲壳动物则呈现相反的趋势，从 2009 年之前的 15.8%～43.5% 迅速降低至 5.6%（2009 年）和 10%（2010 年）；底栖鱼类也明显减少，1978～1998 年所占比例为 16.3%～28.6%，2002 年后已很少采到，其所占比例也降至 0～5.3%；软体动物为 8.3%～31.6%，最低值出现在 1998 年，最高值出现在 2002 年春季，其余年份呈现无规律波动；棘皮动物从 2002 年后呈增加的趋势，所占比例也由 2000 年前的 0～

3.3%增加至3.7% ~6.5%。

群落中各主要类群生物量所占比例也发生了明显变化，其中变化较为明显的是多毛类，1986年之前所占群落比例范围为15.6% ~16.5%，2005 ~2006年增加至43.4% ~47.1%，2010年增加至56.6%。

在各类群的丰度组成变化方面，由于缺乏更详细的数据统计，各类群所占比例的年际变化不如生物量变化明显，但大体也呈现一种趋势，即2005年之后多毛类的丰度明显增加，导致群落丰度的整体增加，是丰度的最大贡献者（表2-13）。

（5）群落变化的 MDS① 分析

MDS分析表明，长江口区域的大型底栖动物30年来大体经历了三个主要阶段：稳定期（20世纪90年代之前）、受干扰期（20世纪90年代至2005年）和缓慢恢复期（2005 ~2010年）。其中，平均生物量缺少20世纪90年代之前的资料，但90年代之后的资料表明，其变化也呈现类似的特征（图2-41）。

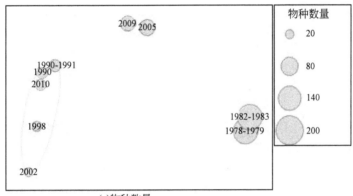

(a)物种数量

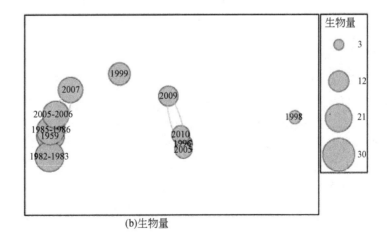

(b)生物量

---

① MDS，即多维尺度分析，目的是分析研究对象的相似性或差异性。

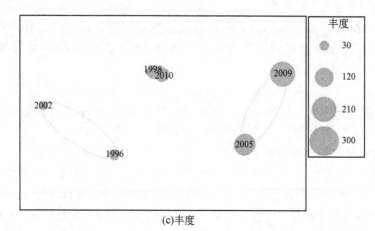

(c)丰度

图 2-41 长江口底栖动物物种数量、生物量和丰度年际变化的 MDS 分析

注：基于 Bray-Curtis 相似性系数，数据经平方根转化，图中数字为不同年份相应的物种数量、

生物量和丰度值，图例中单位分别为个、g/m^2 及个/m^2；MDS 应力值（stress value）= 0，

图中点（对象）的距离反映了它们的相似性或差异性

2.6 小结

本章通过资料收集与现场调查重点分析了长江口及其近岸海域水体中无机氮、活性磷酸盐等营养盐指标的空间分布和季节变化，柱状沉积物中氮的形态与分布以及生物群落特征等主要内容，现总结如下：

1）长江口及其邻近海域无机氮表底层分布总体呈由东向西逐渐增高的趋势，主要是受到城市排污及径流等的影响；从垂直分布看，溶解态无机氮中以 NO_3^--N 为主，3 种无机氮的垂直变化规律不明显。活性磷酸盐在该海域表层分布呈由西向东逐渐下降的趋势，底层分布与表层类似，浓度略低于表层；从垂直分布看，TP、TPP 底层高于表层，其他形态的磷表层、底层含量相当。

2）利用分相浸取法对长江口两个柱状沉积物样品中氮的赋存形态进行了分析，其分布基本特征为：长江口外测点中 IEF-N 随深度呈现螺旋式往复增长，而在长江口测点则无规律性；垂直分布上，IMOF-N 整体呈现出随深度升高的趋势，长江口外测点柱样中 OSF-N 无规律性，而长江口测点则呈现两端高、中间低型三段式分布；长江口外测点有机氮的降解速率高于长江口测点，OC/TN 值的垂直分布变化幅度较大，长江口两个测点柱样总氮含量随年代的变化相似，具有相同的陆源氮来源。

3）通过对 2009 年春季、夏季和秋季 3 次调查结果进行分析，共鉴定出浮游植物 7 门 328 种，其中硅藻占绝对优势，其次为甲藻 76 种，中肋骨条藻是绝对优势种；浮游动物种类 165 种，主要由桡足类、水螅水母类和浮游幼虫三大部分组成；大型底栖动物 330 种，其中软体动物、多毛类、甲壳动物是主要的 3 个类群。

春季浮游植物高值区出现在芦潮港东部海域，夏季高值区出现在嵊泗列岛附近海域，秋季高值区出现在崇明岛以东及岱山附近海域；细胞丰度高值区出现在崇明岛以东长江口中部偏北及长江口东南部咸淡水锋面交汇处，长江口以南舟山岛以北形成大片低值区；1996～2010年浮游植物结构发生明显年际变化，甲藻比例呈明显上升趋势，Chl-a浓度上下波动。长江口近岸区生态系统对营养盐并不敏感，光照、水力停留时间、潮汐等可能是其富营养化的主要影响因子；此外，长江口东部远岸区海域对营养盐较敏感。

夏季浮游动物生物量最高，秋季次之，春季最低，主要优势种为中华哲水蚤、双生水母。生物量分布三个季节基本一致，高值区在长江口外海区和嵊泗海域，杭州湾海域生物量较低。细胞丰度高值区出现在嵊泗列岛以东海域，杭州湾海域丰度较低；季节分布夏季最高，秋季次之，春季最低。从20世纪80年代开始浮游动物生物量开始增高，2000年以后浮游动物呈现下降的总体趋势。从浮游动物与浮游植物、营养盐的相关性分析来看，浮游动物与浮游植物呈显著的正相关，与营养盐呈显著的负相关。

长江口内侧及杭州湾近岸大型底栖动物密度相对较低，且沿长江口和杭州湾内侧向外缘增加，大型底栖动物密度分布趋势与物种数分布一致，生物量长江口外侧水域大于内侧水域。大型底栖动物物种数和生物量的年际变化趋势基本一致，呈现先降低后升高的趋势。细胞丰度分布趋势则与前两者不同，呈现增加的趋势。多毛类数量明显增加，甲壳类相对减少。

参 考 文 献

陈吉余, 沈焕庭, 恽才兴. 1988. 长江河口动力过程和地貌演变. 上海: 上海科学技术出版社, 31-37.

陈吉余, 陈沈良. 2002. 南水北调工程对长江河口生态环境的影响. 水资源保护, (3): 10-12.

陈吉余, 陈沈良. 2003. 长江口生态环境变化及对河口治理的意见. 水利水电技术, 34 (1): 19-25.

陈吉余. 2005. 中国河口海岸研究与实践. 北京: 高等教育出版社.

陈庆强, 孟翊, 周菊珍, 等. 2005. 长江口细颗粒泥沙絮凝作用及其制约因素研究. 海洋工程, 23 (1): 74-81.

陈忠, 古森昌, 颜文, 等. 2002. 南沙海槽南部海区表层沉积物的碳酸盐沉积特征. 海洋学报, 24 (5): 141-146.

东海污染调查监测协作组. 1984. 东海污染调查报告 (1978-1979). 北京: 海洋出版社.

樊安德. 1995. 长江河口及其临近海区的总化学耗氧有机质与营养盐. 东海海洋, 13 (3-4): 15.

洪华生, 徐立, 郭劳动, 等. 1994. 台湾海峡南部沉积物中有机 C, N, P 和 Si 的地球化学//洪华生. 1994. 海洋生物地球化学研究论文集 (1986～1993). 厦门: 厦门大学出版社, 31-39.

黄清辉, 沈焕庭, 刘新成, 等. 2001. 人类活动对长江河口硝酸盐输入通量的影响. 长江流域资源与环境, 10 (6): 565-568.

林以安, 唐仁友, 李炎, 等. 1995. 长江口生源元素的生物地球化学特征与絮凝沉降的关系. 海洋学报, 17 (5): 65-72.

刘瑞玉, 徐凤山, 孙道元, 等. 1992. 长江口区底栖生物及三峡工程对其影响的预测. 海洋科学集刊, 33: 237-247.

刘新成, 沈焕庭, 黄清辉. 2002. 长江入河口区生源要素的浓度变化及通量估算. 海洋与湖沼, 33 (3): 332-340.

刘振胜, 张长清. 1997. 长江口河道研究与治理综述. 水利水电快报, 18 (21): 1-5.

吕晓霞, 翟世奎, 牛丽凤. 2005. 长江口柱状沉积物中有机质 C/N 比的研究. 环境化学, 24 (3): 255-259.

吕晓霞, 翟世奎, 逄礴. 2008. 长江口柱状沉积物中生源要素的地球化学特征. 海洋环境科学, 27 (2):
  118-123.

吕晓霞. 2003. 黄海沉积物中氮的粒度结构及在生物地球化学循环中的作用. 青岛: 中国科学院博士论
  文.

马红波, 宋金明, 吕晓霞. 2002. 渤海南部海域柱状沉积物中氮的形态与有机碳的分解. 海洋学报,
  24 (5): 64-70.

钱君龙, 王苏明, 薛滨, 等. 1997. 湖泊沉积研究中一种定量估算陆源有机碳的方法. 科学通报,
  42 (15): 1655-1657.

上海市统计局. 2010. 上海市统计年鉴 (2010 年). 北京: 中国统计出版社.

上海市环境科学研究院. 2001. 长江口深水航道治理工程二、三期工程环境影响报告书 (修订稿).

韶秘华, 李炎, 王正方, 等. 1996. 长江口海域悬浮物的分布时空变化特征. 海洋环境科学, 15 (3):
  36-40.

石晓勇, 王修林, 韩秀荣, 等. 2003. 长江口邻近海域营养盐分布特征及其控制过程的初步研究. 应用生
  态学报, 14 (7): 1086-1092.

唐洪杰. 2009. 长江口及邻近海域富营养化近 30 年变化趋势及其与赤潮发生的关系和控制策略研究. 青
  岛: 中国海洋大学.

王保栋, 战闰, 臧家业. 2002. 长江口及其邻近海域营养盐的分布特征和输送途径. 海洋学报, 24 (1):
  53-58.

王金辉, 徐韧, 秦玉涛, 等. 2006. 长江口基础生物资源现状及年际变化趋势分析. 中国海洋大学学报,
  36 (5): 821-828.

徐韧, 洪君超, 王桂兰, 等. 1994. 长江口及其邻近海域的赤潮现象. 海洋通报, 13 (5): 25-29.

徐兆礼, 蒋玫, 白雪梅, 等. 1999. 长江口底栖动物生态研究. 中国水产科学, 6 (5): 59-62.

姚野梅. 1995. 长江口石油类污染状况调查. 上海水产大学学报, 4 (3): 225-230.

叶仙森, 张勇, 项有堂. 2000. 长江口海域营养盐的分布特征及其成因. 海洋通报, 19 (1): 89-92.

张瑞, 汪亚平, 潘少明. 2008. 近 50 年来长江入河口区含沙量和输沙量的变化趋势. 海洋通报, 27 (2):
  1-9.

中国海湾志编纂委员会. 1998. 中国海湾志 (第十四分册·重要河口). 北京: 海洋出版社.

周名江, 颜天, 邹景忠. 2003. 长江口邻近海域赤潮发生区基本特征初探. 应用生态学报, 14 (7):
  1031-1038.

周名江, 朱明远, 张经. 2001. 中国赤潮的发生趋势和研究进展. 生命科学, 13 (2): 53-59.

朱广伟, 陈英旭. 2001. 沉积物中有机质的环境行为研究进展. 湖泊科学, 13 (3): 272-279.

中华人民共和国科学技术委员会海洋组综合调查办公室. 1964. 全国海洋综合调查资料.

Dong L F, Thornton D C O, Nedwell D B, et al. 2000. Denitrification in sediments of the River Colne Estuary,
  England. Marine Ecology Progress Series, 203: 109-122.

Entsh B, Boto K G, Sim R G, et al. 1983. Phosphorus and nitrogen in coral reef sediments. Limmol. Oceanogr. ,
  28: 465-476.

Froelich P N, Bender M L. 1982. The marine phosphorus cycle. Amer. J. Sci. , 82: 474-511.

George A J, Williams P M. 1985. Importance of DON and DOP to biological nutrient cycling. Deep-Sea Res. , 32:
  223-235.

Herbert R A. 1999. Nitrogen cycling in coastal marine ecosystems. FEMS Microbiology Reviews, 23 (5):
  563-590.

Ingall E, Jahnke R. 1994. Evidence for enhanced phosphorus regeneration from marine sediments overlain by oxygen depleted waters. Geochimica et Cosmochimica Acta, 58 (11): 2571-2575.

Klump J V, Martens C S. 1981. Biogeochemical cycling in an organic rich coastal marine bassin—II: Nutient sediment-water exchange processes. Geochimica et Cosmochimica Acta, 45: 101-121.

Mortimer R J G, Davey J T, Krom M D, et al. 1999. The Effect of *Macrofauna* on Porewater Profiles and Nutrient Fluxes in the Intertidal Zone of theHumber Estuary. Estuarine, Coastal and Shelf Science, 48 (6): 683-699.

Paramasivam S, Breitenbeck G A. 1994. Distribution of nitrogen in soils of the southern Mississippi river alluvial plain. Communications in Soil Science and Plant Analysis, 25 (3-4): 247-267.

Pomeroy L, Simith E E. 1965. The Exchange of phosphate between estuaries water and sediments. Liminol. Oceanogr. , 10: 167-172.

Ruttenburg K C. 1992. Development of a sequential extraction method for different forms of phosphorus in marine sediments. Limnology and Oceanography, 37 (7): 1460-1482.

Shiwatari R, Hirakawa Y, Uzaki M, et al. 1994. Organic geochemistry of the Japan Sea sediments—I: Bulk organic matter and hydrocarbon analyses of Core KH−79−3, C-3 from the Oki Ridge for paleoenvironment assessments. Journal of Oceanography, 50 (2): 179-175.

Ujiie H, Hatakeyama Y, Gu X X, et al. 2001. Upward decrease of organic C/N ratios in the Okinawa Trough cores: proxy for tracing the post-glacial retreat of the continental shore line. Palaeogeography, Palaeoclimatology, Palaeoecology, 165: 129-140.

3

河口营养盐基准制定的科学基础

3.1 河口区生态系统对营养盐的响应

河口区生态系统受到多重环境因素的影响，如盐度、温度、光照、营养盐等。其中，以 N、P 为主要元素的营养盐是控制生态系统中生物生存、繁殖、觅食等活动的重要的环境因子，并且与人类活动有着极为密切的关系。随着长江流域社会、经济的不断发展，大量的营养物质进入长江河口区及其邻近海域，使得该海域营养盐结构不断发生改变，从而导致河口区生态系统结构发生变化，影响浮游植物、浮游动物、大型底栖生物等，同时对整个河口区的生态和经济产生重要的影响，比如赤潮的发生、渔业生产受挫等。因此，摸清生态系统在营养盐变化的状况下应对的规律，即生态系统对营养盐的响应机制，是制定河口区营养盐基准的重要理论基础。

目前，我国许多研究者在不同程度与层次上做过相关的研究，如赖俊翔等（2012）利用特征色素研究长江口海域浮游植物对不同营养盐浓度的响应；李雁宾等（2008）通过对东海赤潮高发区现场培养实验样品的显微镜镜检分析发现，中肋骨条藻、米氏凯伦藻和东海原甲藻等对营养盐需求不同。

本章在研究生态系统对营养盐响应作用的过程中，首先重点明确一个概念，即营养盐限制空间尺度。营养盐限制空间尺度目前在国际营养盐基准制定中得到强调，其决定响应机制与过程研究的侧重点，明确响应机制的研究程度范围，在基准制定中具有指导性意义。在明确概念的基础上，能较好理解生态系统对营养盐负荷的响应关系。

3.1.1 营养盐限制的时空尺度

术语"营养盐限制"没有统一的定义，且经常被随意使用（Howarth，1988）。对浮游植物来说，有以下几种观点需进行辨析：

1）当前水体的浮游植物种群增长率限制。

2）净初级生产率的潜在限制，允许可能的浮游植物种类组成变化。

3）净生态系统生产力限制。

这些定义都可认为是正确的，但每一个却揭示了不同的问题。很明显，在营养盐较低的情况下，贫营养环境中的浮游植物也可能通过适应策略获得最大生长率，而且这已被其有机营养盐组分证明，即 Redfield 原子比例接近 106：16：1（C：N：P）。营养盐供给增加可能改变物种组成，使之适应于更高的营养盐系统，另外净初级生产力也可能增加。如果一种营养盐输入至某一系统中，导致净生产力增加，则不管物种组成是否改变，也可认为这个系统受到了营养盐限制。同样，当超过营养盐基准时，即使系统生产力没有响应，也应该关注水体的富营养化。

与营养盐物理传输以及混合过程的复杂性相比，富营养化的生态学响应更可能与营养盐负荷存在定量相关关系。通过对佛罗里达州坦帕湾营养盐负荷量的预测，可以获得氮负荷与海草恢复之间的相关关系，而预测氮浓度则无法达到目的（Greening et al.，1997）。

从大尺度水平上对河口和沿岸生态系统进行分类，代表了预测富营养化效应的早期发展阶段。这主要是因为尺度越大，生态系统的独立性越强，但系统之间的可比性却越低，结果常常使科学应用受到限制，导致更高的管理费用。这些生态系统显示出高度的过程不对称性和响应时滞，意味着在某时某地施加的压力，其响应可能会出现在另一时刻另一地点。此外，不同的机制也可能导致相似的响应（Malone et al.，1999）。这种行为类型增加了因果关系混淆的趋势。

3.1.2 生态系统对营养盐的响应模型

根据 Cloern 提出的第二代河口海岸带富营养化概念模型、浮游植物生物过程概念模型（Cloern，1996，2001），系统输入为营养盐，系统输出为生物过程变化引起的一系列响应。营养盐作为输入系统的压力，首先干扰浮游植物生长，进而引起生态系统的直接、间接响应。对于以浮游植物为核心的生物过程而言，虽然直接受营养盐供给的影响，但这种影响明显受到过滤和调节。河口作为这一响应过程的"过滤器"，除光照、温度、盐度等可直接调节生物代谢过程的因子外，还包括河口地形、冲淡水、风、环流等，他们通过对水体混合与循环的影响，来影响营养盐输入、循环和吸收（高会旺，2001；Chai et al.，2006）。对单个河口来说，上述"过滤"作用使营养负荷与系统响应之间的因果关系具有不确定性，某一类输入不一定产生理想中的某一类输出。可见，河口生态系统对营养盐的响应机制十分复杂。对不同河口来说，各个河口物理特征一般较为独特，"过滤"效果不同，系统对营养负荷的响应特征差异较大。河口生态系统营养负荷与其响应关系概念图可参见图 3-1。

对于上述两个层面的影响，以往相关研究大多是交互、穿插开展的，并没有明显的分割。尤其对于营养盐限制的研究，光照、温度、盐度的影响方面关注较多。事实上，自1926 年 Harvey 发现海水中 N、P 比为 16：1 以来，国内外开始广泛关注营养盐对植物生长的限制作用（刘慧等，2002）。1958 年 Redfield 比值（浮游植物 C：N：P＝106：16：1）的提出极大地促进了该领域的研究。20 世纪 70 年代以来，究竟哪种营养元素更具限制作用更成为国内外学者研究和争论热点（Yang et al.，2002）。从上述研究来看，营养盐质中常量元素方面以对 N、P、Si 的关注较多，微量元素以对 Fe 的关注较多。

针对浮游生物，本章利用其与营养盐负荷之间的相关性分析研究它们之间的变化响

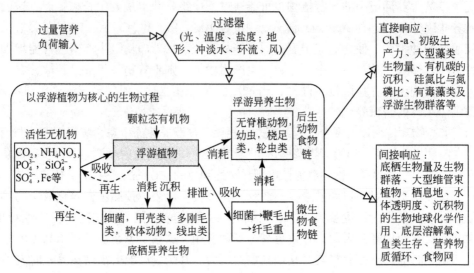

图 3-1 河口生态系统的营养负荷与响应关系概念图

应,而对于底栖生物则分别从营养盐负荷的物理因素、化学因素、生物因素以及其他客观的因素进行分析。

3.2 长江口浮游植物对营养盐变化的响应

利用 2009 年浮游植物的丰度和 Chl-a 浓度值与同步调查营养盐数据,通过 SPSS13.0 进行相关性分析,来探讨浮游植物对营养盐变化的响应关系。

1)春季。如表 3-1 所示,浮游植物丰度与无机氮呈显著正相关 [相关系数为 0.571 ($p < 0.01$)],生物多样性与无机氮呈显著负相关 [相关系数为 −0.755 ($p < 0.01$)]。由此可以看出,高浓度的无机氮会使浮游植物丰度增加,降低浮游植物群落生物多样性。

表 3-1 春季浮游植物与无机盐的相关性 (Spearman) 分析

相关系数	丰度	物种数	Chl-a	香农指数	活性磷酸盐	无机氮
丰度	1.000	0.406*	0.259	−0.707**	0.306	0.571**
物种数	0.406*	1.000	0.588**	0.169	−0.308	−0.213
Chl-a	0.259	0.588**	1.000	−0.025	−0.356	−0.243
香农指数	−0.707**	0.169	−0.025	1.000	−0.520**	−0.755**
活性磷酸盐	0.306	−0.308	−0.356	−0.520**	1.000	0.866**
无机氮	0.571**	−0.213	−0.243	−0.755**	0.866**	1.000

＊在置信度（双测）为 0.05 时,相关性是显著的。＊＊在置信度（双测）为 0.01 时,相关性是显著的。

2)夏季。如表 3-2 所示,浮游植物丰度与活性磷酸盐、无机氮呈显著负相关 [相关系数分别为 −0.502 ($p < 0.01$),−0.377 ($p < 0.05$)],Chl-a 浓度与活性磷酸盐、无机氮也呈显著负相关 [相关系数分别为 −0.514 ($p < 0.01$),−0.461 ($p < 0.05$)],生物多样性与

无机氮浓度呈显著负相关［相关系数为–0.424（$p<0.05$）］。由此可以看出，高浓度盐无机降低浮游植物群落生物多样性。而与春季不同的是，在无机氮和活性磷酸盐高浓度的近岸海区浮游植物丰度和 Chl-a 值均不高，这可能与夏季舟山群岛外部海域台湾暖流增强以及杭州湾和近岸海区高浑浊度有关。

表 3-2　夏季浮游植物与无机盐的相关性（Spearman）分析

相关系数	丰度	物种数	Chl-a	香农指数	活性磷酸盐	无机氮
丰度	1.000	0.581 **	0.549 **	−0.010	−0.502 **	−0.377 *
物种数	0.581 **	1.000	0.579 **	0.658 **	−0.598 **	−0.679 **
Chl-a	0.549 **	0.579 **	1.000	0.354	−0.514 **	−0.461 *
香农指数	−0.010	0.658 **	0.354	1.000	−0.268	−0.424 *
活性磷酸盐	−0.502 **	−0.598 **	−0.514 **	−0.268	1.000	0.889 **
无机氮	−0.377 *	−0.679 **	−0.461 *	−0.424 *	0.889 **	1.000

* 在置信度（双测）为 0.05 时，相关性是显著的；** 在置信度（双测）为 0.01 时，相关性是显著的。

3）秋季。如表 3-3 所示，浮游植物丰度与活性磷酸盐呈显著负相关［相关系数为–0.404（$p<0.05$）］，生物多样性与活性磷酸盐、无机氮呈显著负相关［相关系数分别为–0.737（$p<0.01$），–0.754（$p<0.01$）］。由此可以看出，高浓度无机盐降低浮游植物群落生物多样性，而高浓度无机氮和活性磷酸盐的近岸海区浮游植物丰度。原因和夏季类似，台湾暖流对浮游植物影响较大。

表 3-3　秋季浮游植物与无机盐的相关性（Spearman）分析

相关系数	丰度	物种数	Chl-a	香农指数	活性磷酸盐	无机氮
丰度	1.000	0.836 **	0.464 **	−0.052	−0.404 *	−0.359
物种数	0.836 **	1.000	0.360	0.409 *	−0.672 **	−0.646 **
Chl-a	0.464 **	0.360	1.000	−0.221	−0.060	−0.003
香农指数	−0.052	0.409 *	−0.221	1.000	−0.737 **	−0.754 **
活性磷酸盐	−0.404 *	−0.672 **	−0.060	−0.737 **	1.000	0.971 **
无机氮	−0.359	−0.646 **	−0.003	−0.754 **	0.971 **	1.000

* 在置信度（双测）为 0.05 时，相关性是显著的。** 在置信度（双测）为 0.01 时，相关性是显著的。

在长江口海域，胡明辉等于 1992 年提出长江口浮游植物受磷限制的结论。Harrison 等（1991）认为长江口区磷过高使江口外沿的浮游植物受到的限制，离河口 500m 以上的区域则受氮限制，在河口内部营养盐并不是初级生产力的限制因素。沈志良 1993 年提出透明度是近河口水域初级生产力的主要限制因素，营养盐对初级生产力没有明显的限制作用。蒲新明等（2000）及 Gao（2007）等都进一步研究了春、秋季的营养盐限制情况，认为长江口海域可划分为三个区域：一，近河口区（盐度<16），可利用光不足是限制因素，悬浮物浓度过高、潮流混合强烈是该区域的特点；二，过渡区/冲淡区（盐度为 16～31），

磷酸盐是潜在的限制因子；三，远河口区（盐度>31），氮盐是潜在的限制因子。从 1980 年到 2000 年期间的大多数研究来看，人们认为长江口海域的磷酸盐是浮游植物生长的主要限制因子。

杨东方等于 2005 年提出，以往采用 N 与 P 的相对比值来分析营养盐限制得到的结论是不完善的，认为浮游植物生长的 N、P 绝对值的阈值应更多考虑。2006 年，Chai Chao 等亦对此问题进行了分析。若考虑相对比值，限制因子判断标准（Justic，1995）为 P 限制（Si：P>22，N：P>22），N 限制（N：P<10，Si：N>1），Si 限制（Si：P<10，Si：N<1）。若考虑阈值浓度，营养盐的限制浓度标准（Justic，1995）为硅酸根（DRSI）——2μmol/L，无机氮（DIN）——1μmol/L，可溶性活性磷（SRP）——0.1μmol/L。可见，从阈值角度考虑，长江口海域的 SRP 不具有限制效果，但不可否认潜在的 P 限制作用仍然存在。

尤其值得重视的是，Chai Chao 等在研究中较系统地从物理特征方面分析了长江口对营养盐的敏感性。一方面，从长江口营养盐分布结果来看，在近岸区 DIN、DRSI 的行为保守，SRP 的值始终高于限制值，近岸区浮游植物生长并非出于营养盐限制；另一方面，结合与世界上其他河口的对比研究，提出：

1）高浊度是近岸区域浮游植物生长的限制因子。长江口近岸区悬浮颗粒物 SS 值最高达 600mg/L，与亚马孙河口相似。这些区域的光合作用均由于浊度的影响而产生光限制，限制了富营养化过程。

2）水力停留时间是近岸区域浮游植物生长的另一影响因子。5~8 月是生物生长的最佳季节，但由于长江口流量大，近岸区水力停留时间为 4~10 天，限制了浮游植物生长。相比而言，切萨皮克河口的水力停留时间为 7 个月。

3）潮汐是第三类影响因子。Monbet 等（1992）在文献指出，强潮使得沉淀物质再悬浮，减少了藻类在光照充足区的停留时间。长江口的平均潮差大于 2m，属强潮河口。多瑙河则是弱潮河口，河口处的初级生产力要高得多。

从上述研究来看，总体上，长江口近岸区生态系统对营养盐并不敏感，光照、水力停留时间、潮汐等是其富营养化的主要影响因子。此外，长江口东部远岸区海域对营养盐较敏感，每年 5 月，光照较充足、停留时间较长，而且该区域分层明显，使氧气无法向下输送，使营养盐停留在表层，从而 DO 浓度大、浮游植物生物量高。尤其 30°30′N~32°00′N，122°15′E~123°15′E 区域为赤潮高发区，根据相关研究结果，自 1986 年到 1993 年，74.4% 的赤潮都发生在这个区域（徐韧等，1994；Gao，2007）。

3.3 长江口浮游动物对营养盐变化的响应

1）春季。如表 3-4 所示，浮游动物丰度和生物量均与活性磷酸盐和无机氮呈显著的负相关，丰度与营养盐的相关系数分别为：活性磷酸盐，-0.572（$p<0.01$）；无机氮：-0.633（$p<0.01$）；生物量与营养盐的相关系数分别为：活性磷酸盐，-0.621（$p<0.01$），无机氮，0.699（$p<0.01$）。此外，浮游动物丰度和生物量与浮游植物 Chl-a 浓度呈现出正相关。

表3-4　春季浮游动物与营养盐以及浮游植物的相关性（Spearman）分析

相关系数	丰度	生物量	香农指数	浮游植物密度	Chl-a	活性磷酸盐	无机氮
丰度	1.000	0.963**	−0.162	−0.116	0.476**	−0.572**	−0.633**
生物量	0.963**	1.000	−0.063	−0.176	0.405*	−0.621**	−0.699**
香农指数	−0.162	−0.063	1.000	−0.171	−0.053	0.037	−0.127
浮游植物密度	−0.116	−0.176	−0.171	1.000	0.259	0.306	0.571**
Chl-a	0.476**	0.405*	−0.053	0.259	1.000	−0.356	−0.243
活性磷酸盐	−0.572**	−0.621**	0.037	0.306	−0.356	1.000	0.866**
无机氮	−0.633**	−0.699**	−0.127	0.571**	−0.243	0.866**	1.000

＊在置信度（双测）为0.05时，相关性是显著的；＊＊在置信度（双测）为0.01时，相关性是显著的。

2）夏季。如表3-5所示，与春季相同，浮游动物丰度和生物量与营养盐呈显著的负相关，丰度与活性磷酸盐和无机氮浓度的相关系数分别为−0.586（$p<0.01$）和−0.664（$p<0.01$）；生物量与活性磷酸盐和无机氮的相关系数分别为−0.657（$p<0.01$）和−0.730（$p<0.01$）。此外，浮游动物丰度和生物量与浮游植物密度呈显著正相关，相关系数分别为0.622（$p<0.01$）和0.578（$p<0.01$）。这与春季类似，浮游植物为浮游动物提供了充足的饵料，从而为浮游动物高丰度和高生物量提供了饵料基础。

表3-5　夏季浮游动物与营养盐以及浮游植物的相关性（Spearman）分析

相关系数	丰度	生物量	香农指数	浮游植物密度	Chl-a	活性磷酸盐	无机氮
丰度	1.000	0.970**	0.202	0.622**	0.337	−0.586**	−0.664**
生物量	0.970**	1.000	0.172	0.578**	0.353	−0.657**	−0.730**
香农指数	0.202	0.172	1.000	0.093	0.183	−0.247	−0.360
浮游植物密度	0.622**	0.578**	0.093	1.000	0.549**	−0.502**	−0.377*
Chl-a	0.337	0.353	0.183	0.549**	1.000	−0.514**	−0.461*
活性磷酸盐	−0.586**	−0.657**	−0.247	−0.502**	−0.514**	1.000	0.889**
无机氮	−0.664**	−0.730**	−0.360	−0.377*	−0.461*	0.889**	1.000

＊在置信度（双测）为0.05时，相关性是显著的；＊＊在置信度（双测）为0.01时，相关性是显著的。

3）秋季。如表3-6所示，与春季相同，浮游动物丰度和生物量与营养盐呈显著的负相关，丰度与活性磷酸盐和无机氮的相关系数分别为−0.599（$p<0.01$）和−0.554（$p<0.01$）；生物量与活性磷酸盐和无机氮的相关系数分别为−0.563（$p<0.01$）和−0.519（$p<0.01$）。此外，浮游动物丰度和生物量与浮游植物密度呈显著正相关，相关系数分别为0.711（$p<0.01$）和0.762（$p<0.01$）。

表3-6　秋季浮游动物与营养盐以及浮游植物的相关性（Spearman）分析

相关系数	丰度	生物量	香农指数	浮游植物密度	Chl-a	活性磷酸盐	无机氮
丰度	1.000	0.943**	0.476**	0.711**	0.358	−0.599**	−0.554**
生物量	0.943**	1.000	0.420*	0.762**	0.308	−0.563**	−0.519**
香农指数	0.476**	0.420*	1.000	0.414*	0.083	−0.646**	−0.642**

相关系数	丰度	生物量	香农指数	浮游植物密度	Chl-a	活性磷酸盐	无机氮
浮游植物密度	0.711 **	0.762 **	0.414 *	1.000	0.464 **	-0.404 *	-0.359
Chl-a	0.358	0.308	0.083	0.464 **	1.000	-0.060	-0.003
活性磷酸盐	-0.599 **	-0.563 **	-0.646 **	-0.404 *	-0.060	1.000	0.971 **
无机氮	-0.554 **	-0.519 **	-0.642 **	-0.359	-0.003	-0.771 **	1.000

* 在置信度（双测）为 0.05 时，相关性是显著的； ** 在置信度（双测）为 0.01 时，相关性是显著的。

通过浮游动物与浮游植物、营养盐等的相关性分析发现，浮游动物与浮游植物呈显著的正相关，这与两个类群的营养级水平相关，浮游植物为浮游动物提供赖以生存的饵料基础。浮游动物与营养盐呈显著的负相关，从生物营养级来讲，浮游动物与营养盐无直接关系，浮游动物与营养盐的负相关关系一方面是通过浮游植物桥梁作用连接的，另一方面，浮游动物还受到水温、盐度和海流等多种水文因素的影响，浮游动物与营养盐的确切关系还需要进一步进行研究。

3.4 长江口底栖生物对营养盐变化的响应

开展底栖生物长周期的调查和分析是定量研究环境条件长期变化引起的生物响应的较好的方法（Cabiochi，1992）。过去 30 年来，长江口大型底栖生物群落在物种丰富度、生物量、丰度以及群落结构组成等方面都发生了较大的变动，具体表现为寿命长、具有高竞争力的 K 对策物种的优势地位正逐渐丧失，而被寿命短、适应能力宽、具有高繁殖能力的 R 对策物种所取代，这是种群繁殖策略上的一种改变，以适应长江口水域越来越不稳定的自然环境（叶属峰等，2004）。随着人类活动的影响加剧以及自然环境复杂多变，这种以体型小、生长周期短的物种为主体的长江口水域底栖生物群落结构特征在短时间内难以逆转，并有愈来愈明显的趋势。已有的研究表明，长江口底栖动物群落结构的变化受多种因素的影响，如河口水文动力（唐启升等，2000）、河口以上大型水利工程（罗秉征等，1994）、围垦（袁兴中等，2001）、航道工程（叶属峰等，2004）、沉积物粒径和盐沼高度（谢志发等，2007）等。总之，长江口底栖动物群落结构变化并不能归因于一种或几种环境因素的变化，而是气候变化（Barry et al.，1995）和人类活动干扰这两种因素影响相互作用的结果（Boesch et al.，1976；Buchanan et al.，1978；Kröncke et al.，1998）。

30 年来长江口区域发生的气候变化和人类活动产生的干扰，如长江三峡工程的建设和后期运作导致长江入海径流量、携沙量的变化，加速了长江三角洲的演化进程，并产生一系列复杂的生态影响，包括沉积环境的改变、河口水体物理和化学性质的变化等。由于本章所引用的底栖动物资料和环境资料很难做到在时间和空间上准确地一一对应，因此我们把长江口水域作为一个整体看待，讨论底栖动物群落的变动与环境因子之间的影响和响应关系。

3.4.1 物理因素

许多研究工作表明，底栖生物群落直接受到各种物理环境因素的影响，包括温度、水动力状况、降雨和淡水注入量（Currie et al.，2005）以及沉积物类型和粒径等（Service et al.，1992）。这些因素都直接或间接地影响到底栖生物群落的分布和组成特征。在这些因素中，对长江口水域环境带来较大影响的是多年来由于气候变化和三峡大坝等大型蓄水工程引起的长江入海径流量和携沙量的改变。

入海径流量的变化引起区域盐度和营养盐输入的差异，而盐度的变化引起群落中淡水种和咸水种种类组成的变化，并导致两者在群落中处于不稳定状态。入海泥沙的改变，直接引起河口三角洲及邻近海岸的冲淤演变，对河口三角洲地区的生物环境及生物多样性产生了严重影响（陈吉余等，2002）。长江下游大通水文站观测资料显示，1959～2000年长江平均输沙量为4.32亿t/a，其中20世纪50～80年代为4.68亿t/a，90年代平均值为3.52亿t/a，减少了约25%。2001～2004年更下降至约2.5亿t/a（陈吉余等，2003；周念清等，2007）。而长江入海径流量主要呈现波动变化，没有明显的趋势性变化。由于长江入海泥沙以细颗粒物质为主，入海泥沙量减少，导致含沙量明显降低。大通站20世纪50～80年代的平均含沙量0.48～0.55 kg/m³，而20世纪90年代仅为0.36 kg/m³。含沙量的降低使得河口有机物质吸附载体减少，必然引起水质发生变化。Currie等（2005）连续六年对澳大利亚柯蒂斯港Port Curtis的底栖动物进行调查分析，发现底栖动物的物种丰富度和分布密度与水体中的浊度有明显的正相关关系，高浊度能够提高该水域底栖动物幼体的补充和生长。同时，河口沉积过程和河势也将随着流域来沙量的减少产生相应的变化和调整（陈吉余等，2003）。

3.4.2 化学因素

温度影响生物的生长、发育和繁殖，从而影响生物的物种丰富度、生物量和分布范围（李新正等，2010）。朱鑫华等（1994）曾报道底栖生物群落多样性指数与水温的逐月变化规律多呈显著正相关。本研究中2009年和2010年采样站位、采样方式及数据处理方法基本一致，但是物种数及丰度却存在较大差别，在其他环境因子一年时间内变化不大的前提下，我们推测主要影响因素是水温。由于2010年采样时间比2009年提前1个月，2009年4月底层水温为13～16.1℃，而2010年3月底层水温较低，为8.8～11.5℃，底层水温不同对底栖生物群落会产生一定的影响，导致2010年底栖生物种类较少，丰度偏低。此外，盐度对底栖动物的分布和组成有明显的影响（Holland，1985）。溶解氧对底栖动物的存活、生长至关重要，研究证实低氧对蟹类（Brante et al.，2001）、鱼类（Eby et al.，2002）的生存都有负面作用，引起其生存、竞争能力下降甚至死亡（Rosenberg et al.，1990）。DO的变化对于浅水区的底栖动物可能影响较小，但对于深水区泥质底栖息的大型底栖动物的年际变化影响较大（Holland，1985）。在缺氧区，底栖动物的物种多样性差、生物量少、栖息于沉积层5cm以下的种类所占比例低，机会种（如某些环节动物）将取代平衡种（如寿命较长的双壳类和多毛类的竹节虫）在丰度和生物量方面成为优势类群（Dauer et al.，1992）。长江口外存在严重低氧区，含氧量最低值达1mg/L，低氧面积从20世纪中叶以来的约1800 km²增加到2006年的15 400km²，氧亏损量从1999年的1.59×10⁶t增加到2006年的1.69×10⁶t（朱卓毅，2007）。此低氧区的存在必然对该水域底栖生态系统乃至东海陆架区生源物质的生物地球化学循环产生较大影响（李道季等，2002）。长江口季节性低氧区的存在，可能不会完全破坏其底栖生态系统，但对底栖动物组成存在明显影响。在低氧区，多毛类和棘皮动物占绝大多数，说明这两类生物能够适应季节性低氧区的相对缺氧环境。同时，季节性低氧区内的站位也发现了丝异须虫（*Heteromastus filiformis*）、小头虫（*Capitella capitata*）和短脊虫（*Asychis sp.*）等耐受低氧环境的底栖种类，而对氧浓度敏感的钩虾属（*Gammarus*）只出现在底层溶解氧浓度较高的站位（王延明，2008）。

　　水体富营养化会影响底栖动物的群落结构（Beukema，1991），底栖动物的各种特征参数都与有机质污染源在时间和空间上存在明显关系（Pearson et al.，1978）。中等程度的有机质污染可能导致底栖动物在物种丰富度、丰度和生物量方面都高于受高度污染或低水平有机质污染的区域（Pearson et al.，1978；Dauer et al.，1980；Fallesen et al.，1992；Ferraro et al.，1991）。这种情况也符合群落的中等程度干扰假说。长江口 C、N、P、Si 多年平均的年通量分别为：1195×10^7 t/a，3115×10^5 t/a，5169×10^3 t/a，3117×10^6 t/a。元素浓度多年间的变化特征可大体分为三类：一类是元素浓度比较稳定，波动较小，主要是 HCO_3^-；第二类是浓度呈上升趋势，主要有 NO_3^-、NO_2^-、PO_4^{3-}；第三类是表现出一定下降趋势，主要是游离的 CO_2、NH_4^+ 和 SiO_3^{2-}（刘新成等，2002）（图3-2）。

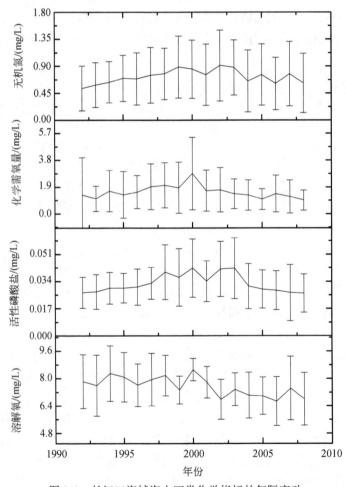

图 3-2　长江口海域海水四类化学指标的年际变动

有毒物质尤其是来自工业和市政的点源污染，会附着于沉积物颗粒上并最终集中于细颗粒的沉积物中。DO 浓度低时，沉积物中的高浓度有毒物质会导致底栖动物群落各项特征参数降低（Dauer，1993；Dauer et al.，1993）。长江口沉积物中重金属及有机质的平均含量，虽然年际浓度都有波动，但没有明显的规律性变化（表3-7）。

表3-7　历次调查中长江口沉积物重金属元素及有机质的平均含量

Fe	Mn	Pb	Zn	Cu	Cd	Cr	TOC	沉积时间、沉积物来源	资料来源
—	—	18.8	—	12.9	0.59	—	—	1887～1918，柱状样	兰士侯等，1986
—	—	20.8	—	14.8	0.56	—	—	1919～1939，柱状样	兰士侯等，1986
—	—	17.2	—	12.0	0.56	—	—	1940～1956，柱状样	兰士侯等，1986
—	—	21.4	—	17.5	0.60	—	—	1957～1967，柱状样	兰士侯等，1986
—	—	20.9	—	16.2	0.54	—	—	1970～1979，柱状样	兰士侯等，1986
3.88	—	19.7	101	22.2	—	34.9	0.92	1979，东海污染调查，表层样	许昆灿等，1982
3.44	683	—	145	—	—	—	—	1981，中美联合采样，表层样	陈松等，1987
—	—	15.8	101	22.9	0.14	—	—	1988，河口最大浑浊带，表层样	陈敏等，1996
3.21	653	31.7	88.8	23.2	0.24	89.5	—	1991～1992，长江口调查，表层样	樊安德等，1995
4.6	684	24.5	78.5	24.5	—	62.3	—	1988～1992，河口锋调查，表层样	孟翔等，1996
4.53	228	18.0	—	15.2	0.16	—	—	1994，长江口南支，表层样	车越等，2002
3.12	634	—	—	39.8	—	—	0.90	2006，表层样	孟伟，2008
3.89	720	34.2	131.6	43.7	0.331	87.9	—	长江口各元素环境背景值	中国环境监测总站，1990

注：Fe、TOC 的含量用% 表示，其他元素的含量用 mg/kg 表示。

3.4.3　生物因素

近10年来，长江口浮游植物密度保持相对稳定（图3-3），而 Chl-a 浓度自2005年趋于升高。浮游植物藻华（algal bloom）主要通过两种途径影响底栖动物的补充、生长和存活：其一，改变底栖动物幼虫、幼体和成体食物来源的质和量（Christensen et al.，1985；Marsh et al.，1990）；其二，藻华导致 DO 降低，尤其是近沉积层处的极低 DO 值会对底栖动物群落产生更严重的影响（Dauer et al.，1995）。30 多年来，长江口及邻近海域暴发的赤潮主要集中在口外舟山附近海域、花鸟山—嵊山—枸杞附近海域、舟山及朱家尖东部海域，多发生在春、夏两季。赤潮暴发次数从20世纪70年代的两次增加至90年代的33次，2000年以后达到126次。除去未记录原因种的赤潮，长江口及邻近海域引起赤潮暴发的原因种中，最具优势的是东海原甲藻，其次为中肋骨条藻、具齿原甲藻及夜光藻。尤其是2003年以后，东海原甲藻已成为该海区最为显著的赤潮原因种，且每年该类赤潮均有发生（刘录三等，2011）。这些赤潮通过沉降和藻体分解消耗水体 DO 或产生毒素，对底栖动物产生间接和直接的影响，但影响程度如何迄今还没有详细的研究。虽然近几年长江口水域藻华发生的次数明显增多，但对底栖动物群落结构是否构成主要影响还有待研究。

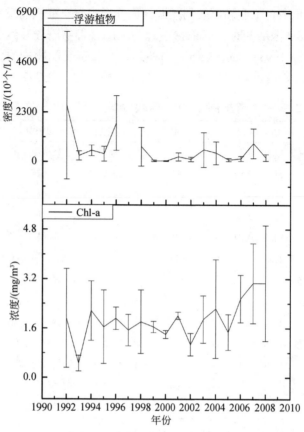

图 3-3　1990～2008 年长江口水域表层 Chl-a 和浮游植物密度的年际变化

3.4.4　其他因素

　　调查过程中采用的采泥器种类和调查范围以及筛网的孔径不同也会直接影响到底栖动物样品的统计结果。一般地，箱式采泥器抓取沉积物量多于抓斗式采泥器，而且密闭性好，能将沉积物及上覆水完好地采上来，后一种采泥器的密闭性差，有时一些小个体的种类会随水流掉。其次，调查范围的不同也导致了底栖生物群落结构的差异。再次，利用不同孔径的网筛所造成的差异。Reish（1985）最早探讨了不同网筛孔径在生态学调查中的重要性。研究已证实，0.5mm 网筛的使用在捕获生物种类和数量组成上优于 1mm 网筛，尤其对小个体的多毛类和钩虾类，使群落结构更加完整，样品代表性提高，尤其是在底栖生物的繁殖季节——春、夏两季，0.5mm 网筛的重要性尤为明显（张培玉，2005）。胶州湾大型底栖动物调查也发现，0.5mm 孔径网筛所获样品的总平均丰度、总平均生物量、总种数分别是 1.0mm 孔径网筛所获样品的 1.36、1.19 和 1.15 倍，两种网筛所获得的大型底栖动物样品对其丰度影响最明显，对生物量、种数影响较小（李新正等，2005）。本研究中所引用的参考文献中的调查方式大多使用 0.1m² 箱式采泥器或大洋-50 型采泥器，网筛也多采用 0.5mm 孔径，因此总体对研究结果的影响不大。

　　由于底栖动物群落是海洋生态系统食物链中的重要一环，受到许多复杂的生物间的相互作用，如幼体的补充（Holland，1985）、竞争和捕食（Holland et al.，1980）。底栖动物作为其他动物如底层鱼类以及海鸟等的主要食物来源，能显著影响这些消费者的物种丰富度和组成情况（Bottom et al.，1990；Skagen et al.，1996；Stillman et al.，2000）。同时底栖动物幼体阶段大多营浮游生活，也是大型浮游动物、水母等漂浮动物和鱼类及海洋哺乳类的食物。不加限制且高强度的捕食现象能快速降低某些种群的丰度以及新个体的补充，减少种间竞争强度（Holland et al.，1980；Dauer et al.，1982；Virnstein，1977），由此对底栖动物的群落特征参数产生影响。

由于海洋生态系统复杂，影响底栖生物的生物和非生物因素众多，影响程度也各不相同，因此很难用一种或几种生境的变化来解释底栖生物30年来的变化，更多是许多生物与其生存的环境相互作用的结果。在这一影响过程中，底栖生物本身也在慢慢适应这种影响，并做出反应。

3.5 长江口赤潮暴发特征分析

赤潮是海水中某些浮游藻类、原生动物或细菌在一定的环境条件下暴发性增殖或聚集在一起而引起海洋水体变色的一种生态异常现象，是海水富营养化加剧的集中体现，赤潮的发生会破坏局部海区的生态平衡，引起海洋生物大量死亡，对渔业、人体健康和海水的利用都带来危害。一般来说，在环境条件的制约下，赤潮生物和在生态系统中处于同一生态位上的其他浮游生物一样，在种类和数量上处于一定的平衡状态，共同组成了相对稳定的浮游生物群落。当这种相对稳定的生态平衡因某些原因（如富营养化、水流不畅、气候异常等）而崩坏时，一些赤潮生物就会因自身在生理（如对某些微量物质敏感）与行为（如昼夜垂直迁移）上的特性而显示出竞争上的优势，使生态系统中的物质和能量朝着有利于该种种群发展的方向流动，使其最终从环境条件的制约中彻底解放出来，形成赤潮（日本水产学会，1980）。

根据赤潮生物的毒性作用，赤潮一般可分为有毒赤潮与无毒赤潮两类，前者是因其赤潮生物体内含有或分泌有毒物质，而对生态系统、渔业资源、海产养殖及人体健康等造成损害；而后者则是因赤潮生物的大量增殖导致海域耗氧过度，影响海洋生物生存环境，进而破坏海域生态系统结构。主要影响方式有：①破坏海洋生态系统，导致食物链中断；②赤潮生物向体外排出黏液，附在海洋动物鳃上，使之窒息死亡；③产生毒素，导致生物中毒死亡；④赤潮生物死亡后，其残骸被微生物分解，不断消耗水中DO，造成缺氧环境。

长江口及其邻近水域是我国赤潮高发区之一，这里长期受长江冲淡水以及台湾暖流的直接影响，能够在特定的地点和季节形成有利于赤潮生物生长的环境条件，如丰富的营养盐、充足的光照以及合适的温度等。长江口沿岸亦是我国经济发展最为活跃的区域，人类活动频繁，导致水体中N、P含量明显高于其他海区。1933年原浙江水产实验场的出版物报道了浙江镇海—台州、石浦海域暴发赤潮，揭开了我国研究赤潮的序幕。到20世纪70年代，相关赤潮报道资料10余篇，其中，于1972年8~11月发生在海礁以东约24 km^{2}海区内的铁氏束毛藻赤潮是长江口及邻近海域最早的记录，造成8月蛤鱼和鲜鱼大量减产。改革开放以来，由于国家有关部委对赤潮研究的重视，研究人员在赤潮生理、生态及其成因方面的研究成绩颇丰，积累了一定的理论与成果。90年代由于赤潮问题被广泛的重视，国内学者开始以赤潮生理、生态研究为基础，从不同角度对赤潮进行具有针对性的分析研究。近十年，赤潮监测、预警等技术不断提高，遥感技术频繁应用于赤潮的监测、识别及分析研究中。

3.5.1 数据来源

本节的统计数据主要来源于国家及相关省、市定期发布的相关公报以及长江口及其邻近海域（29°25′N~32°00′N，124°00′E以西）有关赤潮研究的著作与科学论文。收集的数据资料时间跨度为自该区域有赤潮发生记录以来至2009年，其中1985年以前我国赤潮发生时间的记录是不连续的，部分年份的赤潮数据记录缺失。

3.5.2 赤潮发生的空间特征

在空间分布上，长江口及邻近海域的赤潮主要集中于三个区域：长江口佘山附近海域、花鸟山—嵊山—枸杞山附近海域、舟山及朱家尖东部海域（图3-4）。经统计，该区域1972~2009年赤潮事件记录在案的共有174次。其中，赤潮发生面积记录不详的共32次，占总统计次数的18.4%；发生面积小于50 km²的共44次；50~100 km²的共发生18次；

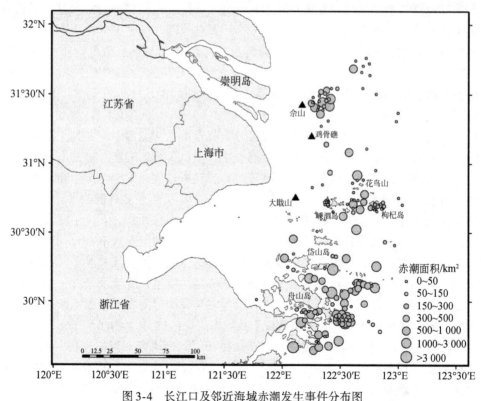

图3-4　长江口及邻近海域赤潮发生事件分布图

$100 \sim 500 \ km^2$ 的共发生 41 次；$500 \sim 1000 \ km^2$ 的共发生 24 次；面积大于 $1000 \ km^2$ 的共发生 25 次（表 3-8）。尤其 $1987 \sim 1990$ 年，连续四年出现大面积赤潮，2000 年以后除 2007 年未见大于 $1000 \ km^2$ 赤潮发生外，其余年份均有发现。$1972 \sim 2009$ 年，赤潮发生面积最大的为 $7000 \ km^2$，分别发生在 1990 年及 2000 年的舟山海域附近。

表 3-8　长江口及邻近海域较大规模赤潮发生时间表（面积 $\geq 1000 \ km^2$）

年度	起始时间（月-日）	范围	面积/km^2	赤潮生物及密度
1987	7 月	长江口外东北海域	1000	中肋骨条藻 10^4 个/L
1988	06-13	长江口外海域	1400	夜光藻
	07-13	嵊山岛附近海域	1000	骨条藻 10^6 个/L
	07-17	长江口外海域	1700	夜光藻
1989	07-13	舟山群岛	1000	骨条藻 10^9 个/L
1990	05-10	台州列岛—六横—桃花岛	7000	不详
	5 月底	长江口—绿华山	2700	骨条藻
2000	05-18	舟山附近	7000	东海原甲藻 1.2×10^8 个/L
2001	05-10	中街山列岛	2000	不详
2002	05-03	虾峙门附近	$100 \sim 2000$	东海原甲藻 10^7 个/L 亚历山大藻 10^5 个/L
	05-10	中街山列岛附近	1000	不详
2003	05-06	朱家尖外侧	1000	东海原甲藻
	05-19	长江口外	1000	东海原甲藻 1.2×10^7 个/L
	05-21	中街山列岛附近	1000	东海原甲藻 1.8×10^7 个/L
	06-25	长江口外海域	1000	中肋骨条藻 1.6×10^7 个/L
2004	05-16	普陀山正东，东北及中街山北部	2000	东海原甲藻
	05-20	黄大洋—岱衢洋	$3000 \sim 4000$	不详
	6-11	长江口外—花鸟山—嵊山	1000	中肋骨条藻 4.0×10^7 个/L
2005	05-28	朱家尖东部	5000	米氏凯伦藻
	06-02	长江口海域	2000	中肋骨条藻 8.6×10^6 个/L 聚生角刺藻 2.3×10^6 个/L 东海原甲藻 3.6×10^6 个/L 米氏凯伦藻 1.8×10^6 个/L
	06-08	桃花—虾峙岛—韭山列岛	2000	东海原甲藻 6.4×10^5 个/L 米氏凯伦藻 3.2×10^6 个/L
2006	05-04	朱家尖—六横东南	1000	东海原甲藻 米氏凯伦藻 链状亚历山大藻
2008	05-07	舟山东福山—渔山列岛南部	2100	不详
	05-16	朱家尖东北—中街山列岛—嵊山—花鸟山附近	2600	东海原甲藻 $8.5 \times 10^5 \sim$ 7.25×10^6 个/L
2009	05-19	舟山北部	1500	不详

3.5.3 赤潮发生的时间特征

3.5.3.1 年际变化

如图 3-5、图 3-6，长江口及邻近海域 20 世纪 70 年代有记载的赤潮共两次，分别为 1972 年发生在长江口外海礁以东的铁氏束毛藻赤潮和 1977 年发生在嵊泗县枸杞海域的颤藻赤潮；80 年代共记录有 9 次赤潮事件，长江口外海域发生 5 次，花鸟山海域 1 次，舟山海域及朱家尖附近海域 3 次；90 年代共发生赤潮 33 次，以 1993 年赤潮发生最为频繁，共发生 13 次，发生面积均小于 50km² ；自 2000 年该海域赤潮的发生明显趋于强烈，共记录有 126 次赤潮，其中，除 2000 年、2001 年、2006 年、2009 年外，其他 5 年赤潮发生均超过 10 次，从图 3-6 可以明显看到，在这一时期，赤潮密集分布于长江口外海区、嵊山海域东南及朱家尖东部海域。

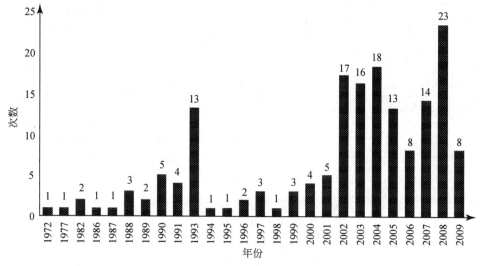

图 3-5 长江口及邻近海域赤潮发生次数

3.5.3.2 季节变化

长江口及其邻近海域赤潮发生有明显的季节规律（图 3-7），发生月份最早的赤潮事件是 2008 年 3 月 14 日（春季）嵊山东南海域的东海原甲藻赤潮，最晚月份的赤潮发生于 2007 年 9 月 29 日（秋季）舟山东北海域的中肋骨条藻赤潮。在该海域近 40 年累计发生的 174 次赤潮中，3 月发生量占总次数的 2%，为赤潮发生最少月份；其次为 9 月，发生比例为 3%；赤潮发生最为频繁的是在 5 月，占赤潮数量的一半以上，6 月次之，占发生比例的 20%。可见，长江口及邻近海域赤潮多发生在春、夏两季，因这两季海域的温度适宜，有利于赤潮生物的生长繁殖。

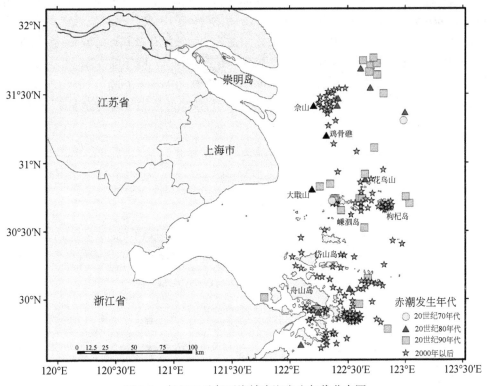

图 3-6　长江口及邻近海域赤潮发生年代分布图

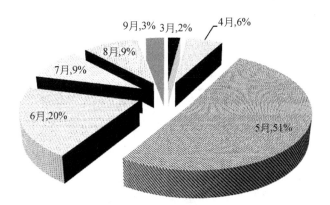

图 3-7　长江口及邻近海域不同月份赤潮发生次数比例

3.5.4　赤潮生物分布特征

从长江口及其邻近海域主要赤潮种类分布（图 3-8）可以看出，在该海域引起赤潮暴发的原因种中，最具优势的是东海原甲藻（*Prorocentrum dong-haiense*），2003 年以前称之为具齿原甲藻（*Prorocentrum dantatum* stein 1883），经统计共记录有 53 次，且皆发生在

2000 年以后；其次为中肋骨条藻（*Skeletonema costatum* Cleve），共引发赤潮 35 次；再次为夜光藻（*Noctiluca scintillans* kafoid et Sweay），引发赤潮 10 次。没有记录赤潮暴发原因种的共 49 次，占所有累计赤潮事件的 28.2%。这表明，长江口及邻近海域赤潮在数量上不断增加的同时，引发赤潮形成的原因种也处于不断演变当中。2000 年前导致该区域赤潮发生的主要物种为中肋骨条藻及夜光藻，伴随一些海洋原甲藻（*Prorocentrum micans* Ehrenberg）、颤藻（Oscillatoria）等。2003 年后，东海原甲藻已成为该海区最为显著的赤潮原因种，且每年该类赤潮均有发生。

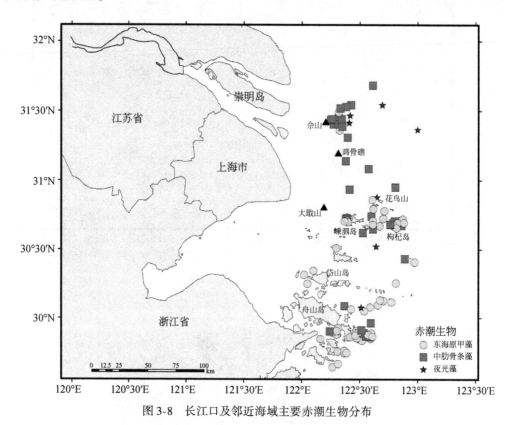

图 3-8　长江口及邻近海域主要赤潮生物分布

从主要赤潮藻的发生区域分布图看，东海原甲藻多分布于花鸟山—嵊泗—枸杞海域及朱家尖东部海域；中肋骨条藻则分布于长江口外海域，在其他海域则是零星分布；夜光藻多分布于长江口佘山以东区域。赤潮生物具有明显的地域性分布特征，与其所处的海洋环境以及生物本身的生活习性密切相关。

3.6　小结

通过近 40 年来研究海域赤潮发生事件的统计分析，截至 2009 年该海域发生 174 次赤潮事件。空间分布上，赤潮多发区位于长江口外佘山附近海域、花鸟山—嵊山—枸杞山附近海域、舟山海域及朱家尖东部海域，且发生规模以面积小于 50km² 和 100～500km² 为主。对于大面积赤潮（面积大于 1000km²），除 20 世纪 80 年代少量出现外，多集中在

2000 年后。时间分布上，长江口及邻近海域赤潮发生年际变化表现为：2000 年后赤潮发生次数激增，连续五年均发生 10 次以上，且长江口附近海域赤潮发生频次在这一时期明显增多；此外，该区域 5、6 月为赤潮的高发月，这两月发生的赤潮占所记录赤潮数的 70% 以上。长江口及邻近海域引发赤潮的原因种中，具有明显优势的是东海原甲藻、中肋骨条藻、夜光藻等，且在空间分布上呈现一定的规律：东海原甲藻多分布于花鸟山—嵊泗—枸杞海域及朱家尖东部海域；中肋骨条藻则分布于长江口外海域，在其他海域则是零星分布；夜光藻多分布于长江口佘山以东区域。

参 考 文 献

蔡燕红，蒋晓山，黄秀清. 2002. 舟山海域一次具齿原甲藻赤潮初探. 海洋环境科学，21（1）：42-45.

车越，何青. 2002. 长江口南支重金属分布研究. 上海环境科学，21（4）：220-223，259.

陈吉余，陈沈良. 2002. 南水北调工程队长江口河口生态环境的影响. 水资源保护，3：10-13.

陈吉余，陈沈良. 2003. 长江口生态环境变化及对河口治理的意见. 水利水电技术，34（1）：19-25.

陈敏，陈邦林，夏福兴. 1996. 长江门最大浑浊带悬移质、底质微量金属形态分布. 华东师范大学学报（自然科学版），1：38-44.

陈松，许爱玉，骆炳坤，等. 1987. 长江口表层沉积物中 Fe，Mn，Zn，Co，Ni 的地球化学特征. 台湾海峡，6（1）：13-19.

丁忠哲. 2005. 利用卫星资料和 GIS 的赤潮空间分析. 黑龙江八一农垦大学学报，17（6）：76-80.

樊安德，杨晓兰. 1995. 长江河口及其邻近海区的重金属元素. 东海海洋，13（3~4）：31-71.

费岳军，蒋红. 2008. 舟山朱家尖海域角毛藻赤潮与环境因子关系的研究. 海洋环境科学，17（Supp. 1）：38-41.

符文侠，黄文祥. 1993. 中国沿海赤潮. 海洋与海岸带开发，10（4）：67-71.

高会旺，杨华，张英娟，卢筠. 2001. 渤海初设生产力的若干理化影响因子. 初步分析，31（4）：487-494.

国家海洋局. 1990~2009. 中国海洋灾害公报.

华泽爱. 1989. 中国海域的赤潮及对策. 海洋通报，8（1）：108-113.

黄良民，黄小平，宋星宇，等. 2003. 我国近海赤潮多发区域及其生态学特征. 生态科学，22（3）：252-256.

黄秀清，蒋晓山，王桂兰，等. 1994. 长江口中肋骨条藻发生过程环境要素分析：水温、温度、DO 和 pH 特征. 海洋通报，13（4）：36-40.

赖俊翔，俞志明，宋秀贤，等. 2012. 利用特征色素研究长江口海域浮游植物对营养盐加富的响应. 海洋科学，36（5）：42-52.

兰士侯，乔献芬. 1986. 长江口铜、铅、镉、铀、硒等元素的沉积通量及其人为影响的初步评价. 海洋通报，5（4）：1-8.

李道季，张经，黄大吉，等. 2002. 长江口外氧的亏损. 中国科学（D 辑），2002，32（8）：686-694.

李新正，刘录三、李宝泉，等. 2010. 中国海洋大型底柄生物：研究与实践. 北京：海洋出版社. 1-378.

李新正，王洪发，王金宝，等. 2005. 不同孔径底层筛对胶州湾大型底栖动物取样结果的影响. 海洋科学，29（12）：68-74.

李雁宾，韩秀荣，胡跃诚，等. 2008. 营养盐对东海浮游植物生长影响的现场培养实验. 海洋环境科学，27（2）：113-117.

梁松，钱宏林. 1995. 我国的赤潮研究现状与分析. 海洋信息，11：14-16.

刘慧，董双林，方建光.2002.全球海域营养盐限制研究进展.海洋科学，26（8）：47-53.

刘录三，李子成，周娟，等.2011.长江口及其邻近海域赤潮时空分布研究.环境科学，32（9）：1-8.

刘新成，沈焕庭，黄清辉.2002.长江入河口区生源要素的浓度变化及通量估算.海洋与湖沼，33（5）：332-340.

罗秉征，沈焕新.1994.三峡工程与河口生态环境.北京：科学出版社.1-343.

孟伟.2008.区域景观生态质量评价研究.北京：科学出版社.1-649.

孟翔，刘苍字.1996.长江口沉积地球化学特征的定量研究.华东师范大学学报（自然科学版），1：73-84.

蒲新明.2000.长江口区浮游植物营养限制因子研究.中国科学研海洋研究所硕士学位论文.

齐雨藻.2003.中国沿海赤潮.北京：科学出版社.

全国海洋环境污染监测网办公室.1986~2000.中国近海海域环境质量年报.

日本水产学会.1980.赤潮——发生机理和对策.东京：恒星社厚生阁.143.

上海市海洋局.1986~2008.上海市海洋环境质量公报.

沈竑，洪君超，张开富，等.1995.中肋骨条藻赤潮发生过程中微量元素 Fe、Mn 作用的研究.暨南大学学报（自然科学版），16（1）：131-149

沈志良.1993.长江口海区理化环境对初级生产力的影响.海洋湖沼通报，1：47-51.

苏纪兰.2001.中国的赤潮研究.中国科学院院刊，16（5）：339-342.

唐静亮，毛宏跃，过美蓉.2005.浙江北部海域的具齿原甲藻赤潮分析.浙江海洋学院学报（自然科学版），24（4）：330-345.

唐启开，苏记兰.2000.中国海洋生态系统动力学研究 I：关键科学问题研究发展战略.北京：科学出版社.1-252.

王金辉.2001.中街山列岛海域赤潮应急监测.浙江海洋学院学报（自然科学版），20（1）：62-65.

王金辉.2002.长江口邻近水域的赤潮生物.海洋环境科学，21（2）：37-41.

王其茂，马超飞，唐军武，等.2006.EOS/MODIS 遥感资料探测海洋赤潮信息方法.遥感技术与应用，21（1）：6-10.

王延明.2008.长江口地区动物分布与沉积物和低氧区的关系研究.华东师范大学博士学位论文.

谢志发，章飞军，刘文亮.2007.长江口互花米草生长区大型底栖动物的群落特征.动物学研究，28（2）：167-171.

徐韧，洪军超，王桂兰，等.1994.长江口及其邻近海域的赤潮现象.海洋通报，13（5）：25-29.

徐韧，洪军超，王桂兰.1994.长江口及其邻近海域的赤潮现象.海洋通报.13（5）：25-29.

许建平.1992.浙江沿岸的赤潮灾害及防治对策.东海海洋，10（3）：30-37.

许昆灿，吴丽卿，黄水龙.1982.东海沉积物中重金属环境背景值的估算及异常站位的判别.台湾海峡，1（2）：49-57.

杨东方，王凡，高振会，孙培艳，石强.2005.长江口理化因子影响初级生产力的探索.海洋科学进展.23（3）：368-373.

叶属峰，纪焕红，曹恋.2004.河口大型工程对长江口底栖动物种类组成及生物量的影响研究.海洋通报，23（4）：32-37.

叶君武，周丽琴，陈淑琴，等.2009.舟山海域赤潮气象因子特征分析.海洋预报，26（4）：76-82.

袁兴中，陆健健.2001.围恳对长江口南岸底栖动物群落结构与多样性的影响.生态学报.21（10）：1641-1647.

张培玉.2005.渤海湾近岸海域底栖动物生态学与环境质量评价研究.中国海洋大学博士学位论文.

赵冬至.2004.我国赤潮灾害分布规律与卫星遥感探测模型.华东师范大学博士学位论文.

浙江省海洋与渔业局.1986~2008.浙江省海洋环境质量公报.

中国环境监测总站.1990.中国土壤元素背景值.北京：中国环境科学出版社.

周名江，朱明远，张经.2001.中国赤潮的发生趋势和研究进展.生命科学，13（2）：54-59.

周念清，王燕，夏明亮.2007.长江口的演化与发展趋势.水土保持通报，27（3）：132-137.

周为峰，樊伟.2001.应用MODIS进行赤潮遥感监测的研究进展.遥感技术与应用，22（6）：768-772.

朱德弟，潘玉球，许卫忆.2003.长江口外赤潮频发海区水温分布特征分析.应用生态学报，14（7）：
　　1131-1134.

朱鑫华，吴鹤洲，徐凤山，等.1994.黄渤海沿岸水域游泳动物群落多样性及其相关因素的研究.海洋学
　　报，16（3）.102-112.

朱卓毅.2007.长江口及邻近海域低氧现象的探讨——以光和色素为出发点.华东师范大学博士学位论文.

Barry J P, Baxter C H, Sagarin R D. 1995. Climate-related, long-term faunal change in a California rocky
　　intertidal community. Science, 267: 672-675.

Beukema J J. 1991. Changes in composition of bottom fauna of a tidal-flat area during a period of
　　eutrophication. Marine biology, 111 (2): 293-301.

Boesch D F, Waas M L, Virnstein R W. 1976. The dynamic of estuarine benthic communitie. New York:
　　Academic Press.

Bottom D L, Jones K M. 1990. Species composition, distribution, and invertebrate prey of fish assemblages in the
　　Columbia River Estuary. Progress in Oceanography, 25: 243-270.

Brante A, Hughes R N. 2001. Effect of hypoxia on the prey- handling behavior of *Carcinus maenas* feeding on
　　Mytilus edulis. Marine Ecology Progress Series, 209: 301-305.

Buchanan J B, Sheader M, Kingston P F. 1978. Sources of variability in the benthic macrofauna off the south
　　Northumberland coast, 1971-1976. Journal of the Marine Biological Association of the United Kingdom, 58:
　　191-209.

Cabiochi L. 1992. Evolution a long terme d'ecosystemes benthiques cotiers des sediments subtidaux, en relation
　　avec leur variabilite apatiale physique et biologique. Resultats obtenus par le programme COST 647//Keegan B
　　F. 1992. Space and time series data analysis in coastal benthic ecology. Brussels: Commission of the European
　　Communities: 237-264.

Chai C, Yu Z M, Song X X. 2006. The status and characteristics of eutrophication in the Yangtze River
　　(Changjiang) estuary and the adjacent east China Sea, China. Hydrobiologia, 563: 313-328.

Chrjstensen H, Kanneworff E. 1985. Sedimenting phytoplankton as major food sources for suspension and deposit
　　feeder in the Qresund. Ophelia, 24: 223-244.

Cloern J E. 1996. Phytoplankton bloom dynamics in coastal ecosystem: a review with some general lessons from
　　sustained investigation of San Francisco, California. Rev Geophys, 34 (2): 127-168.

Cloern J E. 2001. Our evolving conceptual model of the coastal eutrophication problem. Mar Ecol Prog Ser, 210:
　　223-253.

Currie D R, Small K J. 2005. Macrobenthic community responses to long- term environmental change in an east
　　Australian sub-tropical estuary. Estuarine, Coastal and Shelf Science, 63: 315-331.

Dauer D M, Alden R W. 1995. Long- term trends in the macrobenthos and water quality of the Lower Chesapeake
　　Bay (1985-1991). Marine Pollution Bulletin, 30 (12): 840-850.

Dauer D M, Conner W G. 1980. Effects of moderate sewage input on benthic polychaete populations. Estuary,
　　Coastal and Marine Sciences, 10: 335-346.

Dauer D M, Ewing R M, Tourtellotte G H, et al. 1982. Predation, resource limitation and the structure of benthic infaunal communities of the lower Chesapeake bay. International Review of Hydrobiology, 67: 477-489.

Dauer D M, Luckenbach M W, Rodi A J. 1993. Abundance biomass comparison (ABC method): effects of an estuarine gradient, anoxic/hypoxic events and contaminated sediments. Marine Biology, 116 (3): 507-518.

Dauer D M, Rodi A J, Ranasinghe J A. 1992. Effects of low dissolved oxygen events on the macrobenthos of the lower Chesapeake Bay. Esturaries, 15: 384-391.

Dauer D M. 1993. Biological criteria, environmental health and estuarine macrobenthic community structure. Marine Pollution Bulletin, 26: 249-257.

Dubravko J, Rabalais N N, Turner E R. 1995. Coupling between climate variability and coastal eutrophication: Evidence and outlook for the northern Gulf of Mexio. Journal of Sea Research, 54 (1): 25-35.

Eby L A, Crowder L B. 2002. Hypoxia-based habitat compression in the Neuss River Estuary: context-dependent shifts in behavioral avoidance thresholds. Canadian Journal of Fisheries and Aquatic Sciences, 59: 952-965.

Fallesen G. 1992. How sewage discharge, terrestrial runoff and oxygen deficiencies affect the bottom fauna in Århus Bay, Denmark//Giuseppe C, Ferrari I, Ceccherelli V U, et al. Marine Eutrophication and Population Dynamics. Fredensgorg: 25th European Marine Biology Symposium. Olsen & Olsen, 29-33.

Ferraro S P, Swartz R C, Cole F A, et al. 1991. Temporal changes in the benthos along a pollution gradient: discriminating the effects of natural phenomena from sewage industrial wastewater effects. Estuary, Coastal and Shelf Sciences, 33: 383-407.

Gao J H, Wang Y D, Pan S M, et al. 2007. Source and distribution of organic matter in seabed sediments of Changjiang River estuary and its adjacent sea area. Acta Geographica Sinica, 62 (9): 981-991.

Greening H S, Morrison G, Eckenrod R M, et al. 1997. The Tampa Bay resource-based management approach//S F Treat. Proceedings, Tampa Bay Area Scientific Information Symposium 3: Applying Our Knowledge. Tampa Bay Estuary Program, St Petersbury, FL. 349-355.

Harrison P J, Antia N J, Oliveira L. 1991. The role of dissolved organic nitrogen in phytoplankton nutrition, cell biology, and ecology. Phycologta, 30: 1-89.

Holland A F, Mountford N K, Hiegel M H, et al. 1980. The influence of predation on infaunal abundance in upper Chesapeake Bay. Marine Biology, 57: 221-235.

Holland A F. 2001. 1985. Long-term variation of macrobenthos in a mesohaline region of Chesapeake Bay. Estuaries, 8 (2A): 93-113.

Howarth R W. 1988. Nutrient limitation of net primary production in marine ecosystems. Annual Review of Ecology and Systematics, 19: 89-110.

Kröncke I, Dippner J W, Heyen H, et al. 1998. Long-term changes in macrofaunal communities off Norderney (East Frisia, Germany) in relation to climate variability. Marine Ecology Progress Series, 167: 25-36.

Malone T C, Conely D J, Fisher T R, et al. 1999. Scales of nutrient-limited phytoplankton productivity in Chesapeake Bay. Estuaries, 19 (2B): 371-385.

Marsh A G, Tenore K R. 1990. The role of nutrition in regulating the population dynamics of opportunistic, surface deposit feeders in a mesohaline community. Limnology Oceanography, 35: 710-724.

Monbet Y. 1992. Control of phytoplankton biomass in estuaries: a comparative analysis of microtidal and macrotidal estuaries. Estuaries, 15: 563-571.

Pearson T H, Rosenberg R. 1978. Macrobenthic succession in relation to organic enrichment and pollution of the marine environment. Oceanography and Marine Biology, An Annual Review, 16: 229-311.

Reish D I. 1985. A discussion of the importance of screen size in washing quantative marine bottom samples. Ecology, 46 (2): 307-309.

Rosenberg R, Elmgren R, Fleischer S, et al. 1990. Marine eutrophication case studies in Sweden. Ambio, 19: 102-108.

Servic S K, Feller R J. 1992. Long-term trends of subtidal macrobenthos in North Inlet, South Carolina. Hydrobiologia, 231: 13-40.

Skagen S K, Oman H D. 1996. Dietary flexibility of shorebirds in the western hemisphere. Canadian Field-Naturalist, 110 (3): 419-444.

Stillman R A, Caldow R W G, Goss-Custar J D, et al. 2000. Individual variation in intake rate: the relative importance of foraging efficiency and dominance. Journal of Animal Ecology, 69 (3): 484-493.

Uhlig G, Sahling G. 1990. Long-term studies on *Noctiluca scintillans* in the German Bight population dynamics and red tide phenomena 1986-1988. Netherlands Journal of Sea Research, 25 (1-2): 101-112

Vimstein R W. 1977. The importance of predation by crabs and fishes on benthic infauna in Chesapeake Bay. Ecology, 58: 1199-1217.

Wang Jinhui, Wu Jianyong. 2009. Occurrence and potential risks of harmful algal blooms in the East China Sea. Science of the Total Environment, 407: 4012-4021.

Yang S L, Zhao Q Y, Belkin I M. 2002. Temporal variation in the sediment load of the Yangtze River and the fluence of human activities. Journal of Hydrology, 263: 56-71.

4

基于营养盐敏感性的河口分区研究

4.1 概述

4.1.1 分区理论

随着化肥施用量的持续增加以及污水的排放，大量的营养盐通过流域水系汇集到河口及其邻近水域，成为陆源营养盐的"汇"，同时也是近海营养盐的"源"，富营养化问题已成为河口水域最为突出的环境问题之一。富营养化的发生不仅与水质条件相关，同时也与自然地理和气象条件以及自身的水力条件相关，因此不可能采用一个通用的营养盐基准来反映不同区域的水体富营养化条件。需要根据不同区域的特点和不同类型的水体，制定具有针对性的营养化基准。因此，制定营养盐基准的首要工作就是确定营养化基准的适用区域单元。

营养盐敏感性（nutrient susceptibility）是水体对营养盐干扰或变化的响应敏感程度，它倾向于关注系统输入、输出两个层面，基于响应特征来分析输入量对输出量的敏感程度，避免对系统内的响应机制和过程进行过多关注。这样理解的好处在于可结合已有经验和研究基础开展分类、分区，促使基准研究尽量在营养盐敏感性相似的河口区域开展，排除一些物理因素的考虑，有利于更清晰地把握和认识规律，也一定程度上减轻了复杂响应机制研究的压力，增强了基准制定的可操作性。该做法在美国得以充分体现，其区域性营养盐基准国家战略中曾明确指出，不同的地质、气候条件以及不同水体类型对营养盐浓度水平的反应具有很大的差异，因而，在制定基准时首要是划分地理区域和水体类型。若水体类型明确为河口水域，则开展地理区域的划分：一是生态区域划分，即根据各区域的地质、土壤、气候、植被、生物、水文、水化学等特征，在国家范围内划分较大尺度的生态区，如美国目前常用的Ⅲ级生态区域图中的 79 个陆域生态区，亦可根据实际情况将生态区进一步细分到适当的程度；二是鉴于区域内部的差异性，依据河口生态系统的营养盐敏感性，对区域内若干河口进行分类，便于营养盐基准的制定实施。

4.1.2　分区方法

由于解决河口区"人为"富营养化是基准制定的目的，因而河口分类分区的过程中应尽量避免人类活动导致的营养盐污染影响。河口分类及分区的出发点是河口生态系统对营养盐的敏感性，美国提出了影响河口对营养盐负荷（或浓度）响应敏感程度的 7 类特征因子，分别为：冲淡水、水力停留时间、河口单位面积的营养负荷比、垂向混合与层化、藻类生物量、波浪、水深、周边海湾。其中，实践中分析较多的为冲淡水、水力停留时间和垂向混合与层化。

分类过程一般从传统的河口生境类型划分着手，可根据景观特征将河口划分为平原海岸型、潟湖及沙坝型、峡湾型、构造型，辨析不同地形地貌对于营养盐敏感度的影响。其次，基于物理特征层面实施分类，可依次考虑咸淡水混合、层化与环流、水力停留时间（如淡水停留时间）、径流、潮汐及波浪等因素。对不同影响因子作用下河口的营养盐敏感性进行分析，对营养盐敏感性相似的河口进行归类。

具体的分类方法有很多，除表格对比法、指数法等定性、半定性分析法以外，美国主要采用的定量分析方法有两种：一是美国海洋与大气管理局提出的河口输出潜力法，通过建立一个敏感矩阵来实现。二是类比经验模型法，通过类比河口系统对营养盐的退化反应来实现，其假设前提是影响因子（营养盐）对所有系统的影响和扰动具有普适性，任何退化反应均是由这一影响因子造成的。前者目前多用于较大河口系统的预测分析，后者则多用于较小的海湾，且效果比较理想。除此之外，涵盖更多影响因子尤其关注生物效应的理论方法及框架亦正在发展中，但其对数据要求较高，目前用于河口分类的可操作性较弱。

在河口分类的基础上，针对单个河口生态系统，根据实际需要和自然特征，可选择性地开展河口内部分区。分区主要考虑因素为盐度、环流、水深、径流特征等。河口分区在一定程度上能增加实践中的可操作性。

目前，国际普遍采用的分区方法为层级分区法，分区依据的指标大多为地貌、河口发育阶段、水文和盐度或综合上述方法。还有部分学者考虑了栖居地、水质、生态和集水特征等指标。另外还有建立在大尺度的非生物因子（如纬度、气候等）基础之上的河口环境分区。欧盟在《水框架指令》中对海岸带分区的范围做出规定，要求分区水域集中在向外 1 海里之内，但需要关注 12 海里的领海范围内的水质状况。美国 EPA 在河口及近岸营养盐基准制订指南中，认为人们应关注 20 海里以内的近岸区域，但在部分州的立法中仍规定为向海 3 海里。

本研究基于长江口的自然地理特征，利用层级分区方法，对连续的大范围水域进行客观分区，为随后的营养盐基准制定、环境管理服务。

（1）分区原则

1）分区完全依据物理、水文参数等自然地理特征，不涉及化学、营养盐等环境压力指标，以反映水域的本底状况。例如将河口水域按盐度分区，划分为低盐、中盐、高盐区（EPA，2001）。

2）分区要考虑制定基准时管理上便于操作与执行，而不是越复杂越好。

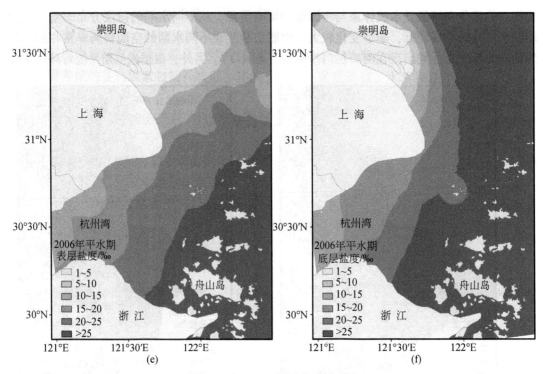

图 4-1　长江口不同水期盐度分布

水盐度的划分指标，南汇嘴向东沿 122°10′E 左右向北，至崇明东滩，折向启东嘴吴淞港附近一线与淡水带之间为混合低盐水带（0.5～5）（陈吉余，2007）。②长江口冲积岛浅滩的影响：受构造运动、地貌形态、长江口含沙量及河口动力条件等因素的影响，浅滩是长江口非常重要的生境之一，其作为具有重要生态意义的河口湿地，主要分布在河口附近的 5m 等深线以内。③地形特点：江苏启东与上海南汇的海岸区是长江口陆缘向海洋延伸的最前沿，两者连线通常可作为划分的重要依据（图 4-1），在管理上具有便利性。

综合上述诸因素，将长江口过渡区下缘界定为：北起江苏启东前哨海岸，大致沿 5m 等深线向东南方向延伸至崇明浅滩东缘余山（31°25.3′N，122°14.4′E），之后继续向东南延伸至鸡骨礁（31°12′N，122°19′E），经牛皮礁（31°10′N，122°14.2′E）东侧转向西南直至大戢山（30°48′35″N，122°10′25″E），最后向西至上海南汇南缘芦潮港，整个分界线大致呈弧形分布于长江口最大浑浊带。与过渡区对应，长江口近岸海域的地理范围限定为：西起长江口过渡区下缘，东至 123°E 河口锋前沿附近，以及杭州湾、舟山渔场等毗邻水域。

4.2.3　二级分区

与以长江径流为主要水体的过渡区相比，长江口近岸海域的地理范围较为广泛，水体环境差异显著，生物群落特征及其对环境压力的响应方式也各有不同。因此，需对长江口近岸海域进一步开展二级分区。

　　杭州湾是我国著名的喇叭形强潮海湾，水文地理独特。地理上把长江口南缘上海芦潮港与浙江镇海连线以西称为杭州湾，连线以东为舟山渔场。从长江口水体悬浮物分布来看，尽管悬浮物含量在不同水期之间差异较大，且表、底层分布也不完全一致，但无论是丰水期、平水期还是枯水期，悬浮物在杭州湾的含量都要显著高于其他水域（图4-2）。

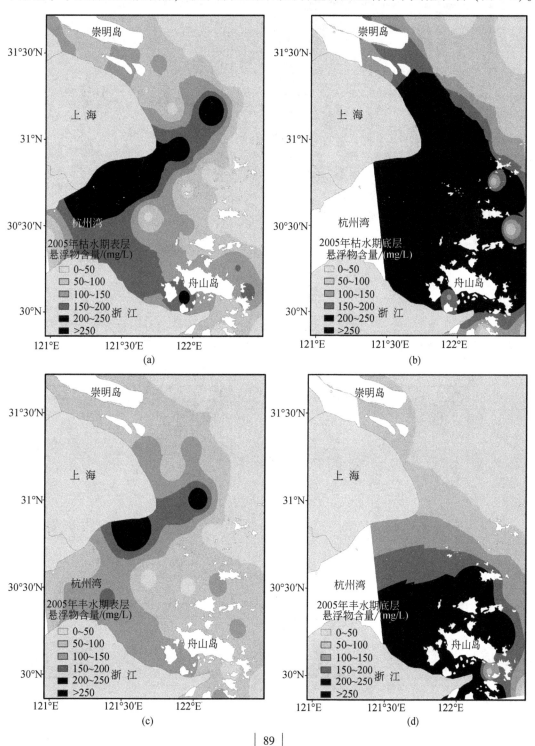

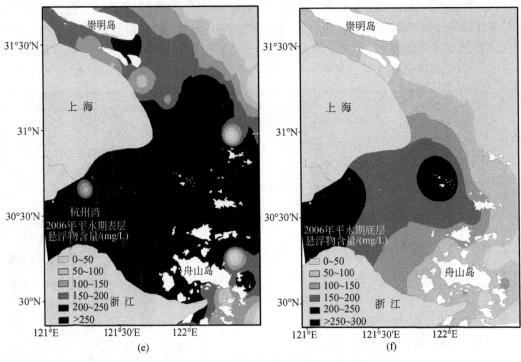

(e)

(f)

图 4-2　长江口不同水期悬浮物含量分布

此外，长江口水域的 pH 值一般由偏中性的入海径流和偏碱性的外海水之间的混合程度所决定，排海污水会影响局部区域的水体 pH 值。从平水期水体底层与表层的 pH 值分布可以看出，杭州湾的水体 pH 总体上要低于其他水域（图 4-3）。与地理上设定的杭州湾范围

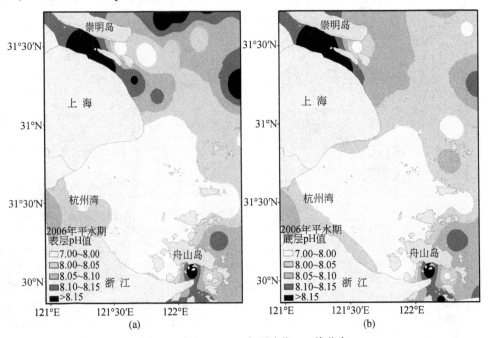

(a)

(b)

图 4-3　长江口 2006 年平水期 pH 值分布

相比，大戢山西南水域在盐度、温度等自然属性方面与传统的杭州湾水域非常接近。综合以上因素，将杭州湾划为独立海区，其与舟山海区的分界线设定为，自大戢山向南，经小洋山岛东侧的虎啸蛇岛至岱山岛西部，继续向西南先后经长白山岛、舟山本岛西侧、册子岛以及金塘岛，最后至杭州湾南侧镇海区甬江河口右岸。

舟山海区岛屿众多，是舟山上升流的核心地带，从丰水期与平水期的表层温度分布来看，这里水温比其他海域低（图4-4）。表层沉积物的类型及分布受海岛控制作用明显，在海岛水道间以峡道沉积作用为主，相对开阔水域则受潮流作用影响。该海域鱼类资源丰富，又以舟山渔场最为著名，故把舟山海域划为独立海区，西侧与杭州湾相邻。结合管理上的便利性，北侧界线设定为自大戢山（30°48′35″N，122°10′25″E）北侧向东，经嵊泗列岛以北、花鸟山以南与枸杞岛以北，延伸至123°E附近水域。

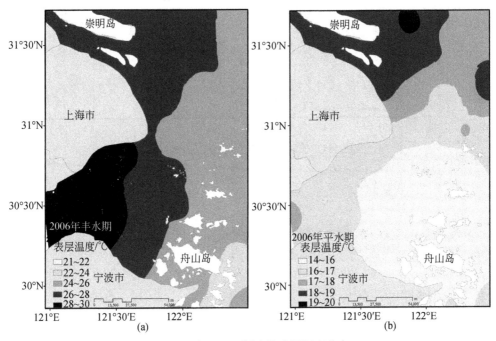

图4-4 长江口不同水期表层温度分布

杭州湾、舟山海区分别划为独立海区后，将长江口过渡区以东、舟山海区以北的近岸海域列为独立海区，称之为长江口外近海区。

综上所述，经一、二级分区后，长江口水域可划分为以下4个海区：①长江口过渡区；②长江口外近海区；③杭州湾；④舟山海区（图4-5）。

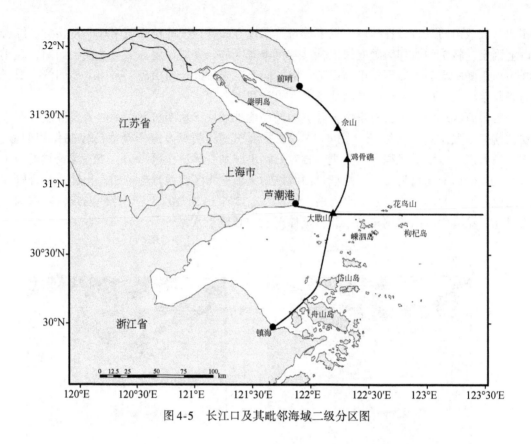

图 4-5　长江口及其毗邻海域二级分区图

4.3　长江口分区检验

本节仅考虑分区这一因素对各调查指标的影响，对长江口过渡区、长江口外近海区、杭州湾及舟山海区的水体及沉积物指标进行单因素方差分析、比较，从而检验分区结果。

4.3.1　水体特征的一致性检验

4.3.1.1　盐度

长江口不同海区水体表层盐度数值分布状况及统计值（表 4-1），通过单因子方差分析（ANOVA），表明：在整个调查水域的盐度总变差中，由不同分区可解释的变差为 1575.609，随机调查引起的变差为 1306.136，它们的平均方差分别为 525.203 和 34.372，相应所得的 F 统计量为 15.28，对应的概率 p 值近似为 0，远小于显著性水平 0.05，因此，可以认为盐度在 4 个分区的总体差异性显著。从各海区盐度的两两比较结果来看，在 4 个海区中，过渡区与口外近海区（$p=0$）、过渡区与杭州湾（$p=0.025$）、过渡区与舟山海区（$p=0$）、杭州湾与口外近海区（$p=0.008$）、杭州湾与舟山海区（$p=0.002$）的差异是显著的，而口外近海区与舟山海区（$p=0.698$）的差异不显著。

表4-1 长江口不同海区水体表层盐度基本统计值[*]　　（单位:‰）

海区	平均值	标准差	标准误差	95%置信区间		最小值	最大值
				下限	上限		
GD	9.1	7.598 95	2.291 17	3.995	14.205 0	1.00	21.00
HW	15.233 3	4.204 16	1.401 39	12.001 7	18.464 9	10.05	22.4
KW	22.82	7.700 33	2.435 06	17.311 5	28.328 5	8.3	33.30
ZS	23.8	2.208 25	0.637 47	22.396 9	25.203 1	19.10	27.10
总体	17.881	8.383 7	1.293 63	15.268 4	20.493 5	1.00	33.30

*表格是对变量数值的分析，差异性主要通过单因子方差分析得到（通过 Excel 或者 SPSS 都可实现）。

注：GD，长江河口过渡区，12 站；HW，杭州湾，9 站；KW，长江口外近海区，10 站；ZS，舟山海区，12 站。

4.3.1.2 悬浮物

长江口不同海区水体表层悬浮物数值分布状况及统计值见表4-2，通过 ANOVA 分析，表明：在整个调查水域的悬浮物总变差中，由不同分区可解释的变差为146 023，随机调查引起的变差为469 980.9，它们的平均方差分别为 48 674.337 和12 050.791，相应所得的 F 统计量为4.039，对应的概率 p 值为 0.014，小于显著性水平 0.05。因此可以认为，悬浮物在 4 个分区的总体差异性显著（表4-2）。从各海区悬浮物的两两比较结果来看，在 4 个海区中，杭州湾与口外近海区（$p=0.002$）、杭州湾与舟山海区（$p=0.034$）的差异是显著的，而过渡区与口外近海区（$p=0.022$）、过渡区与舟山海区（$p=0.238$）、过渡区与杭州湾（$p=0.286$）、口外近海区与舟山海区（$p=0.222$）的差异不显著。

表4-2 长江口不同海区水体表层悬浮物基本统计值　　（单位：mg/L）

海区	平均值	标准差	标准误差	95%置信区间		最小值	最大值
				下限	上限		
GD	124.25	100.179 95	28.919 46	60.598 7	187.901 3	21.00	362.00
HW	176.666 7	192.396 08	64.132 03	28.778	324.555 4	33.00	644.00
KW	12.2	6.142 75	1.942 51	7.805 7	16.594 3	2.00	21.00
ZS	70.5	75.747 79	21.866 5	22.372 2	118.627 8	4.00	220.00
总体	94.162 8	121.106 39	18.468 55	56.891 7	131.433 8	2.00	644.00

注：GD，长江河口过渡区；HW，杭州湾；KW，长江口外近海区；ZS，舟山海区。本章下同。

4.3.1.3 水温

长江口不同海区水体表层水温数值分布状况及其统计值见表4-3，通过 ANOVA 分析，表明：在整个调查水域的水温总变差中，由不同分区可解释的变差为18.588，随机调查引起的变差为17.348，它们的均平均方差分别为 6.196 和 0.445，相应所得的 F 统计量为13.929，对应的概率 p 近似为 0，远小于显著性水平 0.05。因此，可以认为，水温在 4 个分区的总体差异性显著（表4-3）。从各海区水温的两两比较结果来看，在 4 个海区中，过渡区与杭州湾（$p=0.001$）、过渡区与口外近海区（$p=0.002$）、过渡区与舟山海区（$p=0$）、杭州湾与舟山海区（$p=0.039$）、口外近海区与舟山海区（$p=0.007$）的差异是显著的，只有杭州湾与口外近海区（$p=0.541$）的差异不显著。

表 4-3 长江口不同海区水体表层水温基本统计值　　　　（单位：℃）

海区	平均值	标准差	标准误差	95% 置信区间		最小值	最大值
				下限	上限		
GD	17.875	0.488 27	0.140 95	17.564 8	18.185 2	17.30	18.80
HW	18.988 9	0.605 07	0.201 69	18.523 8	19.454	18.30	19.80
KW	18.8	0.761 58	0.240 83	18.255 2	19.344 8	17.60	19.90
ZS	19.616 7	0.773 23	0.223 21	19.125 4	20.108	18.40	21.10
总体	18.809 3	0.925	0.141 06	18.524 6	19.094	17.30	21.10

4.3.1.4　溶解氧

如图 4-4 所示，在整个调查水域的 DO 总变差中，由不同分区可解释的变差为 2.184，随机调查引起的变差为 4.908，它们的均方差分别为 0.728 和 0.126，相应所得的 F 统计量为 5.784，对应的概率 p 为 0.002，小于显著性水平 0.05。因此可以认为，DO 在 4 个分区的总体差异性显著（表 4-4）。从各海区 DO 的两两比较结果来看，在 4 个海区中，过渡区与口外近海区（$p=0.016$）、过渡区与舟山海区（$p=0.001$）、杭州湾与口外近海区（$p=0.039$）、杭州湾与舟山海区（$p=0.004$）的差异是显著的，而过渡区与杭州湾（$p=0.816$）、口外近海区与舟山海区（$p=0.391$）的差异不显著。

表 4-4 长江口不同海区水体表层溶解氧基本统计值　　　　（单位：mg/L）

海区	平均值	标准差	标准误差	95% 置信区间		最小值	最大值
				下限	上限		
GD	7.69	0.334 99	0.096 7	7.477 2	7.902 8	7.21	8.24
HW	7.653 3	0.254 12	0.084 71	7.458	7.848 7	7.2	7.96
KW	7.306 0	0.539 67	0.170 66	6.919 9	7.692 1	6.42	8.24
ZS	7.174 2	0.220 64	0.063 69	7.034	7.314 4	6.81	7.51
总体	7.449 1	0.410 90	0.062 66	7.322 6	7.575 5	6.42	8.24

从上述 4 个指标的单因素方差分析结果来看，总体上这些指标在不同分区间的差异性较为显著，说明该分区方案总体上是合理的。然而有些指标在分区间的两两比较中其差异性未达到显著水平，如口外近海区与舟山海区水体表层的盐度、悬浮物、DO 分布无明显差异，只有水温差异显著。考虑到舟山海区独特的生物区系与海洋环流影响，以及舟山群岛带来的岛屿效应，我们认为将其列为独立海区更为合理。

4.3.2 沉积物特征的一致性检验

表层沉积物粒度特征受水动力条件、地貌类型及物质来源等的控制。沉积物粒度是描述沉积环境的重要参数，对河口分区具有重要的参考价值。陈沈良等（2009）以2005～2007年在长江口和杭州湾北部近岸水域采集的558个表层沉积物样为分析依据，对调查水域表层沉积物分布特征作了较全面的阐述，并将研究区分为4个主要沉积区，分别是长江口分汊河段沉积区、位于长江口拦门沙附近至口外10m等深线之间区域的河口拦门沙沉积区、分布在10～20m等深线之间的长江口外海滨沉积区、杭州湾北部沉积区（图4-6）。其分布格局与本研究提出的分区方案非常相近。不同的是，本研究的过渡区基本涵盖了分汊河段沉积区和河口拦门沙沉积区的范围，另外，将杭州湾与舟山海域分别划分为独立海区。

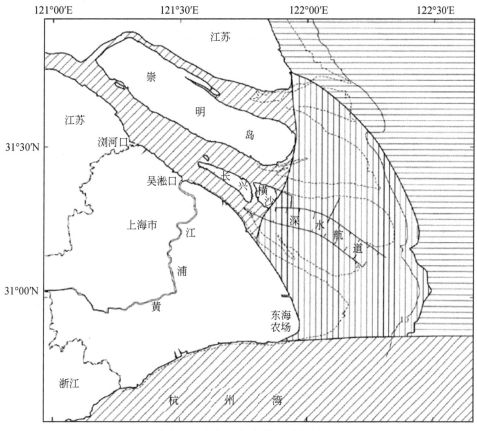

图 4-6　长江口沉积分区示意图

资料来源：陈沈良，2009

4.4　小结

本章结合国内外研究成果，明确了分区的原则、分区指标以及分区步骤等基本原理，利用 2005～2006 年的调查数据，基于自然生境特征对长江口及毗邻海域进行分区，并进行了分区检验。

经一、二级分区后，长江口水域可划分为以下 4 个海区，分别为：①长江河口过渡区；②长江口外近海区；③杭州湾；④舟山海区。4 个海区的自然地理特征各具特色，且各海区间的分界线具有明确的地理学意义，例如用于标识分界线的佘山、大戢山为长江口外著名的灯塔。通过对各分区的水体特征、沉积物特征、水文条件进行检验，结果表明不同分区间的差异性较为显著，说明该分区方案总体上较为合理，且具有管理上的便利性。

参 考 文 献

陈吉余. 2007. 中国河口海岸带研究与实践. 北京：高等教育出版社. 135-145.

陈沈良，胡方西，胡辉，等. 2009. 长江口区河海划界自然条件及方案探讨. 海洋学研究增刊，27：1-9.

陈沈良，严肃庄，李玉中. 2009. 长江口及其邻近海域表层沉积物分布特征. 长江流域资源与环境，18（2）：152-156.

高建华，汪亚平，潘少明，等. 2007. 长江口外海域沉积物中有机物的来源及分布. 地理学报，62（9）：981-991.

吕晓霞，翟世奎，于增慧，等. 2005. 长江口内外表层沉积物中营养元素的分布特征研究. 海洋通报，24（2）：40-45.

石晓勇，王修林，韩秀荣，等. 2003. 长江口邻近海域营养盐分布特征及其控制过程的初步研究. 应用生态学报，14（7）：1086-1092.

宋志尧，茅丽华. 2002. 长江口盐水入侵研究. 水资源保护，3：27-30.

宋祖光，高效江，张弛. 2007. 杭州湾潮滩表层沉积物中磷的分布、赋存形态及生态意义. 生态学杂志，26（6）：853-858.

周俊丽，刘征涛，孟伟，等. 2006. 长江口营养盐浓度变化及分布特征. 环境科学研究，19（6）：139-144.

周淑青，沈志良，李峥，等. 2007. 长江口最大浑浊带及邻近水域营养盐的分布特征. 海洋科学，31（6）：34-42.

朱纯，潘建明，卢冰，等. 2005. 长江口及邻近海域现代沉积物中正构烷烃分子组合特征及其对有机碳运移分布的指示. 海洋学报，27（4）：59-67.

诸大宇，郑丙辉，雷坤，等. 2008. 基于营养物分布特征的长江口附近海域分区研究. 环境科学学报，28（6）：1233-1240

Butcher D, Saenger P A. 1994. Classification of tropical and subtropical Australian estuaries. Aquatic Conservation-Marine and Freshwater Ecosystems, 4：1-19.

Chen S L, Hu F X, Hu H, et al. 2009. On the natural conditions and program for river-sea delimitation in Yangtze River estuary. Journal of Marine Sciences, Supplement, 27：1-9.

Chen S L, Yan S Z, Li Y Z. 2009. Characteristics of surface sediment distribution in the Yangtze estuary and its adjacent waters. Resources and Environment in theYangtze Basin, 18（2）：152-156.

Christensen N L, Bartuska A M, Brown J H, et al. 1996. The report of the Ecological Society of America Committee on the scientific basis for ecosystem management. Ecological Applications, 6：665-691.

Cooper J A G, Ramm A E L, Harrison T D. 1994. The estuarine health index：a new approach to scientific information transfer. Ocean and Coastal Management, 25：103-141.

Dethier M N. 1992. Classifying marine and estuarine natural communities：an alternative to the Cowardin system. Natural Areas Journal, 12：90-98.

Digby M J, Saenger P, Whelan M B, et al. 1999. A physical classification of Australian estuaries. Land and Water Resources Research and Development Corporation (LWRRDC) Occasional Paper, 16/69.

Dyer K R. 1973. Estuaries: a physical introduction. New York: Wiley-Interscience. 1-140.

Edgar G J, Barrett N S, Graddon D J. 1999. A classification of Tasmanian estuaries and assessment of their conservation significance using ecological and physical attributes, population and land use. Tasmanian Aquaculture and Fisheries Institute Technical Series Report 2.

European Commission. 2003. Common implementation strategy for the water framework directive Directive 2 Transitional and Coastal Waters: Typology, Reference Conditions and Classification Systems. Luxembourg: Office for Official Publications of the European Communities, 1-52.

Gao J H, Wang Y P, Pan S M, et al. 2007. Source and distribution of organic matter in seabed sediments of the Changjiang River Estuary and its adjacent sea area. Acta Geographica Sinica, 62 (9): 981-991.

Gregory D, Petrie B. 1994. A classification scheme for estuaries and inlets. Coastal Zone Canada, 5: 1884-1893.

Hakansen L, Kvarnas H, Karlsson B. 1986. Coastal morphometry as a regulator of tidal exchange—Swedish example. Estuarine Coastal and Shelf Science, 23: 1-15.

Hansen D V, Jr M R. 1996. New dimensions in estuary classification. Limnology and oceanography, XI (3): 319-326.

Harris P T, Heap A D. 2003. Environmental management of clastic coastal depositional environments: inferences from an Australian geomorphic database. Ocean and Coastal Management, 46 (5): 457-478.

Heath R A. 1976. Board classification of New Zealand estuaries with respect to residence times. New Zealand Journal of Marine and Freshwater Research, 10 (3): 429-444.

Hume T M, Herdendorf C E. 1988. A geomorphic classification of estuaries and its application to coastal resource management: A New Zealand example. Ocean & Shoreline Management, 11: 249-274.

Hume T M, Snelder T, Weatherhead M, et al. 2007. A controlling factor approach to estuary classification. Ocean & Coastal Management, 50: 905-929.

Jay A D, Geyer W R, Montgomery D R. 2000. An ecological perspective on estuarine classification//Hobbie J E. 2000. Estuarine Science: A synthetic Approach to Research and Practice. USA: Island Press. 149-176.

Lane R L, Day Jr J W, Marx B D, et al. 2007. The effects of riverine discharge on temperature, salinity, suspended sediment and chlorophyll α in a Mississippi delta estuary measured using a flow-through system. Estuarine, Coastal and Shelf Science, 74: 145 - 154.

Lv X X, Zhai S K, Yu Z H, et al. 2005. Distribution characteristics of nutrients in the surface sediments of Yangtze River estuary. Marine Science Bulletin, 24 (2): 40 - 45.

Northern Ireland Environment Agency. 2009a. Bann estuary classification. Northern Ireland: NIEA.

Northern Ireland Environment Agency. 2009b. Roe estuary classification. Northern Ireland: NIEA.

Perillo G M E. 1995. Geomorphology and Sedimentology of Estuaries. Elsevier. 17-47.

Pritchard D W. 1967. Observation of circulation in coastal plain estuaries//Lauff G H. 1967. Estuaries. Washington DC, USA: American Association for the Advancement of Science. 3-5.

Reddering J S V. 1998. Coastal and catchment basin controls on estuary morphology of the south-eastern Cape coast. South African Journal of Science, 84: 154-157.

Roy P S. 1984. New South Wales estuaries—their origin and evolution//Thom B G. 1984. Developments in coastal geomorphology in Australia. Australia: Academic Press. 99-121.

Shi X Y, Wang X L, Hun X R, et al. 2003. Nutrient distribution and its controlling mechanism in the adjacent area of Changjiang River estuary. Chinese Journal of Applied Ecology, 14 (7): 1086-1092.

Song Z G, Gao X J, Zhang C. 2007. Distribution, existed forms and ecological significance of phosphorus in tide-beach surface sediments of the Hangzhou Bay. Chinese Journal of Ecology, 26 (6): 853-858.

Song Zhiyao, Mao Lihua. 2002. Salt water encroachment at the Yangtze River Estuary. Water Resources Protection, 3: 27-30.

United States Environmental Protection Agency. 2001. Nutrient Criteria Technical Guidance Manual Estuarine and Coastal Marine Waters. Washington DC: USEPA.

Valle-Levinson A. 2010. Contemporary Issues in Estuarine Physics. USA: Cambridge University Press. 1-11.

Zhou J L, Liu Z T, Meng W, et al. 2006. The Characteristics of Nutrient Distribution in the Yangtze River Estuary. Research of Environmental Sciences, 19 (6): 139-144.

Zhou S Q, Shen Z L, Li Z, et al. 2007. Distribution features of nutrients in the maximum turbid zone of the Changjiang estuary and its adjacent sea areas. Marine Sciences, 31 (6): 34-42.

Zhu C, Pan J M, Lu B, et al. 2005. Compositional feature of n-alkanes in modern sediment from the Changjiang Estuary and adjacent area and its implication to transport and distribution of organic carbon. Acta Oceanologica Sinica, 27 (4): 59-67.

Zhu D Y, Zheng B H, Lei K, et al. 2008. A nutrient-distribution-based partition method in the Yangtze Estuary. Acta Scientiae Circumstantiae, 28 (6): 1233-1240.

5

河口区营养盐对流域氮、磷负荷的响应研究

从对河口水域氮、磷的贡献来看，流域营养盐负荷无疑占了极大比例，需要秉承"从山顶到海洋"的理念，统筹流域和河口的营养盐管理工作。为了深入了解河口营养盐分布对流域负荷的响应，从流域尺度上解决河口富营养化问题，在河口营养盐基准确定过程中，需要引入必要的经验模型、数学模型。其中，经验模型中主要借鉴的是统计学模型，其特点是从观测数据寻找规律，便于掌握和运用，能够在一定情况下获得十分有效的信息。数学模型则相对更能准确反映污染负荷与营养盐浓度之间的关系。

5.1 概述

5.1.1 模型选择

1925 年 Streeter 和 Phelps 建立了 S-P 模型，又称 BOD-DO 模型（biochemical oxygen demand），是应用最普遍的一维地表水水质模型。从此人们开始借助和发展地表水水质模型研究地表水水质，到现在的 80 余年中，地表水水质模型的研究内容与方法已经不断深化与完善。1970 年美国 EPA 研究开发并推出 QUAL-I 水质综合模型，之后经多次修订和增强，逐步推出了 QUAL-II、QUAL-E、QUAL-K 模型，QUAL-K 模型是目前的最新版本。WASP（the water quality analysis simulation program）模型是美国 EPA 环境研究实验室开发的地表水水质模型系统，可以用来模拟水文动力学、河流一维不稳定流、湖泊和河口三维不稳定流、常规污染物（包括 DO、BOD）以及营养物质和有毒污染物（包括有机化学物质、金属和沉积物）在水中的迁移和转化规律。QUASAR（quality simulation along river system）模型是由英国贝德福郡乌斯河水质模型发展起来的，属于一维动态综合水质模型；EFDC（environmental fluid dynamics code）模型，即环境流体动力学模型，是由美国威廉玛丽大学海洋学院弗吉尼亚州海洋研究所（VIMS）根据多个数学模型集成开发研制的综合模型，它采用 Fortran77 编制，集水动力模块、泥沙输运模块、污染物运移模块和水质预测模块为一体，可以用于包括河流、湖泊和近岸海域一维、二维、三维等地表水水质的模拟。表 5-1 列出了主要水质模型方法及参数，为营养盐基准制定中的推荐数学模型。

本研究根据水动力条件以及模拟精度要求，在进行营养盐基准确定的研究过程中，选

择尽可能选择简单的模型，避免过多成本投入。

表 5-1 营养盐基准制定中的推荐数学模型

模型/方法	时间尺度	空间尺度	水动力耦合情况	数据需求	投入时间
淡水组分法	稳态	一维	无水动力参数	较少	数日
潮交换修正模式	稳态	一维	无水动力参数	较少	数日
对流-弥散方程	稳态	一维	无水动力参数	较少	数日
二维箱式模型	稳态	二维	无水动力参数	较少	数日
QUAL2E	稳态	一维	水动力参数输入	适中	数月
WASP5	准动态/动态	一维、二维或三维	水动力参数输入或水动力场模拟	适中或大量	数月
CE-QUAL-W2	动态	二维	水动力场模拟	大量	数月
CH3D-ICM	动态	三维	水动力场模拟	大量	数月或年
EFDC	动态	三维	水动力场模拟	极其丰富	数月或年

5.1.2 模型构建

EFDC 模型是美国 EPA 推荐的三维地表水水动力模型，可实现河流、湖泊、水库、湿地系统、河口和海洋等水体的水动力学和水质模拟。该模型 20 世纪 90 年代由 VIMS 的 John Hamrick 等人根据多个数学模型集成开发研制的综合水质数学模型。经过 10 多年的发展和完善，该模型已在一些大学、政府机关和环境咨询公司等组织中广泛使用，并成功用于美国和欧洲其他国家 100 多个水体区域的研究，成为环境评价和政策制定的有效决策工具，是世界上应用最广泛的水动力学模型。

EFDC 模型主要包括六个部分（图 5-1）：水动力模块、水质模块、底泥迁移模块、毒性物质模块、风浪模块、底质成岩模块。EFDC 水动力学模型包含六个方面：水动力变量、示踪剂、温度、盐度、近岸羽流和漂流。水动力学模型输出变量可直接与水质、底泥迁移和毒性物质等模块耦合。

EFDC 的水质模块 HEM3D（hydrodynamlic eutrophication model），不仅考虑了风速、风向（以来风方向为基准，规定正东方向为 0°，正北方向为 90°）和蒸发对流场和污染物质迁移转换的影响，也考虑了不同水生植物类型的形态分布特征及波浪对底部应力的影响，同时 EFDC 模型能够实现碳、氮、磷等营养物质多种形态的模拟，是一个比较完善的水质模型，能够真实地反映污染物质扩散降解规律。

EFDC 水动力模块的控制方程组基于水平长度尺度远大于垂直长度尺度的薄层流场，采用垂向静压假定，模拟不可压缩的变密度流场。在水平方向上，将 x-y 直角坐标转换为曲线正交坐标系统，以实现对不规则边界的精确拟合。在垂直方向上进行 σ 变换，将实际水深转换为（0，1）之间，因而模型的垂向精度保持一致，可以更好地拟合底层边界。

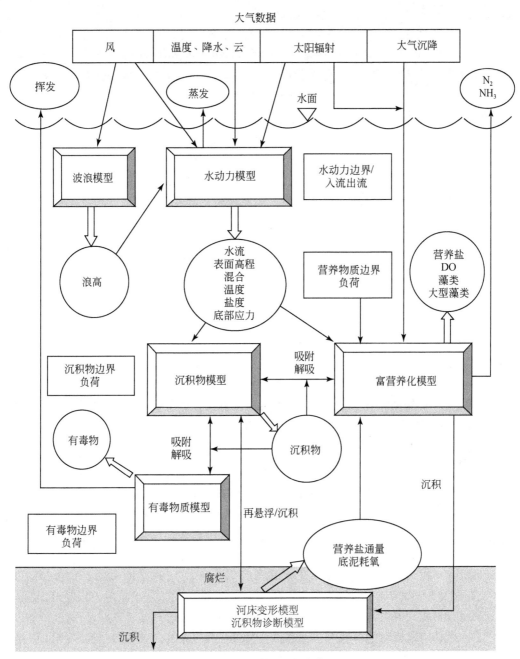

图 5-1　EFDC 模型结构框架图

$$z = (z^* + h)/(\zeta + h) \qquad (5-1)$$

式中，*表示直角坐标系下的垂向坐标；$-h$ 和 ζ 为直角坐标系下的地形和水位。

水平动量方程：

$$\partial_t(mHu) + \partial_x(m_yHuu) + \partial_y(m_xHvu) + \partial_z(mwu) - (mf + v\partial_x m_y - u\partial_y m_x)Hv$$
$$= -m_yH\partial_x(g\zeta + p) - m_y(\partial_x h - z\partial_x H)\partial_z p + \partial_z(mH^{-1}A_v\partial_z u) + Q_u \tag{5-2}$$

$$\partial_t(mHv) + \partial_x(m_yHuv) + \partial_y(m_xHvv) + \partial_z(mwv) + (mf + v\partial_x m_y - u\partial_y m_x)Hu$$
$$= -m_xH\partial_y(g\zeta + p) - m_x(\partial_y h - z\partial_y H)\partial_z p + \partial_z(mH^{-1}A_v\partial_z u) + Q_v \tag{5-3}$$

垂向静压方程：

$$\partial_z p = -gH(\rho - \rho_0)\rho_0^{-1} = -gHb \tag{5-4}$$

连续方程：

$$\partial_t(m\zeta) + \partial_x(m_yHu) + \partial_y(m_xHv) + \partial_z(mw) = 0 \tag{5-5}$$

在（0，1）对连续方程进行垂向积分，根据垂向边界条件，当 $z = 0$，$w = 0$ 和当 $z = 1$，$w = 0$，可得垂向积分的连续方程：

$$\partial_t(m\zeta) + \partial_x\left(m_yH\int_0^1 u dz\right) + \partial_y\left(m_xH\int_0^1 v dz\right) = 0 \tag{5-6}$$

盐度输运方程：

$$\partial_t(mHS) + \partial_x(m_yHuS) + \partial_y(m_xHvS) + \partial_z(mwS) = \partial_Z(mH^{-1}A_b\partial_z S) + Q_S \tag{5-7}$$

温度输运方程：

$$\partial_t(mHT) + \partial_x(m_yHuT) + \partial_y(m_xHvT) + \partial_z(mwT) = \partial_Z(mH^{-1}A_b\partial_z T) + Q_T \tag{5-8}$$

状态方程：

$$\rho = \rho(P, S, T) \tag{5-9}$$

上述方程中，x，y 分别代表水平方面，z 代表垂直方向，u 和 v 为曲线-正交坐标系中的 x 和 y 方向的水平流速分量；mx 和 my 分别为 x 和 y 方向的尺度转换因子；$m = m_x m_y$；w 为 σ 坐标系下的垂向的流速分量，它与 z 坐标系下垂向流速 w^* 的关系为

$$w = w^* - z(\partial_t\zeta + um_x^{-1}\partial_x\zeta + vm_y^{-1}\partial_y\zeta) + (1 - z)(um_y^{-1}\partial_x h + vm_y^{-1}\partial_y h) \tag{5-10}$$

总水深 $H = h + \zeta$，是相对于未扰动水深 $z^* = 0$ 的水深和自由表面高程（水位）的和；P 为相对于参考静压密度的压力项；A_v 为垂向湍粘性系数；Q_u 和 Q_v 为动量的源汇项；b 为浮力项，$b = \dfrac{\rho - \rho_0}{\rho_0}$；$\rho$ 为密度，是温度 T、盐度 S 和压力 P 的函数，ρ_0 为参考密度；在温度和盐度的输运方程中，Q_s 和 Q_t 为盐度和温度的源汇项；A_b 为垂向湍流扩散系数。方程（5-2）～方程（5-9）构成关于 u、v、w、P、ζ、ρ、S、T 的封闭方程组，只要给出垂向湍流粘性系数、湍流扩散系数及各源汇项，可以进行数值求解。

为了给出垂向湍流粘性系数和扩散系数，Mellor 和 Yamada（1982）建立了湍流封闭方程，Galperin 等（1988）对该方程进行了修正。该模型将垂向湍流粘性系数和扩散系数定义为湍流强度 q、湍流混合长度 l 和 Richardson 数 R_q 的函数：

$$A_v = \phi_v ql = 0.4(1 + 36R_q)^{-1}(1 + 6R_q)^{-1}(1 + 8R_q)ql \tag{5-11}$$

$$A_b = \phi_b ql = 0.5(1 + 36R_q)^{-1}ql \tag{5-12}$$

$$R_q = \frac{gH\partial_z b}{q^2}\frac{l^2}{H^2} \tag{5-13}$$

式中，ϕ_v 和 ϕ_b 称作稳定函数，湍流强度和混合长度由下面两个输送方程确定：

$$\partial_t(mHq^2) + \partial_x(m_yHuq^2) + \partial_y(m_xHvq^2) + \partial_z(mwq^2)$$
$$= \partial_z(mH^{-1}A_q\partial_zq^2) + Q_q + 2mH^{-1}A_v((\partial_zu)^2 + (\partial_zv)^2) + 2mgA_b\partial_zb - 2mH(B_el) - 1q^3 \tag{5-14}$$

$$\partial_t(mHq^2l) + \partial_x(m_yHuq^2l) + \partial_y(m_xHvq^2l) + \partial_z(mwq^2l)$$
$$= \partial_z(mH^{-1}A_q\partial_zq^2l) + Q_l + mH^{-1}E_1lA_v((\partial_zu)^2 + (\partial_zv)^2)$$
$$+ mgE_1E_3lA_b\partial_zb - mHB_1^{-1}q^3(1 + E_2(^L)^{-2}l^2) \tag{5-15}$$

$$L^{-1} = H^{-1}(z^{-1} + (1-z)^{-1}) \tag{5-16}$$

式中，B_1、E_1、E_2、E_3 为经验常数，Q_q 和 Q_1 为源汇项。

$$\partial_t(mHu) + \partial_x(m_yHuu) + \partial_y(m_xHvu) + \partial_z(mwu) - (mf + v\partial_xm_y - u\partial_ym_x)Hv$$
$$= -m_yH\partial_xp - m_yHg\partial_x\zeta + m_yHgb\partial_xh - m_yHgbz\partial_xH + \partial_z(mH^{-1}A_v\partial_zu) + Q_u \tag{5-17}$$

$$\partial_t(mHv) + \partial_x(m_yHuv) + \partial_y(m_xHvv) + \partial_z(mwv) + (mf + v\partial_xm_y - u\partial_ym_x)Hu$$
$$= -m_xH\partial_yp - m_xHg\partial_y\zeta + m_xHgb\partial_yh - m_xHgbz\partial_yH + \partial_z(mH^{-1}A_v\partial_zu) + Q_v \tag{5-18}$$

$$\partial_t(mH\Delta_ku_k) + \partial_x(m_yH\Delta_ku_ku_k) + \partial_y(m_xH\Delta_kv_ku_k) + (mwu)_k - (mwu)_{k-1}$$
$$- (mf + v_k\partial_xm_y - u_k\partial_ym_x)\Delta_kHv_k$$
$$= -0.5m_yH\Delta_k\partial_x(P_k + P_{k-1}) - m_yH\Delta_kg\partial_x\zeta + m_yH\Delta_kgb_k\partial_xh$$
$$- 0.5m_yH\Delta_kgb_k(z_k + z_{k-1})\partial_xH + m(\tau_{xz})_k - m(\tau_{xz})_{k-1} + (\Delta Q_u)_k \tag{5-19}$$

$$\partial_t(mH\Delta_kv_k) + \partial_x(m_yH\Delta_ku_kv_k) + \partial_y(m_xH\Delta_kv_kv_k) + (mwv)_k - (mwv)_{k-1}$$
$$- (mf + v_k\partial_xm_y - u_k\partial_ym_x)\Delta_kHu_k$$
$$= -0.5m_yH\Delta_k\partial_x(P_k + P_{k-1}) - m_yH\Delta_kg\partial_y\zeta + m_xH\Delta_kgb_k\partial_yh$$
$$- 0.5m_xH\Delta_kgb_k(z_k + z_{k-1})\partial_yH + m(\tau_{yz})_k - m(\tau_{yz})_{k-1} + (\Delta Q_v)_k \tag{5-20}$$

$$(\tau_{xz})_k = 2H^{-1}(A_v)_k(\Delta_{k+1} + \Delta_k)^{-1}(u_{k+1} - u_k) \tag{5-21}$$

$$(\tau_{yz})_k = 2H^{-1}(A_v)_k(\Delta_{k+1} + \Delta_k)^{-1}(u_{k+1} - u_k) \tag{5-22}$$

$$P_k = gH(\sum_{j=k}^{k}\Delta_jb_j - \Delta_kb_k) + P_s \tag{5-23}$$

$$\partial_t(m\Delta_k\zeta) + \partial_x(m_yH\Delta_ku_k) + \partial_y(m_xH\Delta_kv_k) + m(w_k - w_{k-1}) = 0 \tag{5-24}$$

式中，k、$k-1$ 代表垂向层数。

EFDC 的水质模型与沉积物模型是耦合在一起的，水质变化过程与沉积物变化过程相互影响。沉积物接受水体中沉降的颗粒态有机物，颗粒态有机物在沉积物中发生矿化过程，并向水体释放无机物，同时消耗 DO。水质模型与沉积物模型的耦合不仅增强了模型对水质变量的预测能力，而且可以模拟由营养盐负荷变化引起的长期水质变化，其模型框架见图 5-2。

水质模型包含 21 个水质组分变量，沉积物模型包含 27 个变量。对于每一个水质变量，都满足质量守恒方程：

$$\frac{\partial C}{\partial t} + \frac{\partial(uC)}{\partial x} + \frac{\partial(vC)}{\partial y} + \frac{\partial(wC)}{\partial z} = \frac{\partial}{\partial x}(K_x\frac{\partial C}{\partial x}) + \frac{\partial}{\partial y}(K_y\frac{\partial C}{\partial y}) + \frac{\partial}{\partial z}(K_z\frac{\partial C}{\partial z}) + S_C \tag{5-25}$$

式中，C 为模拟的污染物浓度（mg/L）；u、v、w 分别为水平和垂向流速（m/s）；k_x、k_y、k_z 分别为 x、y、z 方向的扩散系数；S_C 为外源输入。

方程左端的后三项为对流输送，方程右端的前三项为扩散输送，这六项表达了由物理过程

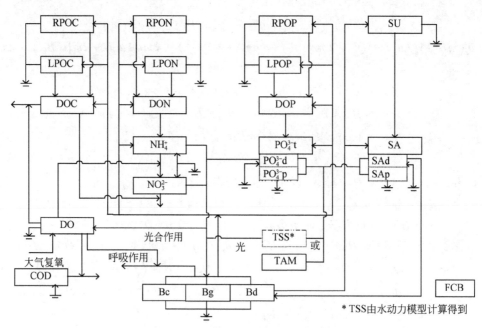

图 5-2　水质组分反应动力过程图

引起的水质变量的输送。除了物理输送过程之外，方程右端的最后一项表达了水质变量的各种生物化学动力过程和外部来源引起的变化量（Hamrick，1992）。模型中对水质变量发生的生物化学动力学过程大多是基于美国陆军工程兵团的 CE-QUEL-ICM 三维水质模型（Cerco and Cole，1994）。水质模型和沉积物模型都可以进行简化，简化的水质模型共有 9 个变量，简化的水质模型和沉积物模型也是相互耦合的。

1）只考虑物理迁移输送过程：

$$\frac{\partial C}{\partial t} + \frac{\partial(uC)}{\partial x} + \frac{\partial(vC)}{\partial y} + \frac{\partial(wC)}{\partial z} = \frac{\partial}{\partial x}\left(K_x \frac{\partial C}{\partial x}\right) + \frac{\partial}{\partial y}\left(K_y \frac{\partial C}{\partial y}\right) + \frac{\partial}{\partial z}\left(K_z \frac{\partial C}{\partial z}\right) \quad (5-26)$$

2）只考虑生态动力过程：

$$\frac{\partial C}{\partial t} = S_C \quad (5-27)$$

如果生态反应动力符合一级反应过程，则

$$\frac{\partial C}{\partial t} = K \cdot C + R \quad (5-28)$$

式中，C 为水质组分的浓度；u、v 和 w 为 x、y 和 z 方向的流速分量；K_x、K_y、K_z 为 x、y 和 z 方向的湍流扩散系数；S_c 为单位体积内的内部或外部源汇项；K，动力学速率（1/d，1/s）；R，源/汇 [mg/(L·s)]。

5.2　长江口水质模型建立及验证

5.2.1　长江口水质模型设置及验证

长江口及邻近海域的区域径流、潮流作用明显，从实测资料来看，水质要素分布的时空差异较大，宜选用近海三维水质模型。本书基于 EFDC 模型，搭建长江口及邻近海域三维水动力水质模型，分析流域径流、营养盐通量、潮汐作用下的长江口水质分布的变化特征。模型西边界从长江徐六泾开始，向东一直延伸至 123°E，南边界到杭州湾，北边界截至苏北近海，包含整个长江口门区域（图 5-3）。

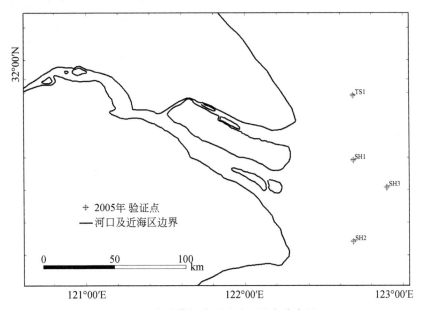

图 5-3 水质模拟范围及验证站点分布图

水质模拟区域上游为河道和河口区，下游为海区，横向尺度差别很大，对河道区精度要求较高，近海区要求相对较低。根据这一特点，网格平面布置上采用贴体正交的网格系统（图 5-4），可以在保证精度的前提下提高计算效率，网格数目为 72×72，有效网格为 2329 个，网格纵向尺度变化范围为 1000~9000m，横向尺度变化范围为 300~5000m。垂向采用 σ 坐标系统，分为 5 层，用于反映水质的垂向分布情况。

长江口水体主要存在问题是有机污染以及氮、磷等营养盐过剩引起的富营养化。针对这些问题，选择长江口水质模拟的主要指标为 DO、COD_{Mn}、NH_4^+-N、NO_3^--N、PO_4^{3-}-P、盐度，另外考虑氮、磷的转化问题，增加溶解有机氮（DON）和溶解有机磷（DOP）。针对这些指标，确定模型参数。

由于长江口的水质模拟工作还在发展之中，对各类污染物的反应机理研究还不完善，这对模型的参数选取带来了一定的困难，本书对模型参数的选取主要参考相关研究（张素香，2007；林卫青，2008；龚政，2004），主要参数如下：

水平扩散系数 AH（m^2/s）：200；

垂向涡粘系数 AV（m^2/s）：1×10^{-4}；

被藻类摄取磷的比例分配系数：$F_{PRP}=0.1$，$F_{PLP}=0.2$，$F_{PDP}=0.5$，$F_{PIP}=0.2$；

沉降速度（m/d）：$W_{ss}=0.5$；

最小碳磷比 C_{Pprm1}（C/P）：42；

最小和最大碳磷比差 C_{Pprm2}（C/P）：50；

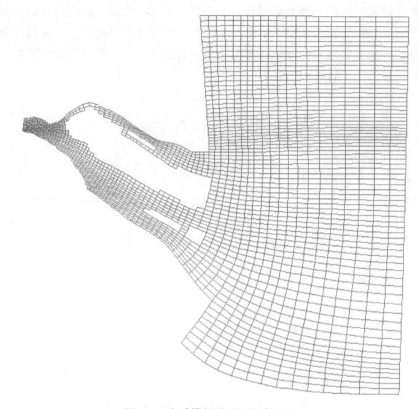

图 5-4　水质模拟平面网格布置图

溶解性磷酸盐浓度对碳磷比的影响系数 C_{Pprm2}（g/m³）：350；

难降解颗粒有机磷的最小水解率 K_{RP}（1/d）：0.005；

溶解性有机磷的最小矿化率 K_{DP}（1/d）：0.1；

被藻类摄取氮的比例分配系数：$F_{NRP}=0.35$，$F_{NLP}=0.55$，$F_{NDP}=0.1$，$F_{NIP}=0.1$；

氧化单位质量溶解性有机碳时被还原硝酸盐氮的质量 A_{NDC_x}（N/C）：0.933；

溶解性有机氮的最小矿化率 K_{DN}（1/d）：0.015；

最大硝化速率 N_u [g/(m³·d)]：0.05；

溶解氧硝化作用半饱和常数 K_{NH_4+DO}（g/m³）：1.0；

氨氮硝化作用半饱和常数 K_{NH_4+N}（g/m³）：1.0；

硝化最佳温度 T_{Nit}：27；

COD 降解系数 K_{CD}（1/d）：0.03。

为保证模型的可靠性和适用性，水质模型验证采用两组不同水期的水动力和水质资料：①丰水期：2005 年 6 月~7 月；②平水期：2005 年 10~11 月。两组验证数据，选用站位相同（SH1、SH2、SH3、JS1），站点分布见图 5-3。

两组验证数据水质指标类别一致，包括 COD_{Mn}、NH_4^+-N、NO_3^--N、PO_4^{3-}-P 相应水期的资料系列。

5.2.2 验证期水质要素浓度时变特征分析

丰水期水质验证资料时间周期为 2005 年 7 月 11 ~ 12 日，为保证模型稳定，模型运行时间为 2005 年 6 月 1 日 ~ 7 月 31 日。

水动力条件：由水动力模型提供水质模型边界点潮位系列。

污染源条件：由流域污染负荷估算提供 2005 年流域入海污染物日通量过程和 2005 年长江口及邻近海域污染源资料系列。

验证指标：COD_{Mn}、NH_4^+-N、NO_3^--N、$PO_4^{3-}-P$。

图 5-5 显示了丰水期 4 个验证点 COD_{Mn} 浓度的时变对比过程。从对比结果来看，表层模拟结果相对更好，COD_{Mn} 浓度的波动范围与实测浓度基本一致，浓度变化周期性明显；

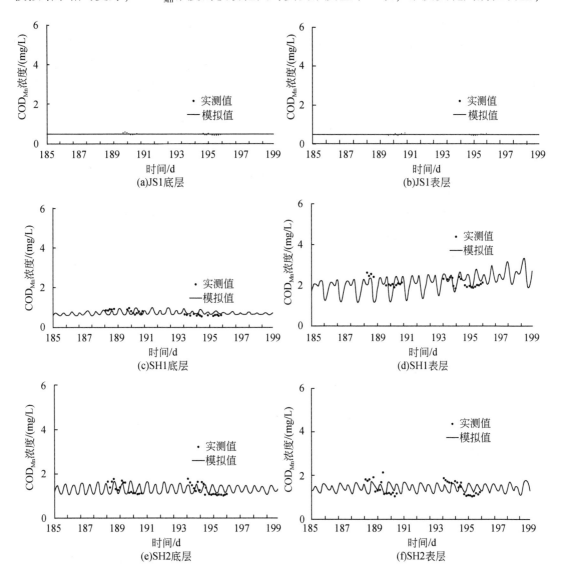

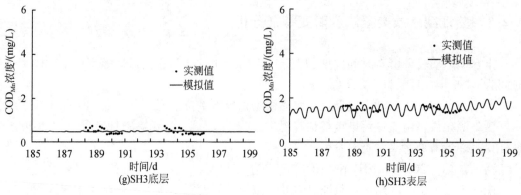

图 5-5 丰水期 COD$_{Mn}$ 验证

JS1 与 SH3 处底层浓度波动范围和周期性变化上，效果相对都差一些，一方面与 JS1、SH3 处于冲淡水边缘，水深较大，底层受径流影响较小有关，另一方面也与海边界处浓度边界设置受一些不确定性因素影响有关（林卫青，2008）。SH1、SH2 位于长江口门附近，受潮流和径流作用强烈，COD$_{Mn}$ 浓度变化周期性明显，也说明了上游径流输出对河口 COD$_{Mn}$ 浓度影响比较大，对表层影响更明显。整体来看，各验证点 COD$_{Mn}$ 浓度的模拟值与实测值在数值变化范围上基本吻合，能够体现研究区 COD$_{Mn}$ 的变化状况。

图 5-6 显示了丰水期 4 个验证点 NH$_4^+$-N 浓度的时变对比过程。从对比结果来看，表层结果更好一些，NH$_4^+$-N 浓度的波动范围与实测浓度基本一致，NH$_4^+$-N 浓度周期性变化特征明显；底层 SH1、SH2 大潮期间存在一定的偏差，大潮期的均值小于小潮期的均值，SH1、SH2 出现偏差的原因可能是潮流边界条件设置不够精确所致。同时也可以看出，小潮期间比大潮期间效果好一些，说明径流输出对河口 NH$_4^+$-N 浓度影响较大，对表层影响更明显。整体来看，各验证点 NH$_4^+$-N 浓度的模拟值与实测值基本吻合，模拟结果能够体现研究区 NH$_4^+$-N 的变化状况。

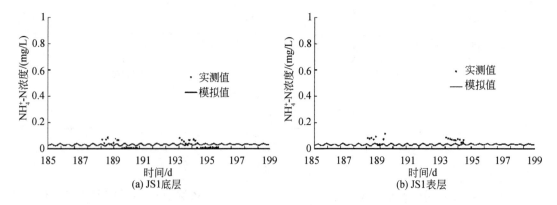

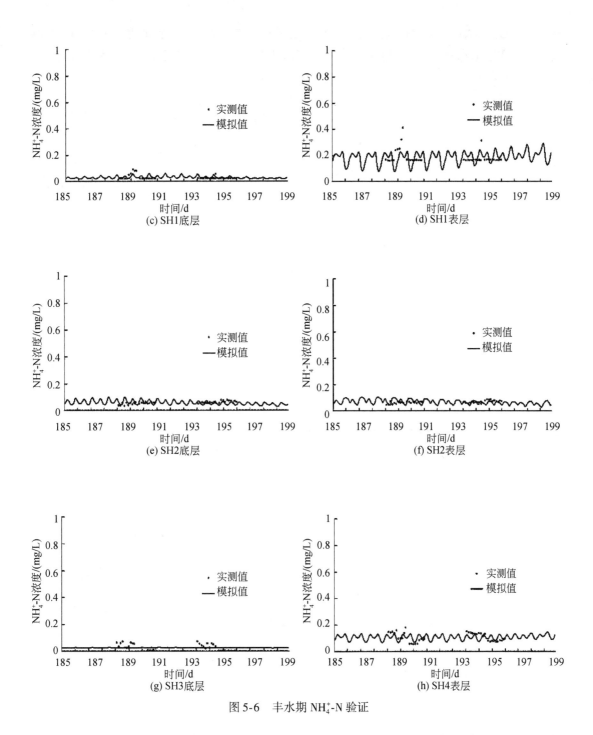

图 5-6　丰水期 NH_4^+-N 验证

图 5-7 反映了丰水期 4 个验证点 NO_3^--N 浓度的对比过程。从结果来看，NO_3^--N 与 NH_4^+-N 时变规律一致，表层对比结果更好一些，NO_3^--N 浓度的波动范围与实测浓度基本一致，体现出明显的周期性特点；底层 JS1、SH3 浓度变化范围较小，可能是因为这两点水深较大，径流作用小所致。同时可以看出，小潮期间比大潮期间对比效果要好一些，说明径流

对河口 NO_3^--N 浓度影响比较大，对表层影响更明显。整体来看，各验证点 NO_3^--N 浓度的模拟值与实测值在数值变化范围上基本吻合，模拟结果能够体现研究区 NO_3^--N 的变化特征。

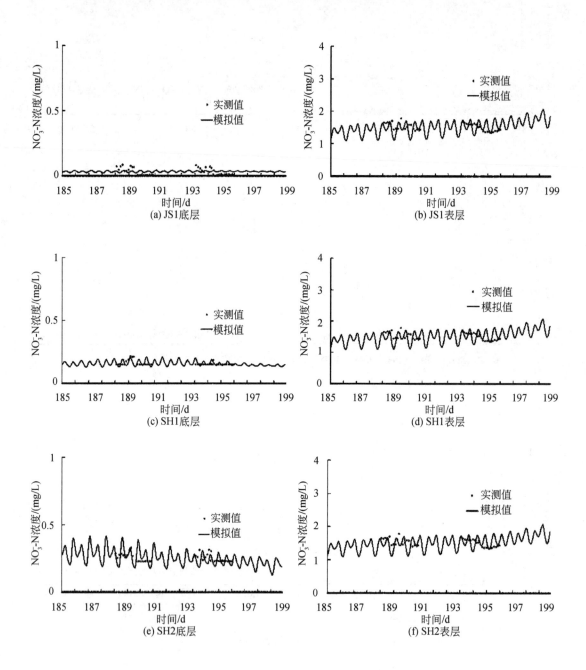

(a) JS1底层

(b) JS1表层

(c) SH1底层

(d) SH1表层

(e) SH2底层

(f) SH2表层

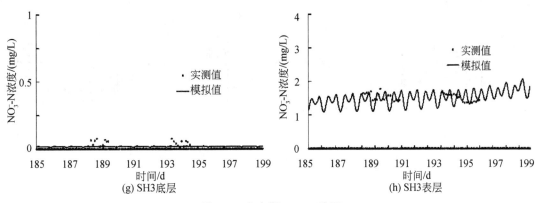

图 5-7　丰水期 NO_3^--N 验证

　　图 5-8 反映了丰水期 4 个验证点 PO_4^{3-}-P 浓度的时变对比过程。从对比结果来看，表层小潮期间模拟结果好一些，PO_4^{3-}-P 浓度的波动范围与实测浓度基本一致；底层在浓度波动范围上存在一定的误差，而大潮期间个别时间浓度偏高，这可能与忽略局部再沉降作用或者藻类吸收作用有一定关系。整体来看，各验证点 PO_4^{3-}-P 浓度的模拟值与实测值在数值变化范围上基本吻合，模拟结果能够体现研究区 PO_4^{3-}-P 的变化特征。

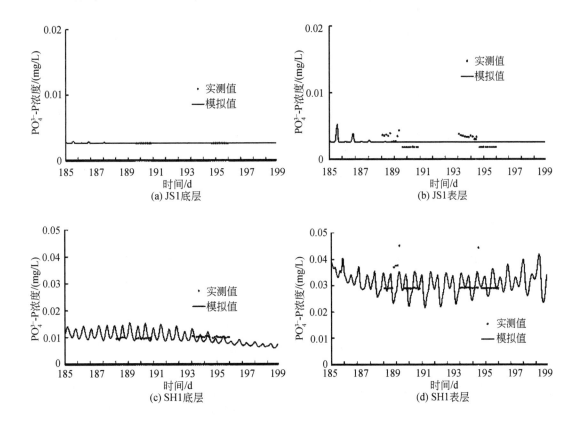

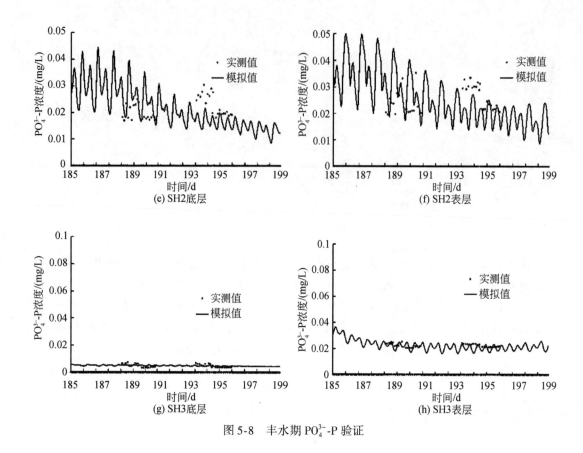

图 5-8　丰水期 PO_4^{3-}-P 验证

平水期水质验证资料时间周期为 2005 年 11 月 3 ~ 12 日，为保证模型稳定，模型运行时间为 2005 年 10 月 1 日 ~ 11 月 30 日。水动力条件由水动力模型提供水质模型边界点潮位系列。污染源条件：由流域污染负荷估算提供 2005 年流域入海污染物日通量过程和 2005 年长江口及邻近海域污染源资料系列。验证指标：COD_{Mn}、NH_4^+-N、NO_3^--N、PO_4^{3-}-P。平水期的验证情况与丰水期一致，能够较好地反映长江口水质的特征。

5.2.3　水质分布特征分析

对验证期内 COD_{Mn}、DIN、PO_4^{3-}-P 浓度进行周期平均，得到验证期内各水质要素平均浓度的分布特征。

5.2.3.1　COD_{Mn} 浓度分布

图 5-9 为长江口丰水期和平水期 COD_{Mn} 平面分布图。从图上可以看出，长江口 COD_{Mn} 分布西高东低，等浓度线由长江口向东扩散，上游浓度达到 5.0 ~ 5.5mg/L，东部海区浓度较低，低于 2.0mg/L。同时，受沿岸排污影响，在南支南岸形成一比较明显的污染带，丰水期尤为明显。丰水期和平水期 COD_{Mn} 分布规律基本一致，只是等浓度线的分布范围上有差别，这一分布特征与 2005 年调查结果相吻合。

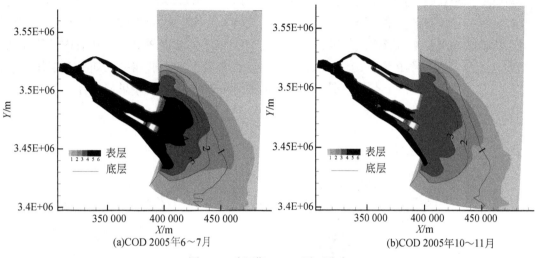

(a)COD 2005年6～7月　　　　　　　　　　(b)COD 2005年10～11月

图 5-9　验证期 COD$_{Mn}$ 平面分布

5.2.3.2　DIN 浓度分布

图 5-10 为长江口丰水期和平水期 DIN 平面分布图。从图可以看出，长江口 DIN 分布也是西高东低，等浓度线由长江口向东扩散，上游浓度达到 1.0mg/L，东部海区浓度较低，低于 0.2mg/L。同时，受沿岸排污影响，在南支南岸形成一比较明显的污染带，丰水期更明显。丰水期和平水期 DIN 分布规律一致，只是等浓度线的分布范围上有差别，这一分布特征与 2005 年调查结果相吻合。

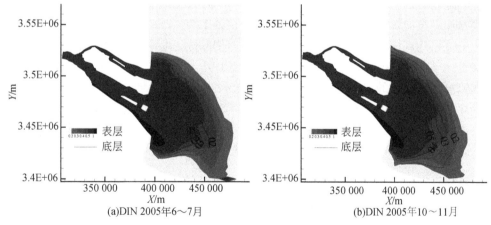

(a)DIN 2005年6～7月　　　　　　　　　　(b)DIN 2005年10～11月

图 5-10　验证期 DIN 平面分布

5.2.3.3　PO$_4^{3-}$-P 浓度分布

图 5-11 为长江口丰水期和平水期 PO$_4^{3-}$-P 平面分布图。可以看出，长江口 PO$_4^{3-}$-P 浓度分布西高东低，等浓度线由长江口向东扩散，上游浓度达到 0.05mg/L 以上，东部海区浓

度较低，低于 0.02mg/L。丰水期在长江口门以内 PO_4^{3-}-P 浓度均较高，超过 0.05mg/L，长江口门以外迅速降低。平水期，长江口南港、北港 PO_4^{3-}-P 均达到 0.05mg/L 以上，受沿岸排污影响，在南支南岸形成一条污染带，北支上游 PO_4^{3-}-P 浓度较高，但在口内迅速降低，在北支入海口处 PO_4^{3-}-P 为 0.035 ~ 0.04mg/L。整体来看，丰水期和平水期分布规律一致，在等浓度线的分布范围上有所差别，这一分布特征与 2005 年调查结果相吻合。

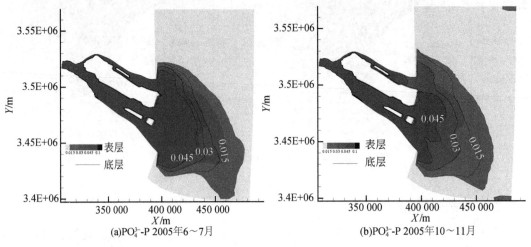

(a)PO_4^{3-}-P 2005年6～7月 　　　　　　　　(b)PO_4^{3-}-P 2005年10～11月

图 5-11　验证期 PO_4^{3-}-P 平面分布

5.2.3.4　水质分布特征

参照《海水水质标准》（GB 3097—1997），丰水期在南港、北港及北支的部分区域 COD_{Mn} 达到劣Ⅳ类，口门附近为Ⅳ类，而 DIN 和 PO_4^{3-}-P 在长江口门以上均达到劣Ⅳ类，且劣Ⅳ类水质一直向东延伸到近海区，延伸范围达到 122°30′E；平水期相对丰水期稍好，口门以上 COD_{Mn} 达到Ⅳ类，而 DIN 和 PO_4^{3-}-P 在口门以上也达到劣Ⅳ类，且一直向东延伸到 122°20′E，与丰水期相比，延伸距离大约减少 10km。

国家海洋局发布的 2005 年海洋环境质量公报显示，DIN 与 PO_4^{3-}-P 是影响河口及近海水质的主要污染物。因此 DIN 与 PO_4^{3-}-P 两个指标的水质类别基本代表长江口及近海的水质类别。根据以上模拟结果，长江口及近海区劣Ⅳ类水质的分布特征和范围与国家海洋局发布的 2005 年海洋环境质量公布的严重污染海域（劣Ⅳ类）分布特征及范围完全一致，体现了模型结果的可靠性。

5.3　长江口水质对流域负荷的响应特征分析

5.3.1　模拟方案

应用验证好的长江口水动力水质模型，模拟 2004 ~ 2007 年枯水期（1 ~ 2 月）、丰水期（6 ~ 7 月）、平水期（10 ~ 11 月）河口 COD_{Mn}、NH_4^+-N、NO_3^--N、PO_4^{3-}-P 等水质指标变

化情况，分析河口水质与流域物质输出之间的关系。

为了揭示不同年份、不同季节或水期河口水质对流域物质输出的响应关系，制定 12 个方案进行河口水质模拟，具体方案设置见表 5-2。

表 5-2　长江口水质模拟方案

年份 ＼ 水期	枯水期（冬季 1 ~ 2 月）	丰水期（夏季 6 ~ 7 月）	平水期（秋季 10 ~ 11 月）
2004	1	5	9
2005	2	6	10
2006	3	7	11
2007	4	8	12

5.3.2　水质年内、年际变化特征分析

5.3.2.1　年内变化特征

（1）COD_{Mn} 年内变化

模拟 2004 ~ 2007 年各水期的 COD_{Mn} 情况，并对特定年份不同季节或者水期的垂向平均 COD_{Mn} 水质分布情况进行对比分析。

图 5-12 为 COD_{Mn}2004 ~ 2007 年年内分布特征，从对比结果来看，各年份枯水期等浓度线均向东北方向延伸，而丰水期多向东南延伸，平水期 2004 年、2005 年及 2007 年等浓度线也向东南延伸，而 2006 年平水期等浓度线却向东北方向延伸，原因可能是因为 2006 年秋季流量过小。参照《海水水质标准》（GB 3097—1997），丰水期和平水期在口门以上 COD_{Mn} 多为Ⅲ类，口门附近为Ⅱ类，而在枯水期，各年份 COD_{Mn} 均为Ⅰ类和Ⅱ类。

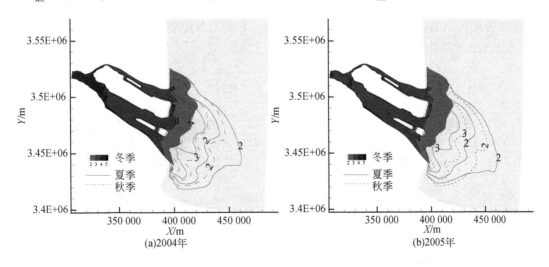

(a)2004年　　(b)2005年

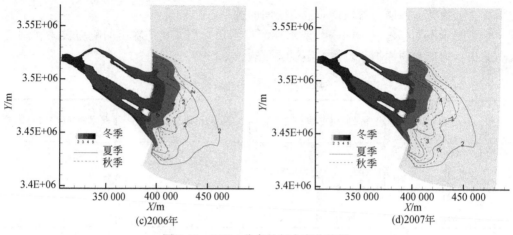

图 5-12 COD_{Mn}分布的年内变化特征

（2）DIN 年内变化

模拟 2004～2007 年各水期的 DIN 情况，并对特定年份不同季节或者水期的 DIN 水质分布情况进行对比分析。

图 5-13 为 DIN 2004～2007 年年内分布特征，从 DIN 的对比结果来看，4 年的情况基本一致。参照《海水水质标准》（GB 3097—1997），口门以上 DIN 均为劣Ⅳ类，枯水期分布范围最小，偏向东北方向，平水期次之，丰水期分布范围最大，偏向东南方向。

（3）PO_4^{3-}-P 年内变化

模拟 2004～2007 年各水期的 PO_4^{3-}-P 情况，并对特定年份不同季节或者水期的 PO_4^{3-}-P 浓度分布情况进行对比分析。

图 5-14 为 PO_4^{3-}-P 2004～2007 年年内分布特征，从 PO_4^{3-}-P 的对比结果来看，2004 年、2005 年的情况基本一致，等浓度线枯水期凸向东北方向，而丰水期和平水期凸向东南方向。2006 年枯水期和平水期等浓度线凸向东北方向，丰水期则凸向东南方向。参照《海水水质标准》（GB 3097—1997），口门以上 PO_4^{3-}-P 均为劣Ⅳ类，枯水期分布范围最小，平水期次之，丰水期分布范围最大。

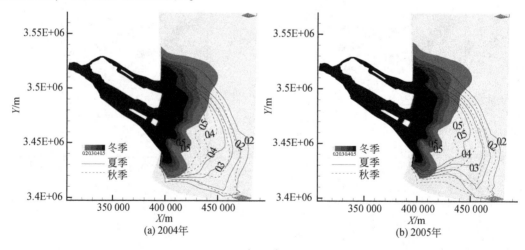

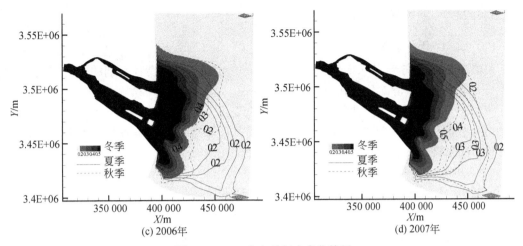

(c) 2006年　　　　　　　　　　　　　　(d) 2007年

图 5-13　DIN 分布的年内变化特征

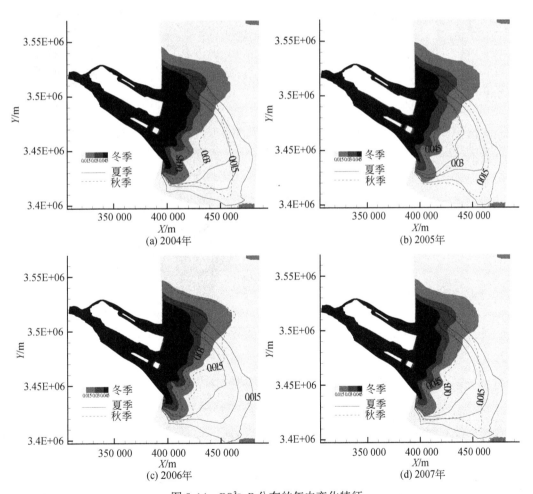

图 5-14　PO_4^{3-}-P 分布的年内变化特征

5.3.2.2 年际变化特征

(1) COD$_{Mn}$年际变化

模拟2004～2006年各水期的COD$_{Mn}$情况，并对特定季节或者水期的垂向平均COD$_{Mn}$水质分布情况进行年际对比分析。

图5-15为COD$_{Mn}$不同水期2004～2006年年际分布特征，从COD$_{Mn}$不同年份对比结果来看，除2006年平水期由于径流量小的原因与其他年份有一定差别外，枯水期和丰水期各年份不同类别水体的分布范围基本一致，年际变化不大。

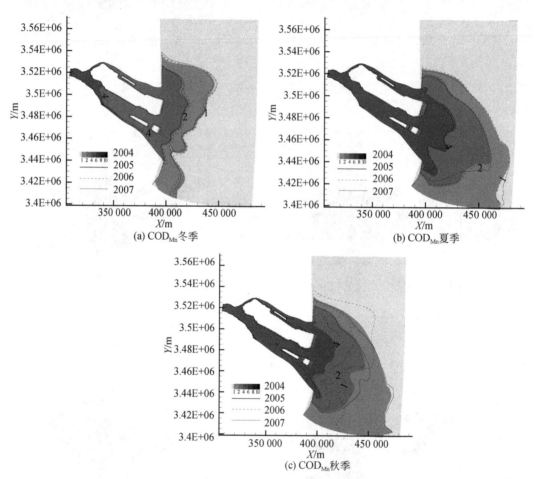

图5-15 COD$_{Mn}$分布的年际变化特征

(2) DIN年际变化

模拟2004～2006年各水期的DIN情况，并对特定季节或者水期的垂向平均的DIN浓度分布情况进行年际对比分析。

图5-16为DIN不同水期2004～2006年年际分布特征，从DIN不同年份对比结果来看，枯水期和丰水期各年份不同类别水体的分布范围基本一致，年际变化不大。平水期，受径

流量年际变化影响，2006 年各类水体的分布范围与 2004 年和 2005 年有一定的差别。

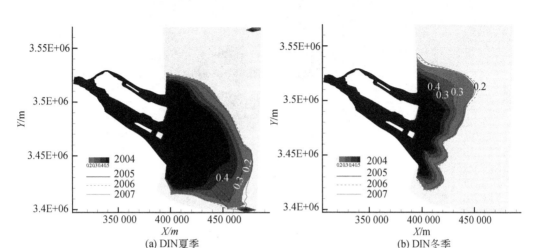

(a) DIN夏季　　　　　　　(b) DIN冬季

图 5-16　DIN 分布的年际变化特征

（3）PO_4^{3-}-P 年际变化

模拟 2004~2006 年各水期的 PO_4^{3-}-P 情况，并对特定季节或者水期的垂向平均 PO_4^{3-}-P 浓度分布情况进行年际对比分析。

图 5-17 为 PO_4^{3-}-P 不同水期 2004~2006 年际分布特征，从 PO_4^{3-}-P 不同年份对比结果来看，与 DIN 分布特征相同，枯水期和丰水期各年份不同类别水体的分布范围基本一致，年际变化不大。平水期，受径流量年际变化影响，2006 年各类水体的分布范围与 2004 年和 2005 年的有一定差别。

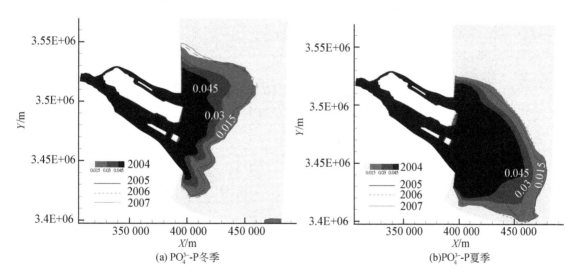

(a) PO_4^{3-}-P冬季　　　　　　　(b)PO_4^{3-}-P夏季

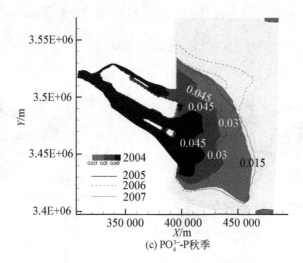

(c) PO$_4^{3-}$-P秋季

图 5-17　PO$_4^{3-}$-P 分布的年际变化特征

5.3.3　河口水质对入海通量的响应特征分析

5.3.3.1　COD$_{Mn}$

根据 2004～2007 年各水期水质模拟结果，参照《海水水质标准》（GB 3097—1997），对不同水质类别的水体分布面积进行统计，并对 COD$_{Mn}$ 入海负荷及不同水质水体面积进行相关分析。COD$_{Mn}$ 入海负荷越大，COD$_{Mn}$ 超 Ⅱ 类以上的水体分布范围越大。经数据分析，COD$_{Mn}$ 超 Ⅲ 类、Ⅳ 类及以上的水体分布范围与 COD$_{Mn}$ 入海负荷两者之间具有较好的相关关系（图 5-18），COD$_{Mn}$ 入海负荷增大，COD$_{Mn}$ 超 Ⅲ 类、Ⅳ 类及以上水体分布范围增大，但增大梯度逐渐减缓。

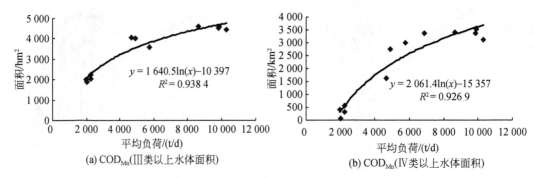

图 5-18　COD$_{Mn}$ 分布与平均负荷关系图

5.3.3.2　DIN

DIN 入海负荷越大，DIN 超 Ⅱ 类以上的水体分布范围越大。经数据分析，DIN 超 Ⅲ 类、

Ⅳ类及以上的水体分布范围与 DIN 入海负荷两者之间具有较好的相关关系（图 5-19），DIN 入海负荷增大，DIN 超Ⅲ类、Ⅳ类及以上水体分布范围增大，但增大梯度逐渐减缓。

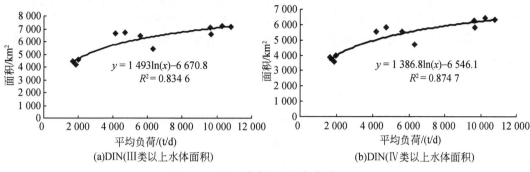

图 5-19　DIN 分布与平均负荷关系图

5.3.3.3　PO_4^{3-}-P

PO_4^{3-}-P 入海负荷越大，PO_4^{3-}-P 超Ⅱ类以上的水体分布范围越大。经数据分析，PO_4^{3-}-P 超Ⅲ类、Ⅳ类及以上的水体分布范围与 PO_4^{3-}-P 入海负荷两者之间具有较好的相关关系（图 5-20），PO_4^{3-}-P 入海负荷增大，PO_4^{3-}-P 超Ⅲ类、Ⅳ类及以上水体分布范围增大，但增大梯度逐渐减缓。

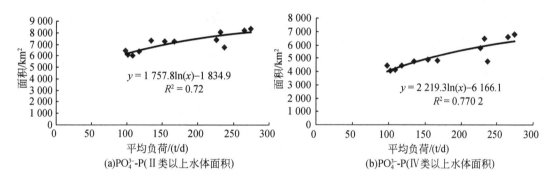

图 5-20　PO_4^{3-}-P 分布与平均负荷关系图

5.4　小结

本章根据长江口及邻近海域的区域径流、潮流以及水质要素特征，初步确定近海三维水质模型进行模拟验证，基于 EFDC 模型搭建了长江口三维水质模型，并利用 2005 年夏季和秋季同期资料进行模型验证，保证模型的可靠性。利用 2004～2007 年丰、平、枯 3 个水期的入海通量过程及对应的流量过程进行水质模拟，从年内、年际上对不同年份、不同水期的水质分布特征进行了分析，并参照《海水水质标准》（GB 3097—1997），对研究区水质进行分类。丰水期长江口上游和南支沿岸 COD_{Mn} 多为Ⅲ类，口门附近 COD_{Mn} 为Ⅱ

类。长江口口门以上区域 DIN 和 PO_4^{3-}-P 均为劣Ⅳ类，丰水期分布范围最大，枯水期分布范围最小。

此外，本章还设置了 12 个模拟方案进行水质模拟，并对水质模拟结果进行统计，分析流域 COD_{Mn}、DIN、PO_4^{3-}-P 入海通量与各类水体分布范围之间的关系，揭示河口水质对入海通量的响应特征，即现状情况下径流及污染物入海通量与各类水体分布面积之间的定量关系式。

参 考 文 献

柴超 . 2006. 长江口水域富营养化现状与特征研究 . 中国科学院海洋研究所博士学位论文 .

傅瑞标，沈焕庭 . 2002. 长江河口淡水端溶解态无机氮磷的通量 . 海洋学报，24（4）：34-43.

高抒 . 2006. 亚洲地区的流域—海岸带相互作用：APN 近期研究动态 . 地球科学进展，21（7）：680-686.

刘新成，沈焕庭，黄清辉 . 2002. 长江入河口区生源要素的浓度变化及通量估算 . 海洋与湖沼，33（5）：332-340.

卢丽锋 . 2008. 长江河口羽状流扩散与混合过程的数值模拟 . 上海交通大学博士学位论文 .

邱训平，穆宏强，支俊峰 . 2001. 长江河口水环境现状及趋势分析 . 人民长江，32（7）：26-28.

石晓勇，王修林，韩秀荣，等 . 2003. 长江口邻近海域营养盐分布特征及其控制过程的初步研究 . 应用生态学报，14（7）：1086-1092.

王保栋，战闰，臧家业 . 2002. 长江口及其邻近海域营养盐的分布特征和输送途径 . 海洋学报，24（1）：53-58.

王保栋 . 2006. 长江口及邻近海域富营养化状况及其生态效应 . 中国海洋大学博士学位论文 .

于凤香，宋志尧，李瑞杰 . 2003. 江口三维潮流数值计算及动力分析 . 海洋湖沼通报，3：14-23.

中国环境科学研究院 . 2006. 长江口及毗邻海域环境状况调查分析报告 .

Burchard H，Boding K，Villarreal M R. 2004. Three- dimensional modelling of estuarine turbidity, maximin a tidal estuary. Ocean Dynamics，54：250-265.

Chai Chao，Yu Zhiming，Song Xiuxian，et al. 2006. The status and characteristics of eutrophication in the Yangtze River（Changjiang）estuary and the adjacent East China Sea，China. Hydrobiologia，563：313-328.

Diaz R J，Rosenberg R. 1995. Marine benthic hypoxia：a review of its ecological effects and the behavioural responses of benthic macrofauna . Oceanography and Marine Biology：an Annual Review，33：245-303.

Neitsch S L，Arnold J G，Kiniry J R，et al. 2005. Soil and Water Assessment Tool Theoretical Documentation Version 2005.

Park K，Jung H S，Kim H S，et al. 2005. Three- dimensional hydrodynamic- eutrophication model（HEM- 3D）：application to Kwang-Yang Bay，Korea. Mar. Environ. Res. ，60：171-193.

Peyret R，Taylor T D. 1985. Computational methods for fluid flow. New York：Springer- Verlag.

Wang Baodong. 2006. Cultural eutrophication in the Changjiang（Yangtze River）plume：Histroy and perspective. Estuarine，Coastal and Shelf Science，69：471-477.

Yang Shilun，Zhao Qingying，Belkin I M. 2002. Temporal variation in the sediment load of the Yangtze river and the influence of human activities. Journal of Hydrology，263：56-71.

6

河口区营养盐参照状态确定方法研究

通常，医生在诊断患者是否患病时，需要一个基于健康人群的相对客观的统计阈值，当某项指标处于这个阈值范围之内，可判定就诊者处于健康状态，当某项指标偏离这个阈值范围之外，则可判定就诊者已处于患病状态，并根据偏离程度采取适宜的治疗措施。对河口营养盐来说，"参照状态"（reference condition）概念的引入有效地回答了哪种状况下的营养状态可被认为是基准状态的问题。参照状态是追踪水体自然的、初始的一种较好状态。可将区域范围内受土地开发和人类活动影响最小的河口水域作为参照水域，用以衡量区域内该水体类型相对未受干扰的营养状态，或者将历史上较好的状况作为参照状态。

6.1　方法选择

参照状态介于富营养化、原始未开发两类营养状态之间。参照状态与后者的数值范围被认为是基准值理论上的合理范围（图6-1）。河口营养盐基准制定过程中，基准值的确定应以参照状态为基础。美国 EPA 主要汲取了生态学基准制定中的 "最低影响参照点"（minimally impacted reference sites）思想来确定参照状态。实践中，各区域的数据储备、污染现状、是否存在参照点等情况不一，参照状态的确定方法相应有所不同。参照状态本身一般不能明确地作为基准来提出，仅是提供基准值一个可参考的上限，建立参照状态后，允许根据历史数据分析、模型模拟及专家判断对其进行适当修正。

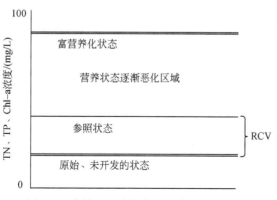

图 6-1　营养盐基准与参照状态关系示意图

注：RCV，基准值参考范围

建立河口区营养盐参照状态有两种基本途径：一是基于现场观测数据分析（in-situ observation based approach），二是基于流域分析（watershed-based approach）。对应于参照点是否可寻、生态系统退化是否严重等情景，采取的途径不一样，具体分析方法相应有所变化（表6-1）。各方法在确定参照状态的操作过程中，均应考虑区域内的季节和年际水文变化因素。

基于现场观测数据分析的途径适用于情景1、情景2及情景3（表6-1）。

其中，情景1需要大量时空数据支持，且数据可靠性得到认可。参照状态一般取参照点相应指标的频率分布曲线的中值（图6-2）。该方法的原理在于，由于参照点受环境影响较小、营养盐浓度波动小，理论上认为参照点不存在趋势性变化，参照点各指标值的频率分布曲线中值可以较好地表达受"最低影响"的参照状态。在实际情况中参照状态的值可与盐度梯度相对应，即确立不同盐度状态下的营养盐参照状态。

情景2中，鉴于实际条件下难以存在基本未受影响的参照点，受到营养盐影响程度较小的部分地域被认为具备"参照状态的环境质量"，可作为参照点。在数据充足的情况下，可以取参照点营养盐指标频率分布曲线的"上25个百分点"对应值或所有观测点营养盐指标频率分布曲线的"下25个百分点"对应值。在数据不足的情况下，借鉴河口分类成果，可建立类比河口数据库，得到相似河口生态系统的营养盐频率分布曲线。一般而言，该数据库建设需要15个以上相似河口的数据支撑，15个以下略显不足，若只有一两个相似河口，则仅能定性地用于辅助分析。事实上，相对于河流、湖泊而言，河口一般比较个体差异比较大，对营养盐敏感性差别显著，较缺乏物理性质相似、可用于类比的河口，因而频率分布曲线法的运用相应地受到限制。

表6-1　河口区营养盐参照状态建立方法

情景分类		推荐方法	衡量指标
情景1	生态环境状况完好	参照点指标频率分布曲线法	TN、TP、Chl-a、SD
情景2	生境部分退化，但参照点可寻	参照点或观测点指标频率分布曲线法	TN、TP、Chl-a、SD
情景3	生境严重退化，包括所有潜在参照地点	回归曲线法；历史、现状数据综合分析法	
情景4	生境严重退化，且历史数据不足	子流域存在参照点，采用子流域推算；子流域无参照点，利用模型进行回顾计算	TN、TP负荷

注：SD，透明度。

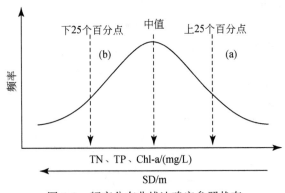

图6-2　频率分布曲线法确定参照状态

注：（a）参照点数据；（b）混合数据

情景3中，主要通过分析历史变化过程来识别参照状态，是不存在参照点时的替代方法。可通过三类途径实现：一是历史记录分析（包括历史营养盐数据、水文数据）；二是柱状沉积物采样分析；三是模型回顾分析。历史记录分析的实现首先要求具备充足的数据库；其次，分析者应具有丰富的研究经验，能够进行敏锐、科学的判断，在复杂历史情况中去伪存真、层层剖析；再次，需要选择相对稳定的时间、空间段；最后，要求在相似物理特征子区中开展分析（如同一盐度区）。若历史变化过程较清晰，主要借助回归过程曲线来识别参照状态（图6-3）。若历史变化过程模糊，存在较多无法评估和剔除的干扰影响时，可对历史数据及现状数据进行综合评估，借助频率分布曲线法来完成（图6-4）。柱状沉积物分析法则较适用于受外界扰动最小的沉积区域，尤其是营养盐浓度远低于现状的历史状态分析。对于较浅的河口，一般难有良好沉积区，不宜使用该方法。模型回顾分析法存在很多的不确定性，譬如计算机回归模拟过程中，数据难以量化时则无法校正历史营养状态、水文状态，因而颇具争议。诚然，当前两类途径无法实现时，仍可考虑采用该方法。

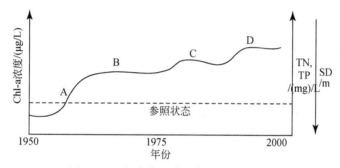

图6-3　回归曲线法确定参照状态示意图

注：A. 沉水植物丧失；B. 藻类异常繁殖；C. 鱼类死亡；D. 鱼类经常性死亡

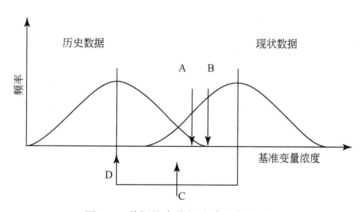

图6-4　数据综合分析法确定参照状态

注：A. 现状数据下25个百分点；B. 中值区间上25个百分点；C. 历史与现状数据中值区间中值；D. 历史数据中值

　　基于流域分析的途径主要适用于情景4。与其他3种情景不同，情景4中其参照状态以营养盐参照负荷而非营养盐参照浓度的形式表示。其方法要求建立营养盐负荷—浓度响应关系模型，使各指标的参照负荷直接对应于参照状态下的浓度值。若河口的上游流域基本未受干扰，则流域的营养盐负荷代表着较好的自然状态，为参照负荷。若上述条件不满足，而河口上游流域存在一些开发程度低、受影响小的子流域或流域片区，则可以通过子流域、流域片区的营养负荷推算整个流域的最小营养负荷。但后者的采用必须考虑整个流域地理相似性，判断能否足以支持将参照子流域推广到整个流域。如若不能，则须找出第二类甚至第三类典型子流域来作推算。此外，运用该方法的前提条件还包括流域内大气沉降作用稳定、原始营养负荷水平相似（例如用单位面积的粮食产量衡量）、海岸地区污染负荷相对于上游流域而言可忽略、地下水对河口影响不显著。

6.2 指标筛选与分区考虑

6.2.1 河口富营养化指标筛选

自 1926 年 Harvey 发现海水中 N、P 比为 16 : 1 以来，国内外开始广泛关注营养盐对植物生长的限制作用。1958 年 Redfield 比值（浮游植物 C : N : P = 106 : 16 : 1）的提出更极大地促进了该领域的研究，20 世纪 70 年代以来，究竟哪种营养元素更具限制作用更成为国内外学者研究和争论热点。我国学者也集中在渤海、长江口的营养盐限制问题上展开了一系列探讨。在营养盐基准制定选择上，理论上应包括用于解释河口富营养化原因和结果的所有变量，例如，生物学变量（如 Chl-a）和流域特征变量（如单位土地面积的营养盐流失参数）。

一般来说，5 个指标为基准的基本变量，即总氮（TN）、总磷（TP）、叶绿素 a（Chl-a）、透明度（SD）或藻类浊度、溶解氧（DO）。其中，TN、TP 是营养盐指标，也是主要原因变量；藻类生物量（如 Chl-a、大型藻类干重、SD）是生物学指标，也是初始响应变量，以体现初级生产力对营养盐质的反应。从上述研究来看，营养盐质中常量元素方面以对 N、P、Si 元素关注较多，微量元素以对 Fe 元素关注较多；营养盐的限制作用表现出十分明显的地域差别和季节性变化，N、P、Si、Fe 等元素都可能在不同时期、不同程度地成为限制因子；其中，N、P 元素是导致富营养化的主要营养盐；Si 可能在 N、P 浓度相对较高的前提下，限制硅藻的生长；Fe 元素是协同限制营养盐，在某些海域限制作用明显，但仍然次于 N 元素的作用。美国在 2001 年发布的河口海岸富营养化基准技术指南中，推荐的营养盐基准原因变量为 TP、TN，响应变量为 SD、DO、大型底栖动物。

从我国目前已经开展的对河口、近岸海域监测指标来看，在常规监测数据中，N、P 两种营养元素常用活性磷酸盐、无机氮（氨氮、亚硝酸氮、硝酸氮）来表示，而很少将 TN、TP 作为监测指标。为实现管理上的有效衔接，针对长江口的历史数据情况，本研究特选择活性磷酸盐、无机氮作为河口及近岸海域富营养化的原因变量。为体现初级生产力对营养盐质的反应，选择 Chl-a、浮游植物密度作为响应变量。而对于在湖泊、河流等水体中得到广泛应用的 SD，鉴于长江口水域含沙量大且属于强潮河口，SD 受非藻类影响更为显著，在此不作为响应变量。另选择 COD_{Mn}、DO 作为补充指标，以完善河口营养盐基准体系。

由此，选择包括无机氮、活性磷酸盐、Chl-a 在内的 3 个指标为长江口富营养化的基本指标，选择包括浮游植物密度、COD_{Mn}、底层 DO 在内的 3 个指标作为长江口富营养化的补充指标，共同构成长江口营养盐基准制定的指标体系。

6.2.2 长江口不同分区的考虑

基于前文中对长江口营养盐敏感性的分析以及基于自然生境特征的长江水域分区结果，对不同分区作如下考虑：

1）长江口过渡区和杭州湾由于巨量泥沙在此絮凝、沉积与悬浮，水体浑浊度较高。如一般落潮时浑水线距河口口门 50~60km，约在 122°30′E 附近（长江口区域 1 个经度间的距离约为 96km），涨潮时浑水线向岸推进，约在 122°E，大风期间，由于底部泥沙掀动剧烈，浑水线可到达 123°E 左右（陈吉余，2007）。由于这两个分区泥沙浓度高，海水 SD 便降低，而浮游生物只有在悬沙含量小、盐度高于 20% 的海域中才能大量繁殖。总体来说，长江口过渡区与杭州湾的生态系统对营养盐不敏感，在本研究中不建立参照状态及制定基准。但为保证下游地区（长江口外近海区和舟山海区）达到适宜的营养盐浓度，应提出该区域的营养盐浓度或总量控制指标。

2）与上述两个分区不同，长江口外近海区和舟山海区泥沙含量较少，水体浑浊度受悬浮泥沙影响较低，又有河口输入的丰富营养盐供给以及适宜的盐度等生态条件，使得该海域的生态系统对营养盐较为敏感，因此成为赤潮高发区。因此，本研究针对这两个重点区域分别确定各富营养化指标的参照状态与基准值。

另外，考虑到赤潮发生的季节性，研究中依托现状及历史数据进行统计分析，分季节确定各变量可能的营养盐基准。考虑到历次调查的站位设置问题，以及确定参照状态过程中对数据量的要求，本研究主要依托对长江口 1992~2010 年近 20 年的周期性调查数据，以确定长江口海域的营养盐参照状态。

对所选择的各项富营养化指标，依据前面章节中论述的技术方法，针对长江口海域人为干扰较为严重的实际情况，采取如下方法确定其参照状态。对无机氮等污染较重的指标来说，参与频率分析的数据并不是"基本未受干扰"的参照点数据，而是已受或未受干扰的区域所有观测点数据，频率分布曲线取"下 25 个百分点数值"为参照状态的可能值（DO 取"上 25 个百分点"）。另外，频率分布曲线取"下 5 个百分点数值"和"下 50 个百分点数值"（DO 以分布曲线"上 50 个百分点"和"上 5 个百分点"）分别作为参照状态的上下波动范围。

6.3 无机氮参照状态的确定

6.3.1 各分区无机氮浓度的年际变化

采用历年（1992 年春季至 2010 年秋季）的长江口海域监测数据，分别对春、夏、秋

三季长江口外近海区和舟山海区的表层无机氮浓度均值历史变化趋势进行分析（图 6-5 ~
图 6-7）。其中，长江口外近海区的监测站位数量在不同年份有较大差异，尤其 1996 ~
2003 年，仅有两个监测站位，为保证分析结果更具有代表性和可比性，在该海区选择长期
监测的两个站位进行历史变化趋势分析。

1）春季。除 1993 年无监测记录外，各年度之间长江口外近海区和舟山海区的表层无
机氮浓度有一定波动，其中舟山海区又以 2010 年浓度为最高。但整体来说，两海区的无
机氮浓度呈现较为平稳的趋势。从不同区域的总体水平来看，长江口全海域平均值高于舟
山海区，舟山海区平均值高于长江口外近海区（图 6-5）。

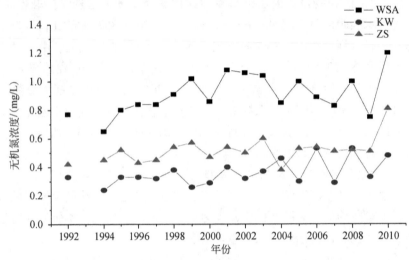

图 6-5　长江口海域春季表层无机氮浓度历史变化趋势
注：WSA-全海域；KW-长江口外近海区；ZS-舟山海区

2）夏季。由于 1998 ~ 2001 年监测数据缺失，无法对长江口外近海区和舟山海区表层
无机氮浓度的变化趋势做出准确判断。并且，从 2002 ~ 2009 年夏季的监测值来看，这两
个海区表层无机氮浓度的年度波动范围较大，1992 ~ 1997 年全海域和舟山海区无机氮平均
值均呈现波浪式升高趋势，而长江口外近海区则先升高后降低。2002 ~ 2010 年，全海域和
舟山海区以及长江口外近海区的无机氮浓度平均值变化趋势基本一致，自 2002 年到 2008
年呈现波动式降低，并在 2008 年达到近 10 年来的极低值；2009 年与 2010 年的无机氮浓
度再度升高。比较不同海区的总体水平，1997 年前长江口全海域无机氮平均值高于舟山海
区，舟山海区无机氮平均值高于长江口外近海区；2002 年后，长江口外近海区与舟山海区
的无机氮浓度互相交错（图 6-6）。

3）秋季。各年度之间，长江口外近海区和舟山海区的表层无机氮浓度上下波动，在
2000 年前波动幅度较小，2000 后的年度变化较为显著。比较不同海区的总体水平，长江
口全海域无机氮浓度平均值高于舟山海区，舟山海区无机氮平均值高于长江口外近海区
（图 6-7）。其中，舟山海区在 2007 年出现近 20 年来最高值，而口外近海区的无机氮浓度
平均值以 2010 年为最高。

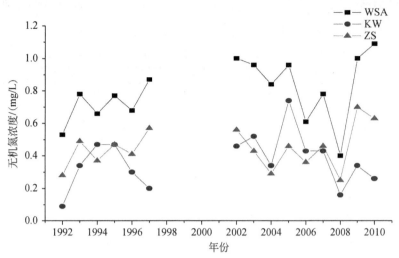

图6-6　长江口海域夏季表层无机氮浓度历史变化趋势

注：WSA-全海域；KW-长江口外近海区；ZS-舟山海区

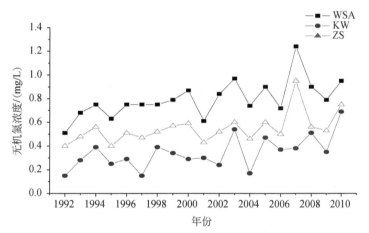

图6-7　长江口海域秋季表层无机氮浓度历史变化趋势

注：WSA-全海域；KW-长江口外近海区；ZS-舟山海区

6.3.2　无机氮参照状态的初步确定

由上节对无机氮浓度年际变化的分析可知，全海域、长江口外近海区和舟山海区的无机氮浓度呈现波动式变化，规律不是很明显，单航次的调查数据量难以支撑参照状态的制定。采用SPSS 13.0软件包的一维频数分析程序，分别对1992～2010年春、夏、秋三季长江口外近海区及舟山海区的无机氮浓度数据进行频率分布分析，分析结果见表6-2～表6-4、图6-7～图6-9。

1）春季。长江口外近海区的表层无机氮浓度频率分布曲线"下25个百分点"为0.317 mg/L，为参照状态推荐值，其波动范围为0.201～0.412 mg/L。舟山海区的表层无机氮浓度频率分布曲线"下25个百分点"为0.372 mg/L，为参照状态推荐值，其波动范围为0.177～0.504 mg/L（表6-2，图6-8）。

表6-2　长江口海域春季表层无机氮浓度频率分布分析结果 （单位：mg/L）

类别		全海域	长江口外近海区	舟山海区
样本量		495	68	170
平均值		0.906	0.520	0.514
SD		0.521	0.266	0.193
最小值		0.020	0.165	0.020
最大值		2.444	1.258	1.032
比例/%	5	0.268	0.201	0.177
	25	0.483	0.317	0.372
	50	0.783	0.412	0.504
	75	1.250	0.752	0.654
	95	1.912	1.051	0.836

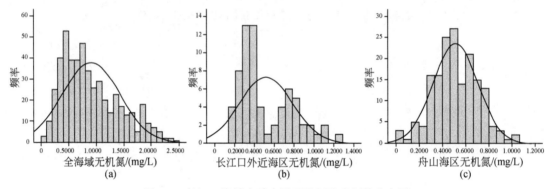

图6-8　长江口海域春季表层无机氮浓度频数分布图

2）夏季。长江口外近海区的表层无机氮浓度频率分布曲线"下25个百分点"为0.273mg/L，为参照状态推荐值，其波动范围为0.103～0.599 mg/L；舟山海区的表层无机氮浓度频率分布曲线"下25个百分点"为0.273 mg/L，为参照状态推荐值，其波动范围为0.068～0.455 mg/L（表6-3，图6-9）。

表6-3　长江口海域夏季表层无机氮浓度频率分布分析结果 （单位：mg/L）

类别		全海域	长江口外近海区	舟山海区
样本量		419	64	141
平均值		0.786	0.566	0.446
SD		0.454	0.313	0.233
最小值		0.007	0.070	0.026
最大值		2.149	1.303	1.115
比例/%	5	0.147	0.103	0.068
	25	0.447	0.273	0.273
	50	0.711	0.599	0.455
	75	1.105	0.767	0.560
	95	1.611	1.107	0.926

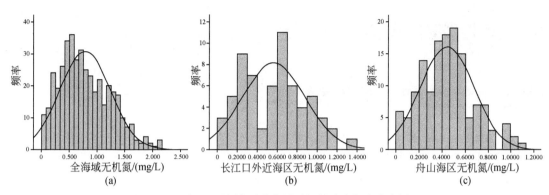

图6-9 长江口海域夏季表层无机氮浓度频率分布图

3）秋季。长江口外近海区的表层无机氮浓度频率分布曲线"下25个百分点"为0.211mg/L，为参照状态推荐值，其波动范围为0.091~0.361mg/L；舟山海区的表层无机氮浓度频率分布曲线"下25个百分点"为0.441mg/L，为参照状态推荐值，其波动范围为0.222~0.529mg/L（表6-4，图6-10）。

表6-4 长江口海域秋季表层无机氮浓度频率分布分析结果 （单位：mg/L）

类别		全海域	长江口外近海区	舟山海区
样本量		522	72	178
平均值		0.795	0.449	0.548
SD		0.400	0.287	0.205
最小值		0.066	0.066	0.115
最大值		2.240	1.209	1.312
比例/%	5	0.213	0.091	0.222
	25	0.502	0.211	0.441
	50	0.737	0.361	0.529
	75	1.065	0.640	0.662
	95	1.553	1.016	0.891

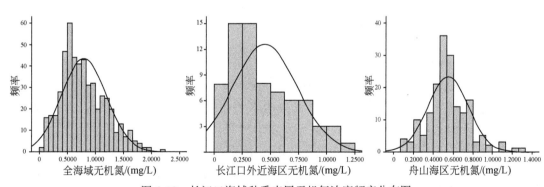

图6-10 长江口海域秋季表层无机氮浓度频率分布图

6.4 活性磷酸盐参照状态的确定

6.4.1 各分区活性磷酸盐浓度的年际变化

采用历年（1992年春季至2010年秋季）的长江口海域监测数据，分别对春、夏、秋三季长江口外近海区和舟山海区的表层活性磷酸盐浓度历史变化趋势进行分析（图6-11～图6-13）。其中，长江口外近海区的监测站位数量在不同年份有较大差异，尤其1996～2003年，仅有两个监测站位，为保证分析结果更具有代表性和可比性，在该海区选择长期监测的两个站位进行历史变化趋势分析。

1）春季。除1993年无监测记录外，各年度之间长江口外近海区和舟山海区的表层活性磷酸盐浓度的波动趋势较为一致，在20世纪90年代呈上升趋势，2000年左右达到较高水平，之后呈现波动式下降，到2010年又略有升高。比较不同区域的总体水平来看，长江口全海域活性磷酸盐浓度平均值高于舟山海区，舟山海区活性磷酸盐浓度平均值高于长江口外近海区（图6-11）。

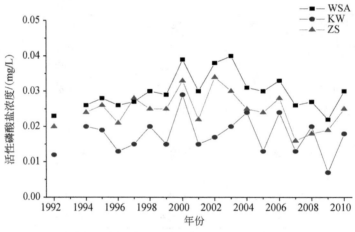

图6-11　长江口海域春季表层活性磷酸盐浓度历史变化趋势
注：WSA-全海域；KW-长江口外近海区；ZS-舟山海区

2）夏季。由于1998～2001年监测数据缺失，无法对长江口外近海区和舟山海区表层活性磷酸盐浓度的变化趋势做出准确判断。但是整体来说，各海区的活性磷酸盐浓度波动较为剧烈。1992～1997年各海区的活性磷酸盐浓度平均值呈现不同程度的上升，2001～2007年浓度下降，之后又有所上升。其中，舟山海区在2009年出现近20年来的最高值，2010年回落；口外近海区在2008年出现近20年来的最高值，之后在2009年、2010年连续回落。比较不同区域的总体水平来看，长江口全海域活性磷酸盐浓度平均值高于舟山海区，舟山海区活性磷酸盐浓度平均值高于长江口外近海区（图6-12）。

3）秋季。各年度之间，长江口外近海区和舟山海区的表层活性磷酸盐浓度虽有一定

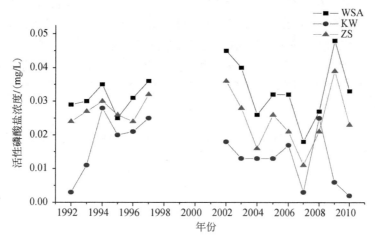

图 6-12 长江口海域夏季表层活性磷酸盐浓度历史变化趋势

注：WSA-全海域；KW-长江口外近海区；ZS-舟山海区

的上下波动，但整体变化趋势较为平缓。其中，舟山海区活性磷酸盐浓度平均值在 1998 年出现近 20 年来的极高值，口外近海区则在 2003 年出现近 20 年来的极高值。比较不同区域的总体水平来看，长江口外近海区活性磷酸盐浓度显著低于舟山海区和整个海区的平均浓度（图 6-13）。

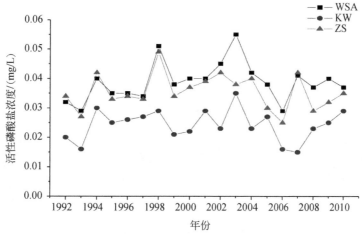

图 6-13 长江口海域秋季表层活性磷酸盐浓度历史变化趋势

注：WSA-全海域；KW-长江口外近海区；ZS-舟山海区

6.4.2 活性磷酸盐参照状态的初步确定

由上节对活性磷酸盐浓度年际变化的分析可知，全海域、长江口外近海区和舟山海区的活性磷酸盐浓度呈现波动式变化，规律不是很明显，单航次的调查数据量难以支撑参照状态的制定。因此本研究采用 SPSS13.0 软件包的一维频数分析程序，分别对 1992～2010

年近 20 年的春、夏、秋三季长江口外近海区及舟山海区的活性磷酸盐浓度数据进行频率分布分析，分析结果见表 6-5 ~ 表 6-7、图 6-14 ~ 图 6-16。

1）春季。长江口外近海区的表层活性磷酸盐浓度频率分布曲线"下 25 个百分点"为 0.014mg/L，为参照状态推荐值，其波动范围为 0.002 ~ 0.020 mg/L；舟山海区的表层活性磷酸盐浓度频率分布曲线"下 25 个百分点"为 0.020 mg/L，为参照状态推荐值，其波动范围为 0.007 ~ 0.025 mg/L（表 6-5，图 6-14）。

表 6-5　长江口海域春季表层活性磷酸盐浓度频率分布分析结果（单位：mg/L）

类别		全海域	长江口外近海区	舟山海区
样本量		490	67	166
平均值		0.029	0.020	0.024
SD		0.011	0.009	0.009
最小值		0.001	0.001	0.004
最大值		0.064	0.040	0.051
比例/%	5	0.010	0.002	0.007
	25	0.023	0.014	0.020
	50	0.029	0.020	0.025
	75	0.035	0.026	0.030
	95	0.047	0.033	0.036

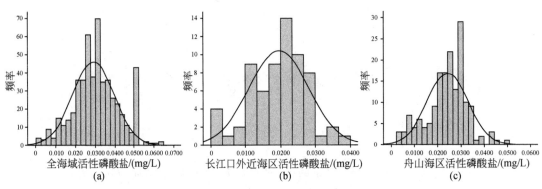

图 6-14　长江口海域春季表层活性磷酸盐浓度频率分布图

2）夏季。长江口外近海区的表层活性磷酸盐浓度频率分布曲线"下 25 个百分点"为 0.009mg/L，为参照状态推荐值，其为波动范围为 0.001 ~ 0.022 mg/L；舟山海区的表层活性磷酸盐浓度频率分布曲线"下 25 个百分点"为 0.018 mg/L，为参照状态推荐值，其波动范围为 0.001 ~ 0.026 mg/L（表 6-6，图 6-15）。

表 6-6　长江口海域夏季表层活性磷酸盐浓度频率分布分析结果 （单位：mg/L）

类别		全海域	长江口外近海区	舟山海区
样本量		413	61	136
平均值		0.032	0.020	0.025
SD		0.015	0.013	0.013
最小值		0.001	0.001	0.001
最大值		0.081	0.048	0.061
比例/%	5	0.003	0.001	0.001
	25	0.023	0.009	0.018
	50	0.032	0.022	0.026
	75	0.041	0.029	0.032
	95	0.058	0.043	0.047

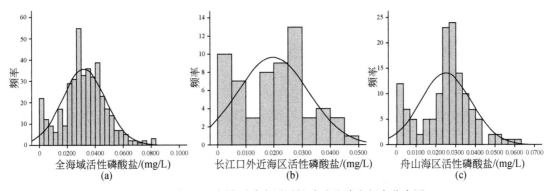

图 6-15　长江口海域夏季表层活性磷酸盐浓度频率分布图

3）秋季。长江口外近海区的表层活性磷酸盐浓度频率分布曲线 "下 25 个百分点" 为 0.018 mg/L，为参照状态推荐值，其为波动范围为 0.001 ～ 0.025 mg/L；舟山海区的表层活性磷酸盐浓度频率分布曲线 "下 25 个百分点" 为 0.029 mg/L，为参照状态推荐值，其波动范围为 0.020 ～ 0.034 mg/L （表 6-7，图 6-16）。

表 6-7　长江口海域秋季表层活性磷酸盐浓度频率分布分析结果　（单位：mg/L）

类别		全海域	长江口外近海区	舟山海区
样本量		517	72	175
平均值		0.038	0.023	0.035
SD		0.013	0.011	0.010
最小值		0.001	0.001	0.004
最大值		0.077	0.053	0.067
比例/%	5	0.018	0.001	0.020
	25	0.030	0.018	0.029
	50	0.039	0.025	0.034
	75	0.046	0.030	0.042
	95	0.060	0.040	0.052

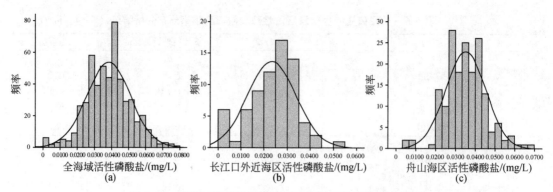

图 6-16　长江口海域秋季表层活性磷酸盐浓度频率分布图

6.5　Chl-a 参照状态的确定

6.5.1　各分区 Chl-a 浓度的年际变化

采用历年（1992 年春季至 2010 年秋季）的长江口海域监测数据，分别对春、夏、秋三季长江口外近海区和舟山海区的 Chl-a 浓度历史变化趋势进行分析（图 6-17 ~ 图 6-19）。其中，长江口外近海区的监测站位数量在不同年份有较大差异，尤其 1996 ~ 2003 年，仅有两个监测站位，为保证分析结果更具有代表性和可比性，在该海区选择长期监测的两个站位进行历史变化趋势分析。

1）春季。长江口外近海区 Chl-a 浓度平均值除个别年份（2007 年 Chl-a 浓度为 4.41 mg/m³）外，年度变化较小（0.93 ~ 2.40 mg/m³），只在小范围内上下波动。相对于长江口外近海区，舟山海区 Chl-a 浓度平均值的年度变化较大（0.34 ~ 8.11 mg/m³），但仅在 2001 年和 2004 年有较大幅度上升，其他年份差异较小。比较不同区域的总体水平来看，各海区 Chl-a 浓度未表现出显著差异（图 6-17）。

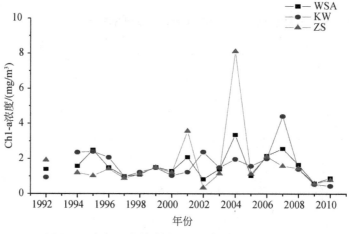

图 6-17　长江口海域春季 Chl-a 浓度历史变化趋势

2）夏季。调查海域数据缺失的年份较多，数据较为零散，无法分析 Chl-a 浓度的准确变化趋势。但可以看出，自 2002 年起，长江口海域 Chl-a 浓度呈现逐步上升的趋势。比较不同区域的总体水平来看，各海区 Chl-a 浓度未表现出显著差异（图6-18）。

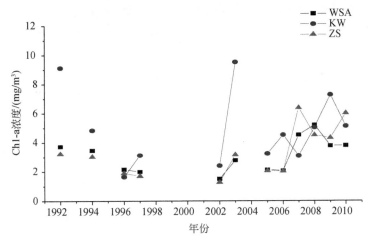

图 6-18　长江口海域夏季 Chl-a 浓度历史变化趋势

3）秋季。长江口外近海区和舟山海区的 Chl-a 浓度年度变化趋势较为一致，20 世纪 90 年代呈上下波动，2001～2005 年，Chl-a 浓度逐年下降，2006 年出现一个近20 年来的极高值，之后又开始下降。除 2006 年，其他年份的波动范围较小。比较不同区域的总体水平来看，各海区 Chl-a 浓度未表现出显著差异（图6-19）。

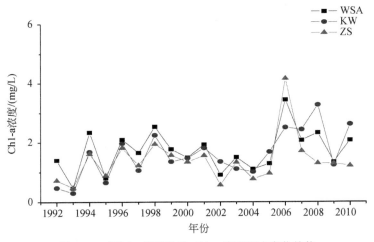

图 6-19　长江口海域秋季 Chl-a 浓度历史变化趋势

6.5.2　Chl-a 参照状态的初步确定

由上节对 Chl-a 浓度年际变化的分析可知，全海域、长江口外近海区和舟山海区的 Chl-a 浓度呈现波动式变化，单航次的调查数据量难以支撑参照状态的制定。因此采用 SPSS 13.0 软件包的一维频数分析程序，分别对长江口外近海区及舟山海区 1992 年以来的表层 Chl-a 浓度数据进行频率分布分析。由于 Chl-a 浓度的数据离散程度较大,将 Chl-a 浓度取自然对数后再进行频率分布分析,结果见表 6-8 ~ 表 6-13、图 6-20 ~ 图 6-22。

1)春季。长江口外近海区的表层 Chl-a 浓度频率分布曲线"下 25 个百分点"为 0.87 mg/m³,为参照状态推荐值,其波动范围为 0.25 ~ 1.26mg/m³;舟山海区的表层 Chl-a 浓度频率分布曲线"下 25 个百分点"为 0.73mg/m³,为参照状态推荐值,其波动范围为 0.25 ~ 1.20 mg/m³(表 6-8,表 6-9,图 6-20)。

表 6-8 长江口海域春季 Chl-a 浓度自然对数值频率分布分析结果

类别		全海域	长江口外近海区	舟山海区
样本量		452	63	150
平均值		0.099	0.242	0.037
SD		0.729	0.724	0.787
最小值		−1.386	−1.386	−1.386
最大值		2.392	1.537	2.392
比例/%	5	−1.386	−1.386	−1.386
	25	−0.261	−0.139	−0.315
	50	0.182	0.231	0.182
	75	0.523	0.693	0.465
	95	1.195	1.459	1.358

将表 6-8 中的频率分布值取 e 的 n 次幂,换算成 Chl-a 的浓度,如表 6-9 所示。

表 6-9 长江口海域春季 Chl-a 浓度频率分布分析结果   (单位:mg/m³)

类别		全海域	长江口外近海区	舟山海区
样本量		452	63	150
平均值		1.10	1.27	1.04
SD		2.07	2.06	2.20
最小值		0.25	0.25	0.25
最大值		10.94	4.65	10.94
比例/%	5	0.25	0.25	0.25
	25	0.77	0.87	0.73
	50	1.20	1.26	1.20
	75	1.69	2.00	1.59
	95	3.30	4.30	3.89

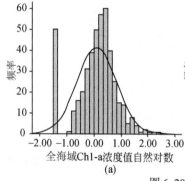
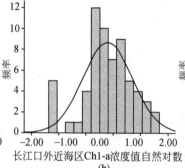
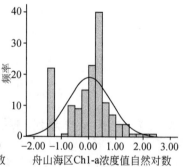

图 6-20 长江口海域春季 Chl-a 浓度频率分布图

2）夏季。长江口外近海区的表层 Chl-a 浓度频率分布曲线"下 25 个百分点"为 1.88 mg/m³，为参照状态推荐值，其波动范围为 0.99 ~ 3.13 mg/m³；舟山海区的表层 Chl-a 浓度频率分布曲线"下 25 个百分点"为 1.00 mg/m³，为参照状态推荐值，其波动范围为 0.39 ~ 1.79 mg/m³（表 6-10，表 6-11，图 6-21）。

表 6-10 长江口海域夏季 Chl-a 浓度自然对数值频率分布分析结果

类别		全海域	长江口外近海区	舟山海区
样本量		335	48	112
平均值		0.702	1.164	0.639
SD		0.811	0.693	0.914
最小值		−1.386	−0.315	−1.386
最大值		2.571	2.565	2.774
比例/%	5	−0.587	−0.011	−0.936
	25	0.148	0.631	0.005
	50	0.693	1.141	0.582
	75	1.250	1.542	1.191
	95	2.164	2.474	2.327

将表 6-10 中的频率分布值取 e 的 n 次幂，换算成 Chl-a 的浓度，结果如表 6-11 所示。

表 6-11 长江口海域夏季 Chl-a 浓度频率分布分析结果　　　（单位：mg/m³）

类别		全海域	长江口外近海区	舟山海区
样本量		335	48	112
平均值		2.02	3.20	1.89
SD		2.25	2.00	2.49
最小值		0.25	0.73	0.25
最大值		13.08	13.00	16.02
比例/%	5	0.56	0.99	0.39
	25	1.16	1.88	1.00
	50	2.00	3.13	1.79
	75	3.49	4.67	3.29
	95	8.70	11.86	10.25

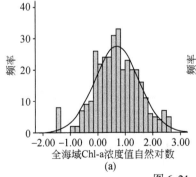
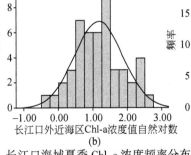
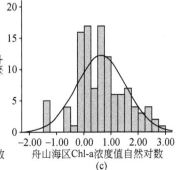

图 6-21 长江口海域夏季 Chl-a 浓度频率分布图

3）秋季。长江口外近海区的表层 Chl-a 频率分布曲线"下 25 个百分点"为 0.84mg/ m³，为参照状态推荐值，其波动范围为 0.37 ~ 1.42mg/m³；舟山海区的表层 Chl-a 频率分布曲线"下 25 个百分点"为 0.78mg/m³，为参照状态推荐值，其波动范围为 0.26 ~ 1.11 mg/m³（表 6-12，表 6-13，图 6-22）。

表 6-12　长江口海域秋季 Chl-a 浓度自然对数值频率分布分析结果

类别		全海域	长江口外近海区	舟山海区
样本量		493	69	169
平均值		0.262	0.267	0.078
SD		0.649	0.709	0.626
最小值		-2.526	-1.386	-2.526
最大值		1.647	1.901	1.539
比例/%	5	-0.819	-1.000	-1.330
	25	-0.128	-0.169	-0.242
	50	0.351	0.351	0.104
	75	0.668	0.607	0.501
	95	1.247	1.708	0.940

将表 6-12 中的频率分布值取 e 的 n 次幂，换算成 Chl-a 的浓度，结果如表 6-13 所示。

表 6-13　长江口海域秋季 Chl-a 浓度频率分布分析结果　（单位：mg/m³）

类别		全海域	长江口外近海区	舟山海区
样本量		493	69	169
平均值		1.30	1.31	1.08
SD		1.91	2.03	1.87
最小值		0.08	0.25	0.08
最大值		5.19	6.69	4.66
比例/%	5	0.44	0.37	0.26
	25	0.88	0.84	0.78
	50	1.42	1.42	1.11
	75	1.95	1.83	1.65
	95	3.48	5.52	2.56

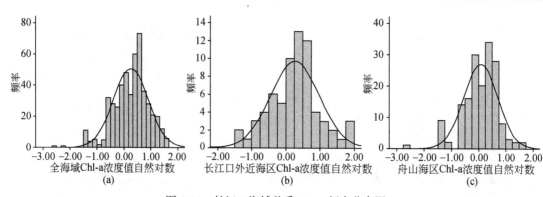

图 6-22　长江口海域秋季 Chl-a 频率分布图

6.6 COD_Mn 参照状态的确定

6.6.1 各分区 COD_Mn 浓度的年际变化

采用历年（1992 年春季至 2010 年秋季）的长江口海域监测数据，分别对春、夏、秋三季长江口外近海区和舟山海区的 COD_Mn 浓度平均值历史变化趋势进行分析（图 6-23 ~ 图 6-25）。其中，长江口外近海区的监测站位数量在不同年份有较大差异，尤其 1996 ~ 2003 年，仅有两个监测站位，为保证分析结果更具有代表性和可比性，在该海区选择长期监测的两个站位进行历史变化趋势分析。

1）春季。长江口外近海区 COD_Mn 浓度年度波动较小（0.31 ~ 0.90 mg/L），无明显趋势性变化，在 1998 年、2002 年、2006 年出现近 20 年来的极高值。舟山海区 COD_Mn 浓度波动幅度（0.57 ~ 1.3 mg/L）较长江口外近海区大，在 1996 年、2006 年、2010 年出现近 20 年来的极高值。比较不同区域的总体水平来看，长江口全海域 COD_Mn 浓度平均值高于舟山海区，舟山海区 COD_Mn 浓度平均值高于长江口外近海区（图 6-23）。

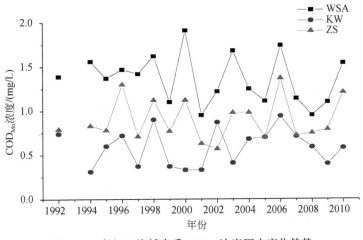

图 6-23　长江口海域春季 COD_Mn 浓度历史变化趋势

2）夏季。由于缺失 1998 ~ 2001 年的调查海域数据，无法分析各分区 COD_Mn 浓度平均值的准确变化趋势。但可以看出，口外近海区自 2003 年以来 COD_Mn 浓度呈逐渐下降趋势，而舟山海区在近十年来变化不大。比较不同区域的总体水平来看，长江口全海域 COD_Mn 浓度平均值与舟山海区相差不大，长江口外近海区则相对较低（图 6-24）。

3）秋季。长江口外近海区 COD_Mn 浓度平均值在 2002 年以前处于相对稳定状态，自 2003 年以来波动幅度趋于增大，并呈现一定程度的上升。在 2001 ~ 2005 年 COD_Mn 浓度呈小幅度上下波动。舟山海区的 COD_Mn 浓度平均值变化呈现先升高后降低的趋势，并在 2000 年出现近 20 年来的极高值。比较不同区域的总体水平来看，长江口全海域 COD_Mn 浓度平均值要显著高于舟山海区与口外近海区，舟山海区 COD_Mn 的浓度平均值在 1995 ~ 2002 年一直高

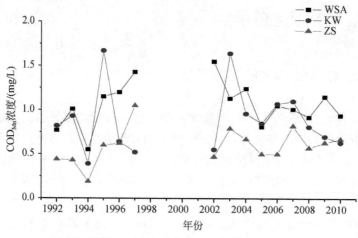

图 6-24　长江口海域夏季 COD_{Mn} 浓度历史变化趋势

于口外近海区，其他年度两海区的 COD_{Mn} 浓度平均值互相交错，无明显差异（图 6-25）。

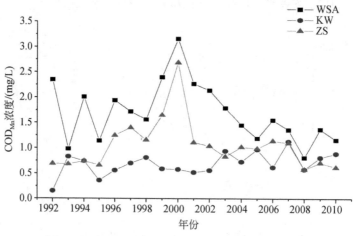

图 6-25　长江口海域秋季 COD_{Mn} 浓度历史变化趋势

6.6.2　COD_{Mn} 参照状态的初步确定

由上节对 COD_{Mn} 浓度年际变化的分析可知，全海域、长江口外近海区和舟山海区的 COD_{Mn} 浓度呈现波动式变化，单航次的调查数据量难以支撑参照状态的制定。采用 SPSS 13.0 软件包的一维频数分析程序，分别对 1992 年以来长江口外近海区及舟山海区春、夏、秋三季的 COD_{Mn} 浓度数据进行频率分布分析，分析结果见表 6-14 ~ 表 6-16、图 6-26 ~ 图 6-28。

1）春季。长江口外近海区的表层 COD_{Mn} 浓度频率分布曲线"下 25 个百分点"为 0.423 mg/L，为参照状态推荐值，其可能的波动范围为 0.300 ~ 0.530 mg/L；舟山海区的

表层 COD_{Mn} 浓度频率分布曲线"下 25 个百分点"为 0.513 mg/L，为参照状态推荐值，其可能的波动范围为 0.310～0.740 mg/L（表6-14、图6-26）。

表 6-14　长江口海域春季 COD_{Mn} 浓度频率分布分析结果　　（单位：mg/L）

类别		全海域	长江口外近海区	舟山海区
样本量		495	68	168
平均值		1.298	0.625	0.859
SD		0.818	0.304	0.477
最小值		0.075	0.150	0.075
最大值		4.020	1.510	2.260
比例/%	5	0.340	0.300	0.310
	25	0.640	0.423	0.513
	50	1.160	0.530	0.740
	75	1.730	0.738	1.108
	95	2.924	1.253	1.849

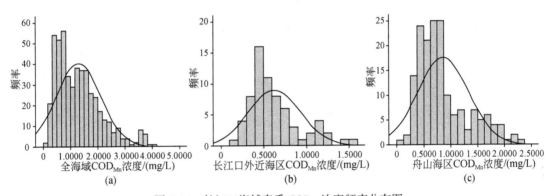

图 6-26　长江口海域春季 COD_{Mn} 浓度频率分布图

2）夏季。长江口外近海区的表层 COD_{Mn} 浓度频率分布曲线下 25 个百分点为 0.555 mg/L，为参照状态推荐值，其可能的波动范围为 0.323 ～ 0.840 mg/L；舟山海区的表层 COD_{Mn} 浓度频率分布曲线下 25 个百分点为 0.370 mg/L，为参照状态推荐值，其可能的波动范围为 0.080 ～ 0.490 mg/L（表6-15、图6-27）。

表 6-15　长江口海域夏季 COD_{Mn} 浓度频率分布分析结果　　（单位：mg/L）

类别	全海域	长江口外近海区	舟山海区
样本量	416	64	139
平均值	0.998	0.947	0.570
SD	0.597	0.461	0.325

续表

类别		全海域	长江口外近海区	舟山海区
最小值		0.040	0.090	0.040
最大值		3.400	2.170	1.570
比例/%	5	0.290	0.323	0.080
	25	0.510	0.555	0.370
	50	0.860	0.840	0.490
	75	1.370	1.268	0.720
	95	2.043	1.835	1.350

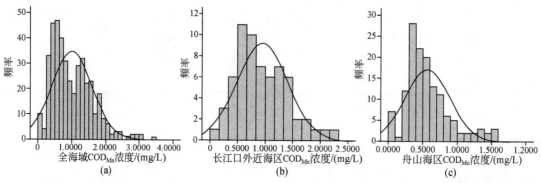

图6-27　长江口海域夏季 COD_{Mn} 频率分布图

3）秋季。长江口外近海区的表层 COD_{Mn} 浓度频率分布曲线"下 25 个百分点"为 0.460 mg/L，为参照状态推荐值，其可能的波动范围为 0.160~0.650 mg/L；舟山海区的表层 COD_{Mn} 浓度频率分布曲线"下 25 个百分点"为 0.550 mg/L，为参照状态推荐值，其可能的波动范围为 0.356~0.780 mg/L（表6-16、图6-28）。

表6-16　长江口海域秋季 COD_{Mn} 浓度频率分布分析结果　（单位：mg/L）

类别		全海域	长江口外近海区	舟山海区
样本量		520	71	175
平均值		1.569	0.710	0.942
SD		1.251	0.365	0.582
最小值		0.060	0.060	0.060
最大值		7.520	1.740	3.520
比例/%	5	0.430	0.160	0.356
	25	0.720	0.460	0.550
	50	1.270	0.650	0.780
	75	1.920	0.900	1.200
	95	4.282	1.376	2.238

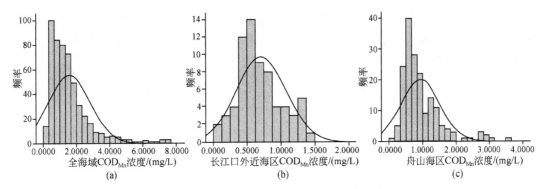

图 6-28 长江口海域秋季 COD_{Mn} 浓度频率分布图

6.7 浮游植物密度参照状态的确定

6.7.1 各分区浮游植物密度的年际变化

采用历年（1992 年春季至 2010 年秋季）的长江口海域监测数据，分别对春、夏、秋三季长江口外近海区和舟山海区的浮游植物密度历史变化趋势进行分析（图 6-29 ～ 图 6-31）。其中，长江口外近海区的监测站位数量在不同年份有较大差异，尤其 1996 ～ 2003 年，仅有两个监测站位，为保证分析结果更具有代表性和可比性，在该海区选择长期监测的两个站位进行历史变化趋势分析。另外，由于在历年调查中浮游植物密度的变化非常剧烈（如长江口外海区秋季变化范围为 $1.22\times10^3 ～ 5704.79\times10^3$ 个/L），为了方便分析，将各年浮游植物密度取对数值进行分析。

1）春季。由于 20 世纪 90 年代数据缺失较多，无法精确分析该段时间浮游植物密度的变化趋势。能够看出，不同海区各年度间的浮游植物密度差异较大，如在 1998 ～ 2010 年浮游植物密度相差近两个数量级。比较不同区域的总体水平来看，各分区浮游植物密度平均值的年际变化趋势基本一致，其中在 1998 ～ 2004 年浮游植物密度呈增大的趋势，而后开始下降（图 6-29）。

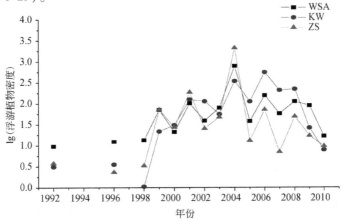

图 6-29 长江口海域春季浮游植物密度历史变化趋势

2）夏季。由于调查海域夏季数据缺失的年份较多，难以精确分析浮游植物密度的变化趋势。但是可以看出，各分区 2002 年后的浮游植物密度明显高于 20 世纪 90 年代。不同分区间浮游植物密度平均值的年际变化趋势基本一致（图 6-30）。

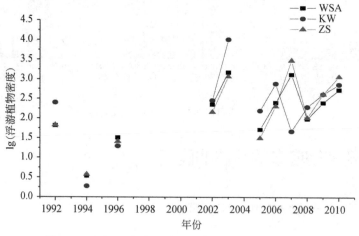

图 6-30   长江口海域夏季浮游植物密度历史变化趋势

3）秋季。调查海域各分区浮游植物密度变化的趋势基本一致，即 1992～1996 年浮游植物密度较小，之后浮游植物密度显著增大。另外，1998 年后浮游植物密度变化幅度较为剧烈，不同年际间相差可达一个数量级（图 6-31）。其中，口外近海区浮游植物密度在 2007 年出现近 20 年来的极高值。

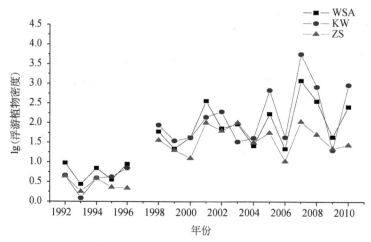

图 6-31   长江口海域秋季浮游植物密度历史变化趋势

6.7.2   浮游植物参照状态的初步确定

由于浮游植物密度的年度变化较大，且未呈现出明显的趋势性变化。同时，可获得的历史数据数量较少、参差不齐，仅通过一年或者单个航次的调查数据进行统计分析来确定调查海域的初步参照状态很难实现。因此，本研究采用1992~2010年的调查数据进行统计分析。采用SPSS 13.0软件包的一维频数分析程序，分别对长江口外近海区及舟山海区的表层浮游植物密度数据进行频率分布分析，分析结果见表6-17~表6-19、图6-32~图6-34。

1）春季。长江口外近海区的表层浮游植物密度频率分布曲线"下25个百分点"为17.44×10³个/L，为参照状态推荐值，其波动范围为0.84×10³~30.88×10³个/L；舟山海区的表层浮游植物密度频率分布曲线"下25个百分点"为6.77×10³个/L，为参照状态推荐值，其波动范围为1.58×10³~16.00×10³个/L（表6-17，表6-18，图6-32）。

表6-17　长江口海域春季浮游植物自然对数值频率分布分析结果

类别		全海域	长江口外近海区	舟山海区
样本量		405	60	137
平均值		3.187	3.734	3.041
SD		1.818	2.071	1.826
最小值		-3.361	-3.361	-1.772
最大值		8.144	7.949	8.545
比例/%	5	0.187	-0.172	0.456
	25	2.052	2.859	1.913
	50	3.141	3.430	2.773
	75	4.343	5.265	3.779
	95	6.340	7.261	6.687

将表6-17中的频率分布值取e的n次幂，换算成Chl-a的浓度，结果如表6-18所示。

表6-18　长江口海域春季浮游植物频率分布分析结果　（单位：10³个/L）

类别		全海域	长江口外近海区	舟山海区
样本量		405	60	137
平均值		24.21	41.84	20.92
SD		6.16	7.94	6.21
最小值		0.03	0.03	0.17
最大值		3 444.00	2 832.84	5 139.42
比例/%	5	1.21	0.84	1.58
	25	7.78	17.44	6.77
	50	23.12	30.88	16.00
	75	76.96	193.43	43.76
	95	566.62	1 424.35	801.86

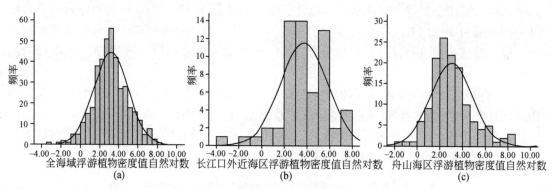

图6-32 长江口海域春季浮游植物密度频率分布图

2）夏季。长江口外近海区的表层浮游植物密度频率分布曲线"下25个百分点"为 25.96×10³个/L，为参照状态推荐值，其波动范围为1.95×10³~116.44×10³个/L；舟山海区的表层浮游植物密度频率分布曲线"下25个百分点"为9.72×10³个/L，为参照状态推荐值，其波动范围为1.29×10³~24.09×10³个/L（表6-19，表6-20，图6-33）。

表6-19　长江口海域夏季浮游植物自然对数值频率分布分析结果

类别		全海域	长江口外近海区	舟山海区
样本量		306	49	101
平均值		3.474	4.682	3.512
SD		2.021	2.052	1.997
最小值		-1.655	-0.006	-0.703
最大值		8.454	9.095	8.413
比例/%	5	0.169	0.667	0.251
	25	2.175	3.256	2.275
	50	3.202	4.757	3.182
	75	4.881	6.091	4.662
	95	7.448	7.954	7.574

将表6-19中的频率分布值取e的n次幂，换算成Chl-a的浓度，结果如表6-20所示。

表6-20　长江口海域夏季浮游植物频率分布分析结果　（单位：10³个/L）

类别		全海域	长江口外近海区	舟山海区
样本量		306	49	101
平均值		32.28	108.02	33.53
SD		7.54	7.78	7.36
最小值		0.19	0.99	0.50
最大值		4 692.12	8 913.91	4 504.86
比例/%	5	1.18	1.95	1.29
	25	8.80	25.96	9.72
	50	24.59	116.44	24.09
	75	131.79	441.94	105.80
	95	1 717.22	2 847.45	1 946.25

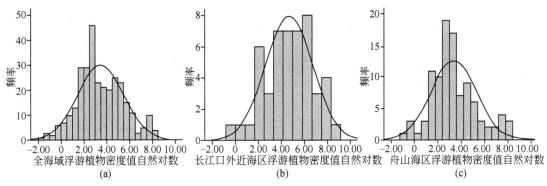

图 6-33　长江口海域夏季浮游植物密度频率分布图

3）秋季。长江口外近海区的表层浮游植物密度频率分布曲线"下 25 个百分点"为 12.10×10³ 个/L，为参照状态推荐值，其波动范围为 1.20×10³ ~ 40.26×10³ 个/L；舟山海区的表层浮游植物密度频率分布曲线"下 25 个百分点"为 4.59×10³ 个/L，为参照状态推荐值，其波动范围为 1.02×10³ ~ 13.79×10³ 个/L（表 6-21，表 6-22，图 6-34）。

表 6-21　长江口海域秋季浮游植物密度自然对数值频率分布分析结果

类别		全海域	长江口外近海区	舟山海区
样本量		482	68	161
平均值		3.029	3.803	2.499
SD		1.809	2.207	1.425
最小值		−1.833	−0.518	−1.833
最大值		7.947	7.916	5.623
比例/%	5	0.185	0.186	0.016
	25	1.720	2.493	1.524
	50	2.954	3.695	2.624
	75	4.215	5.386	3.476
	95	6.397	7.691	4.832

将表 6-21 中的频率分布值取 e 的 n 次幂，换算成 Chl-a 的浓度，结果如表 6-22 所示。

表 6-22　长江口海域秋季浮游植物频率分布分析结果　　（单位：10³ 个/L）

类别		全海域	长江口外近海区	舟山海区
样本量		482	68	161
平均值		20.68	44.85	12.18
SD		6.11	9.09	4.16
最小值		0.16	0.60	0.16
最大值		2826.81	2739.79	276.60
比例/%	5	1.20	1.20	1.02
	25	5.58	12.10	4.59
	50	19.19	40.26	13.79
	75	67.70	218.24	32.32
	95	599.94	2187.93	125.42

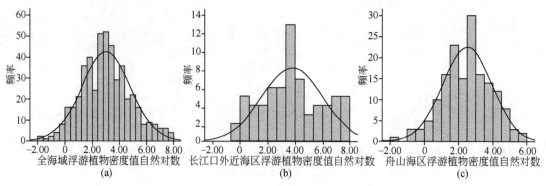

图 6-34 长江口海域秋季浮游植物密度频率分布图

6.8 DO 参照状态的确定

6.8.1 各分区 DO 浓度的年际变化

采用历年（1992 年春季至 2010 年秋季）的长江口海域监测数据，分别对春、夏、秋三季长江口外近海区和舟山海区的底层 DO 浓度历史变化趋势进行了分析（图 6-35～图 6-37）。其中，长江口外近海区的监测站位数量在不同年份有较大差异，尤其 1996～2003 年，仅有两个监测站位，为保证分析结果更具有代表性和可比性，在该海区选择长期监测的两个站位进行历史变化趋势分析。

1）春季。调查海域 DO 的总体状况较好，各分区 DO 浓度在不同年度之间的变化趋势极为一致，均在近 20 年来呈现出先下降后升高的趋势。其中在 1999～2006 年 DO 的含量相对较低，之后 DO 的浓度呈现上升的趋势，并在 2010 年出现近 20 年来的极高值（图 6-35）。

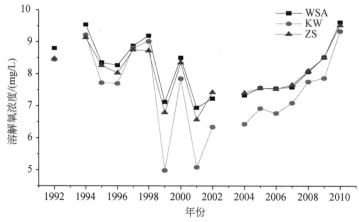

图 6-35 长江口海域春季底层 DO 浓度历史变化趋势

注：WSA，全海域；KW，长江口外近海区；ZS，舟山海区。本章下同

2）夏季。由于 1998～2001 年监测数据缺失，难以对长江口外近海区和舟山海区表层 DO 浓度的变化趋势做出准确判断。总体来看，这两个海区底层 DO 的浓度较全海域稍高，波动幅度较大，未呈现出明显的趋势性变化（图 6-36）。

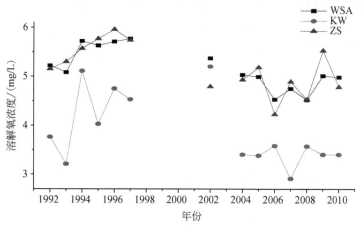

图 6-36　长江口海域夏季底层 DO 浓度历史变化趋势

3）秋季。各年度之间，长江口外近海区和舟山海区的底层 DO 浓度有一定幅度的上下波动，整体呈较为平缓的下降趋势。2002 年后，各海区 DO 浓度总体上处于一个相对较低的水平。长江口外近海区和舟山海区两个海区的 DO 平均浓度在不同年份互相交错，未呈现出显著差异（图 6-37）。

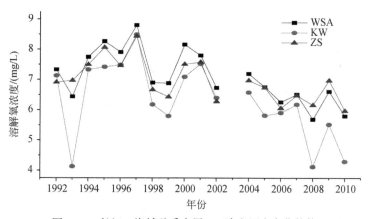

图 6-37　长江口海域秋季底层 DO 浓度历史变化趋势

6.8.2　DO 参照状态的初步确定

由上节对 DO 浓度的年际变化分析可知，全海域、长江口外近海区和舟山海区的 DO 浓度呈现波动式变化，单航次的调查数据量难以支撑参照状态的制定。采用 SPSS13.0 软件包的一维频数分析程序，分别对 1992～2010 年春、夏、秋三季长江口外近海区及舟山海区的底层 DO 数据进行频率分布分析，分析结果见表 6-23～表 6-25、图 6-38～图 6-40。

1）春季。长江口外近海区的底层 DO 频率分布曲线"上 25 个百分点"为 8.360 mg/L，为参照状态推荐值，其波动范围为 7.740~9.462 mg/L；舟山海区的表层 DO 频率分布曲线"上 25 个百分点"为 8.750 mg/L，为参照状态推荐值，其波动范围为 8.125 ~ 9.517mg/L（表 6-23，图 6-38）。

表 6-23   长江口海域春季底层 DO 频率分布分析结果   （单位：mg/L）

类别		全海域	长江口外近海区	舟山海区
样本量		319	55	148
平均值		8.157	7.565	8.002
SD		1.149	1.181	1.105
最小值		4.060	4.060	4.130
最大值		11.440	9.660	10.040
比例/%	5	6.100	5.252	5.967
	25	7.580	6.790	7.555
	50	8.180	7.740	8.125
	75	8.980	8.360	8.750
	95	9.760	9.462	9.517

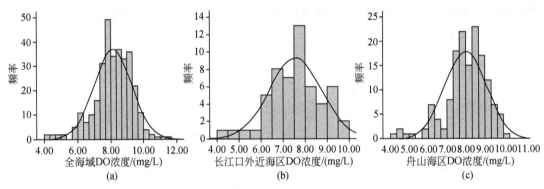

图 6-38   长江口海域春季底层 DO 频率分布图

2）夏季。长江口外近海区的底层 DO 频率分布曲线"上 25 个百分点"为 4.218 mg/L，为参照状态推荐值，其波动范围为 3.710~5.545 mg/L；舟山海区的底层 DO 频率分布曲线"上 25 个百分点"为 5.938 mg/L，为参照状态推荐值，其波动范围为 5.415 ~ 6.303 mg/L（表 6-24，图 6-39）。

表 6-24   长江口海域夏季底层 DO 频率分布分析结果   （单位：mg/L）

类别	全海域	长江口外近海区	舟山海区
样本量	234	50	116
平均值	5.136	3.769	5.119
SD	1.265	0.958	1.068

续表

类别		全海域	长江口外近海区	舟山海区
最小值		2.020	2.020	2.520
最大值		7.740	6.610	7.740
比例/%	5	2.940	2.468	3.081
	25	4.093	3.030	4.325
	50	5.515	3.710	5.415
	75	6.070	4.218	5.938
	95	6.753	5.545	6.303

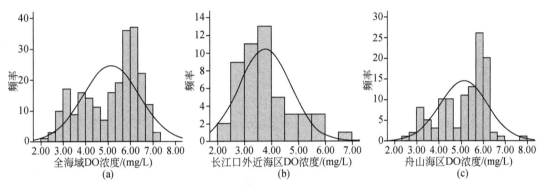

图 6-39 长江口海域夏季底层 DO 频率分布图

3）秋季。长江口外近海区的底层 DO 频率分布曲线"上 25 个百分点"为 6.953mg/L，为参照状态推荐值，其波动范围为 6.190～7.845mg/L；舟山海区的底层 DO 频率分布曲线"上 25 个百分点"为 7.405mg/L，为参照状态推荐值，其波动范围为 6.900 ～8.318mg/L（表 6-25、图 6-40）。

表 6-25 长江口海域秋季底层 DO 频率分布分析结果　　　　（单位：mg/L）

类别		全海域	长江口外近海区	舟山海区
样本量		324	62	154
平均值		6.984	5.885	6.867
SD		1.235	1.474	0.884
最小值		1.460	1.460	3.710
最大值		9.820	8.620	9.180
比例/%	5	4.665	2.732	5.455
	25	6.390	5.058	6.413
	50	7.060	6.190	6.900
	75	7.700	6.953	7.405
	95	8.960	7.845	8.318

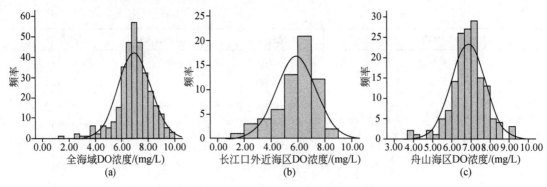

图 6-40　长江口海域秋季底层 DO 频率分布图

6.9　小结

本章研究了长江口富营养化指标的选择，根据不同分区对营养盐的敏感性特征确定了不同分区的营养盐基准制定方法，分析了无机氮、活性磷酸盐、Chl-a、COD_{Mn}、浮游植物密度以及底层 DO 等指标的年际变化以及参照状态的初步确定。

通过频率分布分析并结合十几年来的历史记录，初步推断了长江口外近海区与舟山海区不同营养盐基准变量的参照状态值（表 6-26）。可以看出，不同分区、不同季节间各指标的参照状态值通常存在显著差异，这体现了河口本身自然条件变化剧烈的特性，也说明对河口进行分区、分期制定适宜的管理措施非常必要。

表 6-26　长江口外近海区与舟山海区各营养盐基准变量的参照状态

基准变量	季节	长江口外近海区		舟山海区	
		参照状态	变动范围	参照状态	变动范围
活性磷酸盐浓度/（mg/L）	春季	0.014	0.002 ～ 0.020	0.020	0.007 ～ 0.025
	夏季	0.009	0.001 ～ 0.022	0.018	0.001 ～ 0.026
	秋季	0.018	0.001 ～ 0.025	0.029	0.020 ～ 0.034
无机氮浓度/（mg/L）	春季	0.317	0.201 ～ 0.412	0.372	0.177 ～ 0.504
	夏季	0.273	0.103 ～ 0.599	0.273	0.068 ～ 0.455
	秋季	0.211	0.091 ～ 0.361	0.441	0.222 ～ 0.529
DO 浓度/（mg/L）	春季	8.360	7.740 ～ 9.462	8.750	8.125 ～ 9.517
	夏季	4.218	3.710 ～5.545	5.938	5.415 ～ 6.303
	秋季	6.953	6.190 ～ 7.845	7.405	6.900 ～ 8.318
COD_{Mn}浓度/（mg/L）	春季	0.423	0.300 ～ 0.530	0.513	0.310 ～ 0.740
	夏季	0.555	0.323 ～ 0.840	0.370	0.080 ～ 0.490
	秋季	0.460	0.160 ～ 0.650	0.550	0.356 ～ 0.780
Chl-a 浓度/（mg/m³）	春季	0.87	0.25 ～ 1.26	0.73	0.25 ～ 1.20
	夏季	1.88	0.99 ～ 3.13	1.00	0.39 ～ 1.79
	秋季	0.84	0.37 ～ 1.42	0.78	0.26 ～ 1.11

续表

基准变量	季节	长江口外近海区		舟山海区	
		参照状态	变动范围	参照状态	变动范围
浮游植物密度/(10^3个/L)	春季	17.44	0.84 ~30.88	6.77	1.58 ~ 16.00
	夏季	25.96	1.95 ~ 116.44	9.72	1.29 ~ 24.09
	秋季	12.10	1.20 ~40.26	4.59	1.02 ~ 13.79

参 考 文 献

陈吉余，沈焕庭，恽才兴．1988. 长江河口动力过程和地貌演变. 上海：上海科学技术出版社. 31-37.

林以安，唐仁友，李炎，等．1995. 长江口生源元素的生物地球化学特征与絮凝沉降的关系. 海洋学报，17（5）：65-72.

刘红，何青，王元叶，等．2007. 长江口表层沉积物粒度时空分布特征. 沉积学报，25（3）：445-455.

刘新成，沈焕庭，黄清辉．2002. 长江入河口区生源要素的浓度变化及通量估算. 海洋与湖沼，33（5）：332-340.

吕晓霞，翟世奎，牛丽凤．2005. 长江口柱状沉积物中有机质 C/N 比的研究. 环境化学，24（3）：255-259.

马红波，宋金明，吕晓霞．2002. 渤海南部海域柱状沉积物中氮的形态与有机碳的分解. 海洋学报，24（5）：64-70.

孟伟，王丽婧，郑丙辉，等．2008. 河口区营养物基准制定方法. 生态学报，28（10）：5133-5140.

钱君龙，王苏明，薛滨，等．1997. 湖泊沉积研究中一种定量估算陆源有机碳的方法. 科学通报，42（15）：1655-1657.

宋志尧，茅丽华．2002. 长江口盐水入侵研究. 水资源保护，3：27 - 30.

周念清，王燕，夏明亮．2007. 长江口的演化与发展趋势. 水土保持通报，27（3）：132-137.

朱广伟，陈英旭．2001. 沉积物中有机质的环境行为研究进展. 湖泊科学，13（3）：272-279.

邹景忠，董丽萍，秦保全．1983. 渤海湾富营养化和赤潮问题的初步探讨. 海洋环境科学，2（2）：41-54.

7

河口营养盐基准与标准确定技术研究

如前文所述，河口区营养盐基准可定义为环境中营养状态参数对河口区不产生不良或有害影响的最大剂量（无作用剂量）或浓度。本章在分析营养盐历史记录特征的基础上，利用水质响应模型进行模拟，推断出在环境较好时期的营养盐分布特征，同已提出的参照状态值进行比较，并考虑海区生态环境敏感目标的实际需求，提出营养盐敏感海区各富营养化指标的基准值，探讨由基准向标准的转化与应用。在指标选择上，N、P元素是长江口水域污染的主要成分，而因无机氮和活性磷酸盐可被藻类直接利用，其浓度可较好反映海水的富营养化程度，在管理上更具有针对性，特选择无机氮和活性磷酸盐，进行基准与标准确定技术研究。

7.1 长江口营养盐历史记录分析

7.1.1 长江大通站营养盐通量历史记录

大通站是位于长江下游干流的水文水质综合监测站，其记录的营养盐通量变化能够较好地指示长江流域范围内的营养盐变化情况。根据长江大通站 1963～1984 年营养盐资料，我们运用时间序列趋势分析法和跳跃分析法分析了大通站营养盐通量的时间系列变化趋势和阶段性特征。

溶解性无机氮（DIN）的形态有 NO_3^--N、NO_2^--N、NH_4^+-N 三种形态。1963～1984 年 NO_3^--N、NO_2^--N、NH_4^+-N、DIN、P、Si 的通量年际变化见图 7-1 与图 7-2。经计算，1963～1984 年大通站 NO_3^--N、NO_2^--N、NH_4^+-N、DIN、P、Si 的年平均通量分别为 17.5 万 t、3552t、8.4 万 t、26.3 万 t、4215t 和 299.0 万 t。进一步采用肯德尔秩相关检验分析 NO_3^--N、NO_2^--N、NH_4^+-N、DIN、P、Si 年通量进行趋势性分析，可知 NO_3^--N 和 DIN 的检验临界值 $|M| > M_{0.01}^2$，即在 0.01 的显著性水平下，NO_3^--N 和 DIN 的年通量呈显著增长趋势。NO_2^--N 和 Si 的检验临界值在 0.01 的显著水平下接受原无趋势性的假设，但在 0.05 的显著水平下拒绝原假设，且 Si 的 M 值为负，表明 NO_2^--N 呈增大的趋势，但趋势不显著，Si 的通量呈下降趋势，但趋势也不显著。NH_4^+-N 和 P 的趋势性变化不明显。

分别用有序聚类分析法和里海哈林法对变化趋势性显著的 NO_3^--N 和 DIN 通量数据进行

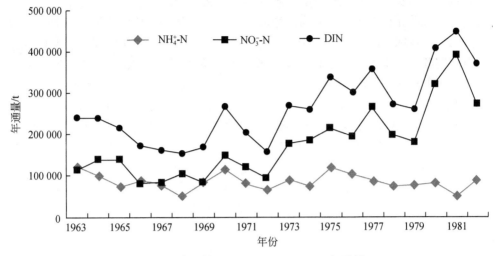

图 7-1 大通站 NO_3^--N、NH_4^+-N、DIN 年通量

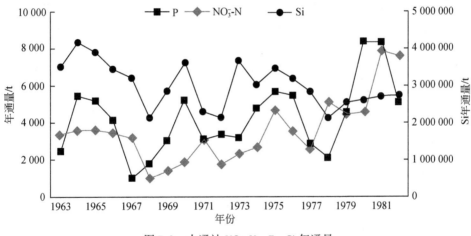

图 7-2 大通站 NO_3^--N、P、Si 年通量

跳跃分析，两种方法所得的检验量在 1972～1974 年分别达到了最小和最大，表明 1972～1974 年后 NO_3^--N 和 DIN 通量发生了较为显著的增大。1963～1972 年的年均通量为 19.7 万 t，1973～1984 年均 DIN 通量为 32.82 万 t，可见后一个阶段比前一个阶段增大了 66.6%。这与 20 世纪 70 年代长江流域的快速社会经济发展是极为吻合的。

可以据此推断，20 世纪 70 年代初可能是长江口海域富营养化的一个重点时间节点。

7.1.2　长江河口区营养盐浓度历史记录

自 20 世纪 50 年代以来，我国及国外学者针对长江河口区的营养盐状态进行过大量研究，这些历史记录可以作为营养盐参照状态和基准制定的重要参考。本节根据数十年来长江口海域硝酸盐、活性磷酸盐浓度的调查记录、公开发表的文献数据，以及本研究获得的现场调查数据分析长江口海域营养盐浓度的历史演变状况。

长江河口区的无机氮主要成分为硝酸盐，如沈志良等（1991）的研究表明，在1985～1988年长江口硝酸盐占无机氮的88%以上，翟世奎等（2008）指出在2003和2004年，长江口海域硝酸盐分别占无机氮的57%和61%，周俊丽等（2006）的研究表明长江口硝酸盐可占无机氮成分的90%以上。因此在某些缺乏无机氮数据记录的年份，我们采用硝酸盐近似代表其浓度水平。从表7-1可以看出，近50年来，长江口外海区的无机氮浓度总体呈显著上升趋势，现在的无机氮水平比20世纪60年代有大幅增加。20世纪60年代初，长江口外海区硝酸盐浓度维持在0.2mg/L以下，处于较低的水平；80年代硝酸盐和无机氮浓度较以前有较大的上升，但因60～70年代记录匮乏，无法分析上升拐点出现的具体时间；进入90年代，无机氮浓度比80年代升高了0.5～1倍；21世纪以来，无机氮浓度又经历一个明显上升过程，近年来平均浓度基本维持在0.5～0.7mg/L的水平。

表7-1　长江口外近海区与舟山海区氮营养盐浓度历史记录　（单位：mg/L）

海区	时间	NO_3^-	NO_2^-	NH_4^+	DIN	资料来源
	1963.8	0.005～0.15	0.005～0.01	0.04～0.08	—	顾宏堪等，1981，1982
	1963.10	0.04～0.20	0.003～0.005	0.02～0.14	—	顾宏堪等，1981，1982
	1980.6	—	—	—	0.28～0.70	王正方等，1983
	1983.8	0.14～0.70	0～0.02	<0.02	—	《海水化学调查报告》编写组，1990
	1984.12	—	—	—	0.04～0.44	杨晓兰等，1989
	1985.7	—	—	—	0.15～0.92	杨晓兰等，1989
	1985.10	0.17	0.004	0.06	0.23	沈志良，1991
长	1986.4	0.04～0.28	—	—	—	沈志良，1991
江	1986.10	0.10	0.005	0.073	0.18	沈志良，1991
口	1987.4	0.07～0.35	—	—	—	沈志良，1991
外	1988.4	0.14～0.42	—	—	—	沈志良，1991
近	1992	—	—	—	0.30	环保部近岸海域监测资料[*]，1992
海	1993	—	—	—	0.48	环保部近岸海域监测资料，1993
区	1994	—	—	—	0.43	环保部近岸海域监测资料，1994
	1995	—	—	—	0.47	环保部近岸海域监测资料
	1996	—	—	—	0.31	环保部近岸海域监测资料
	1997	—	—	—	0.22	环保部近岸海域监测资料
	1998	—	—	—	0.40	环保部近岸海域监测资料
	1999	—	—	—	0.30	环保部近岸海域监测资料
	2000	—	—	—	0.29	环保部近岸海域监测资料

＊采用舟山海洋监测站历年监测数据，未公开发表。

续表

海区	时间	NO_3^-	NO_2^-	NH_4^+	DIN	资料来源
长江口外近海区	2001	—	—	—	0.35	环保部近岸海域监测资料
	2002	—	—	—	0.34	环保部近岸海域监测资料
	2003	—	—	—	0.47	环保部近岸海域监测资料
	2004	—	—	—	0.59	环保部近岸海域监测资料
	2005	—	—	—	0.71	环保部近岸海域监测资料
	2006	—	—	—	0.59	环保部近岸海域监测资料
	2007	—	—	—	0.63	环保部近岸海域监测资料
	2008	—	—	—	0.60	本项目调查数据
	2009	—	—	—	0.49	本项目调查数据
	2010	—	—	—	0.65	本项目调查数据
舟山海区	1981.12	0.31	—	—	—	蒋国昌等, 1987
	1982.5	0.40	—	—	—	蒋国昌等, 1987
	1982.7	0.29	—	—	—	蒋国昌等, 1987
	1982.10	0.29	—	—	—	蒋国昌等, 1987
	1983.8	0.07~0.49	—	—	—	《海水化学调查报告》编写组, 1990
	1988.8	0.25	—	—	—	赵祚美, 1991
	1988.12	0.41	—	—	—	赵祚美, 1991
	1989.4	0.37	—	—	—	赵祚美, 1991
	1992	—	—	—	0.37	环保部近岸海域监测资料
	1993	—	—	—	0.48	环保部近岸海域监测资料
	1994	—	—	—	0.46	环保部近岸海域监测资料
	1995	—	—	—	0.47	环保部近岸海域监测资料
	1996	—	—	—	0.45	环保部近岸海域监测资料
	1997	—	—	—	0.46	环保部近岸海域监测资料
	1998	—	—	—	0.53	环保部近岸海域监测资料
	1999	—	—	—	0.57	环保部近岸海域监测资料
	2000	—	—	—	0.53	环保部近岸海域监测资料
	2001	—	—	—	0.48	环保部近岸海域监测资料
	2002	—	—	—	0.53	环保部近岸海域监测资料
	2003	—	—	—	0.54	环保部近岸海域监测资料
	2004	—	—	—	0.37	环保部近岸海域监测资料
	2005	—	—	—	0.53	环保部近岸海域监测资料
	2006	—	—	—	0.47	环保部近岸海域监测资料
	2007	—	—	—	0.63	环保部近岸海域监测资料
	2008	—	—	—	0.45	本项目调查数据
	2009	—	—	—	0.58	本项目调查数据
	2010	—	—	—	0.73	本项目调查数据

舟山海区没有 20 世纪 60、70 年代的无机氮记录。自有文献记录的 20 世纪 80 年代以来，该海区硝酸盐或无机氮浓度总体呈上升趋势，但其上升速度低于长江口外海区，近 30 年无机氮浓度升高约 1 倍。从总体上看，舟山海区无机氮浓度略高于长江口外海区（图 7-3）。

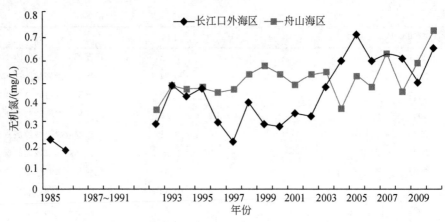

图7-3　长江口外海区与舟山海区无机氮浓度平均值历史变化

　　自1958～1959年全国海洋综合调查以来，长江口外海区磷酸盐浓度基本呈上升趋势，但上升幅度较缓。其中20世纪50年代末至80年代初处于相对较低水平，此后磷酸盐浓度略有上升，近年来基本维持在0.02 mg/L以上的水平波动。

　　舟山海区总体磷酸盐水平较长江口外海区高。从历史记录来看，其磷酸盐浓度变化趋势与长江口外海区有所不同。自1958年至21世纪初，磷酸盐浓度基本呈缓慢上升趋势，2002年之后略有下降。其中20世纪50年代末的磷酸盐浓度相对较低（表7-2，图7-4）。

表7-2　长江口外海区与舟山海区磷酸盐浓度历史记录　　　　　（单位：mg/L）

海区	时间	范围	平均值	参考文献
长江口外近海区	1958.11	0.013～0.034	0.023	全国海洋综合调查资料
	1959.2	0.012～0.029	0.020	全国海洋综合调查资料
	1959.5	0.008～0.030	0.018	全国海洋综合调查资料
	1959.8	0.002～0.031	0.011	全国海洋综合调查资料
	1959.11	0.020～0.034	0.027	全国海洋综合调查资料
	1963.8	0.004～0.010	0.006	顾宏堪等，1981，1982
	1963.9	0.002～0.011	0.008	顾宏堪等，1981，1982
	1963.10	0.001～0.014	0.007	顾宏堪等，1981，1982
	1963.11	0.002～0.009	0.005	顾宏堪等，1981，1982
	1963.12	0.014～0.022	0.018	顾宏堪等，1981，1982
	1975	—	0.020	国家海洋局海洋调查资料
	1976	—	0.0198	国家海洋局海洋调查资料
	1980.6	0.0062～0.019	—	王正方等，1983
	1981.8	0～0.029	0.012	黄尚高等，1986
	1981.11	0.007～0.016	0.011	黄尚高等，1986
	1982～1983	—	0.028	杨鸿山等，1990
	1983.8	—	0.017	《海水化学调查报告》编写组，1990
	1983.11	—	0.026	《海水化学调查报告》编写组，1990
	1984.2	—	0.024	《海水化学调查报告》编写组，1990
	1984.5	—	0.011	《海水化学调查报告》编写组，1990

海区	时间	范围	平均值	参考文献
长江口外近海区	1984.12	0.004~0.020	—	杨晓兰等，1989
	1985.7	0.002~0.060	—	杨晓兰等，1989
	1986.4	0.011~0.012	—	沈志良，1991
	1987.4	0.012~0.031	—	沈志良，1991
	1988.4	0.006~0.012	—	沈志良，1991
	1988.8	0.003~0.022	—	沈新强等，1995
	1992	—	0.017	环保部近岸海域监测资料
	1993	—	0.016	环保部近岸海域监测资料
	1994	—	0.025	环保部近岸海域监测资料
	1995	—	0.018	环保部近岸海域监测资料
	1996	—	0.020	环保部近岸海域监测资料
	1997	—	0.022	环保部近岸海域监测资料
	1998	—	0.024	环保部近岸海域监测资料
	1999	—	0.018	环保部近岸海域监测资料
	2000	—	0.025	环保部近岸海域监测资料
	2001	—	0.021	环保部近岸海域监测资料
	2002	—	0.019	环保部近岸海域监测资料
	2003	—	0.022	环保部近岸海域监测资料
	2004	—	0.023	环保部近岸海域监测资料
	2005	—	0.025	环保部近岸海域监测资料
	2006	—	0.022	环保部近岸海域监测资料
	2007	—	0.014	环保部近岸海域监测资料
	2008	—	0.027	本项目调查数据
	2009	—	0.023	本项目调查数据
	2010	—	0.022	本项目调查数据
舟山海区	1958.11	0.015~0.044	0.026	全国海洋综合调查资料，1961
	1959.2	0.014~0.027	0.019	全国海洋综合调查资料，1961
	1959.5	0.003~0.032	0.013	全国海洋综合调查资料，1961
	1959.8	0.006~0.034	0.015	全国海洋综合调查资料，1961
	1959.11	0.009~0.039	0.025	全国海洋综合调查资料，1961
	1981.12	—	0.031	蒋国昌等，1987
	1982.5	—	0.020	蒋国昌等，1987
	1982.7	—	0.020	蒋国昌等，1987
	1982.10	—	0.024	蒋国昌等，1987
	1988.8	—	0.023	赵祚美，1991
	1988.12	—	0.029	赵祚美，1991
	1989.4	—	0.032	赵祚美，1991
	1992	—	0.026	环保部近岸海域监测资料
	1993	—	0.027	环保部近岸海域监测资料
	1994	—	0.032	环保部近岸海域监测资料
	1995	—	0.028	环保部近岸海域监测资料
	1996	—	0.026	环保部近岸海域监测资料
	1997	—	0.031	环保部近岸海域监测资料
	1998	—	0.037	环保部近岸海域监测资料
	1999	—	0.032	环保部近岸海域监测资料
	2000	—	0.035	环保部近岸海域监测资料
	2001	—	0.030	环保部近岸海域监测资料

续表

海区	时间	范围	平均值	参考文献
长江口外近海区	2002	—	0.037	环保部近岸海域监测资料
	2003	—	0.032	环保部近岸海域监测资料
	2004	—	0.027	环保部近岸海域监测资料
	2005	—	0.026	环保部近岸海域监测资料
	2006	—	0.024	环保部近岸海域监测资料
	2007	—	0.024	环保部近岸海域监测资料
	2008	—	0.023	本项目调查数据
	2009	—	0.030	本项目调查数据
	2010	—	0.028	本项目调查数据

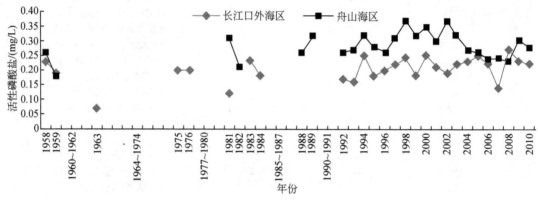

图 7-4　长江口外海区与舟山海区磷酸盐历史变化

表 7-3 ~ 表 7-6 为 2 个海区溶 DO、COD$_{Mn}$、Chl-a 和浮游植物细胞数的历史资料，因本研究并不制定这 4 种环境参数的标准，故仅将其作为确定参照状态的参考。

从现有的历史资料来看，长江口海域的营养盐浓度在 20 世纪五六十年代基本处于较低水平，80 年代之后则表现较明显上升，这与自 20 世纪 60 年代中期以来长江流域小化肥厂的迅速增长相一致，与同期记录的水稻田中的青蛙、田螺、鳝鱼及蛇等水生动物大量死亡相一致（顾宏堪等，1982）。此外，文献记录长江口徐六泾以下在 20 世纪 80 年代初水质仍为优良（陈吉余，2007），因此，可以谨慎地认为 20 世纪 60 年代中期之前长江口海域仍处于较低的营养盐污染状态。

表 7-3　长江口外海区与舟山海区 DO 浓度历史记录　　　（单位：mg/L）

海区	时间	范围	平均值	参考文献
长江口外海区	1982.8	4.38 ~ 8.16	5.58	《海水化学调查报告》编写组，1990
	1982.11	4.69 ~ 6.09	5.48	《海水化学调查报告》编写组，1990
	1983.2	6.44 ~ 7.33	6.85	《海水化学调查报告》编写组，1990
	1983.5	4.84 ~ 6.88	5.74	《海水化学调查报告》编写组，1990
	1984.12	5.54 ~ 8.64	—	杨晓兰等，1989
	1985.7	5.07 ~ 5.68	—	杨晓兰等，1989

续表

海区	时间	范围	平均值	参考文献
长江口外海区	1992	—	8.43	环保部近岸海域监测资料
	1993	—	7.04	环保部近岸海域监测资料
	1994	—	8.12	环保部近岸海域监测资料
	1995	—	8.43	环保部近岸海域监测资料
	1996	—	7.68	环保部近岸海域监测资料
	1997	—	7.67	环保部近岸海域监测资料
	1998	—	8.37	环保部近岸海域监测资料
	1999	—	6.86	环保部近岸海域监测资料
	2000	—	7.97	环保部近岸海域监测资料
	2001	—	7.72	环保部近岸海域监测资料
	2002	—	6.88	环保部近岸海域监测资料
	2003	—	7.61	环保部近岸海域监测资料
	2004	—	7.51	环保部近岸海域监测资料
	2005	—	7.29	环保部近岸海域监测资料
	2006	—	7.14	环保部近岸海域监测资料
	2007	—	8.24	环保部近岸海域监测资料
	2008	—	7.02	本项目调查数据
	2009	—	7.62	本项目调查数据
	2010	—	8.27	本项目调查数据
舟山海区	1981.12	—	9.15	蒋国昌等，1987
	1982.5	—	8.37	蒋国昌等，1987
	1982.7	—	5.56	蒋国昌等，1987
	1982.10	—	7.29	蒋国昌等，1987
	1992	—	7.81	环保部近岸海域监测资料
	1993	—	7.31	环保部近岸海域监测资料
	1994	—	7.84	环保部近岸海域监测资料
	1995	—	7.88	环保部近岸海域监测资料
	1996	—	7.66	环保部近岸海域监测资料
	1997	—	7.80	环保部近岸海域监测资料
	1998	—	8.01	环保部近岸海域监测资料
	1999	—	7.42	环保部近岸海域监测资料
	2000	—	8.20	环保部近岸海域监测资料
	2001	—	7.99	环保部近岸海域监测资料
	2002	—	6.55	环保部近岸海域监测资料
	2003	—	7.33	环保部近岸海域监测资料
	2004	—	7.51	环保部近岸海域监测资料
	2005	—	7.20	环保部近岸海域监测资料
	2006	—	6.92	环保部近岸海域监测资料
	2007	—	7.87	环保部近岸海域监测资料
	2008	—	7.04	本项目调查数据
	2009	—	7.49	本项目调查数据
	2010	—	7.82	本项目调查数据

表 7-4　长江口外海区与舟山海区 COD$_{Mn}$浓度历史记录　　（单位：mg/L）

海区	时间	范围	平均值	参考文献
长江口外海区	1972~76		≈2	杨鸿山等，1990
	1984.12	0.5~3.3	—	杨晓兰等，1989
	1985.7	0.99~1.6	—	杨晓兰等，1989
	1992	—	0.57	环保部近岸海域监测资料
	1993	—	0.88	环保部近岸海域监测资料
	1994	—	0.48	环保部近岸海域监测资料
	1995	—	0.87	环保部近岸海域监测资料
	1996	—	0.64	环保部近岸海域监测资料
	1997	—	0.53	环保部近岸海域监测资料
	1998	—	0.89	环保部近岸海域监测资料
	1999	—	0.48	环保部近岸海域监测资料
	2000	—	0.46	环保部近岸海域监测资料
	2001	—	0.43	环保部近岸海域监测资料
	2002	—	0.66	环保部近岸海域监测资料
	2003	—	1.00	环保部近岸海域监测资料
	2004	—	0.79	环保部近岸海域监测资料
	2005	—	0.82	环保部近岸海域监测资料
	2006	—	0.95	环保部近岸海域监测资料
	2007	—	0.97	环保部近岸海域监测资料
	2008	—	0.66	本项目调查数据
	2009	—	0.70	本项目调查数据
	2010	—	0.84	本项目调查数据
舟山海区	1981.12	—	2.51	蒋国昌等，1987
	1982.5	—	0.55	蒋国昌等，1987
	1982.7	—	0.9	蒋国昌等，1987
	1982.10	—	1.16	蒋国昌等，1987
	1992	—	0.64	环保部近岸海域监测资料
	1993	—	0.56	环保部近岸海域监测资料
	1994	—	0.58	环保部近岸海域监测资料
	1995	—	0.68	环保部近岸海域监测资料
	1996	—	1.06	环保部近岸海域监测资料
	1997	—	0.91	环保部近岸海域监测资料
	1998	—	1.14	环保部近岸海域监测资料
	1999	—	1.21	环保部近岸海域监测资料
	2000	—	1.90	环保部近岸海域监测资料
	2001	—	0.90	环保部近岸海域监测资料
	2002	—	0.69	环保部近岸海域监测资料
	2003	—	0.87	环保部近岸海域监测资料
	2004	—	0.89	环保部近岸海域监测资料
	2005	—	0.73	环保部近岸海域监测资料
	2006	—	0.97	环保部近岸海域监测资料
	2007	—	0.88	环保部近岸海域监测资料
	2008	—	0.64	本项目调查数据
	2009	—	0.71	本项目调查数据
	2010	—	0.83	本项目调查数据

表 7-5　长江口外海区与舟山海区 **Chl-a** 浓度历史记录　（单位：mg/m³）

海区	时间	范围	平均值	参考文献
长江口外海区	1984.8	3~4	—	宁修仁等，1986
	1986.8	1~6	—	宁修仁等，1991
	1988.8	0.4~13.0	—	沈新强等，1995
	1988.12	0.3~4.9	—	沈新强等，1995
	1992	—	3.51	环保部近岸海域监测资料
	1993	—	0.46	环保部近岸海域监测资料
	1994	—	2.96	环保部近岸海域监测资料
	1995	—	1.53	环保部近岸海域监测资料
	1996	—	1.89	环保部近岸海域监测资料
	1997	—	1.21	环保部近岸海域监测资料
	1998	—	1.86	环保部近岸海域监测资料
	1999	—	1.42	环保部近岸海域监测资料
	2000	—	1.25	环保部近岸海域监测资料
	2001	—	1.52	环保部近岸海域监测资料
	2002	—	2.04	环保部近岸海域监测资料
	2003	—	4.04	环保部近岸海域监测资料
	2004	—	1.49	环保部近岸海域监测资料
	2005	—	2.04	环保部近岸海域监测资料
	2006	—	3.02	环保部近岸海域监测资料
	2007	—	4.64	环保部近岸海域监测资料
	2008	—	3.24	本项目调查数据
	2009	—	2.11	本项目调查数据
	2010	—	2.68	本项目调查数据
舟山海区	1988.8	1.3~2.8	—	赵祢美等，1991
	1988.12	0.35~1.0	—	赵祢美等，1991
	1989.4	0.2~0.45	—	赵祢美等，1991
	1992	—	1.95	环保部近岸海域监测资料
	1993	—	1.43	环保部近岸海域监测资料
	1994	—	1.94	环保部近岸海域监测资料
	1995	—	0.95	环保部近岸海域监测资料
	1996	—	1.70	环保部近岸海域监测资料
	1997	—	1.20	环保部近岸海域监测资料
	1998	—	1.53	环保部近岸海域监测资料
	1999	—	1.54	环保部近岸海域监测资料
	2000	—	1.27	环保部近岸海域监测资料
	2001	—	2.56	环保部近岸海域监测资料
	2002	—	0.73	环保部近岸海域监测资料
	2003	—	1.87	环保部近岸海域监测资料
	2004	—	4.44	环保部近岸海域监测资料
	2005	—	1.38	环保部近岸海域监测资料
	2006	—	2.69	环保部近岸海域监测资料
	2007	—	3.78	环保部近岸海域监测资料
	2008	—	2.42	本项目调查数据
	2009	—	2.06	本项目调查数据
	2010	—	2.66	本项目调查数据

表7-6　长江口外海区与舟山海区浮游植物细胞数历史记录　　（单位：10^3 cells/L）

	时间	范围	平均值	参考文献
长江口外海区	1984.12	—	73	杨晓兰等，1989
	1985.7	—	671	杨晓兰等，1989
	1988.8	29.3~13 436.7	2.5	顾新根等，1995
	1988.12	6.8~5482.5	0.3	顾新根等，1995
	1989.8	15.4~307 674.2	18.9	顾新根等，1995
	1992	—	86.6	环保部近岸海域监测资料
	1993	—	1.5	环保部近岸海域监测资料
	1994	—	2.9	环保部近岸海域监测资料
	1995	—	4.2	环保部近岸海域监测资料
	1996	—	10.2	环保部近岸海域监测资料
	1998	—	115.8	环保部近岸海域监测资料
	1999	—	28.4	环保部近岸海域监测资料
	2000	—	36.2	环保部近岸海域监测资料
	2001	—	133.1	环保部近岸海域监测资料
	2002	—	197.9	环保部近岸海域监测资料
	2003	—	3421.3	环保部近岸海域监测资料
	2004	—	190.6	环保部近岸海域监测资料
	2005	—	247.1	环保部近岸海域监测资料
	2006	—	395.0	环保部近岸海域监测资料
	2007	—	2896.0	环保部近岸海域监测资料
	2008	—	417.2	本项目调查数据
	2009	—	111.1	本项目调查数据
	2010	—	460.6	本项目调查数据
舟山海区	1992	—	25.3	环保部近岸海域监测资料
	1993	—	3.8	环保部近岸海域监测资料
	1994	—	3.8	环保部近岸海域监测资料
	1995	—	2.3	环保部近岸海域监测资料
	1996	—	10.2	环保部近岸海域监测资料
	1998	—	182.6	环保部近岸海域监测资料
	1999	—	45.3	环保部近岸海域监测资料
	2000	—	20.0	环保部近岸海域监测资料
	2001	—	143.4	环保部近岸海域监测资料
	2002	—	78.5	环保部近岸海域监测资料
	2003	—	437.9	环保部近岸海域监测资料
	2004	—	1066.6	环保部近岸海域监测资料
	2005	—	33.7	环保部近岸海域监测资料
	2006	—	100.1	环保部近岸海域监测资料
	2007	—	1651.5	环保部近岸海域监测资料
	2008	—	62.5	本项目调查数据
	2009	—	151.0	本项目调查数据
	2010	—	395.1	本项目调查数据

7.2 历史较好状态下长江口营养盐模拟分析

早期河口区营养盐监测的站位、频次较少，监测成果难以反映各个分区的营养盐分布情况，这对确定分区营养盐基准的参照状态带来了很大的难题。为了解决这一问题，我们采用数学模型对历史过程进行反演评估与验证长江口营养盐基准值，利用早期长江营养盐入海通量来模拟河口区营养盐浓度分布，并进行分区统计，得到各个分区较好状态下营养盐的分布状况。

前文已经建立了长江口三维水动力水质模型，并利用现状入海通量和河口水质分布进行模型参数的率定和验证，基本能够反映长江口区域营养盐输送和反应特征，可以用来反演河口区早期的营养盐分布情况。

7.2.1 模拟方案设定

从第 5 章的现状模拟结果来看，河口区的营养盐分布受长江径流和营养盐通量影响很大，长江入海营养盐通量越大，长江口营养盐的浓度越大，高浓度区的面积也越大。为了获得河口区较好状态下营养盐的分布情况，必须选用营养盐入海通量较小的时期。本章前节分析了 1963～1984 年大通站营养盐通量的系列变化趋势和阶段性特征，结果显示 1972～1974 年后 NO_3^--N 和 DIN 通量发生了较为显著的增大，1973～1984 年比 1962～1973 年通量增大了 66.6%，因此，可以确定 1962～1973 年入海营养盐通量相对较小，对河口区营养盐也影响较小，该时期的入海通量可以设为模拟的初始条件（背景值）。

另外，从现状调查的结果和模拟的结果来看，长江口营养盐平面分布形态存在比较明显的年内变化，丰水期和平水期等浓度线偏向南，而枯水期偏向北。相比较而言，各水期营养盐分布形态的年际变化变化较小。

考虑以上情况，选择典型的丰、平、枯水期的水流、潮流作为水动力条件，选择早期的营养盐通量作为水质条件进行水质模拟，用以反映较好状态下长江口各水期营养盐的分布情况。

由于缺乏分水期的通量，并且从现状情况来看，入海径流营养盐浓度各水期变化范围不大，研究中使用年均浓度，结合不同水期的水流条件，设定 3 个模拟方案（表 7-7）。

表 7-7 模拟方案

方案号	水期	平均流量/（m^3/s）	NO_3^--N 通量/（kg/s）	NH_4^+-N 通量/（kg/s）	PO_4^{3-}-P 通量/（kg/s）
1	枯水期	9 682	3.39	1.45	0.19
2	丰水期	37 289	13.05	5.59	0.75
3	平水期	23 900	8.37	3.59	0.48

7.2.2 模拟结果及分析

应用模型对设定方案进行模拟计算，得到不同水期 DIN、NH_4^+-N、PO_4^{3-}-P 的分布状况。

枯水期长江口门以上 DIN 浓度局部区域大于 0.45mg/L，长江口门以外 DIN 浓度分布在 0.1~0.3mg/L 之间；长江口门以上 NH_4^+ 浓度达到 0.15mg/L，而长江口门以外均小于 0.1mg/L；长江口门以上局部区域 PO_4^{3-} 超过了 0.045mg/L，长江口门以下 PO_4^{3-} 浓度均在 0.03mg/L 以下。受枯水期水动力作用的影响，等浓度线偏向东北方向（图7-5）。

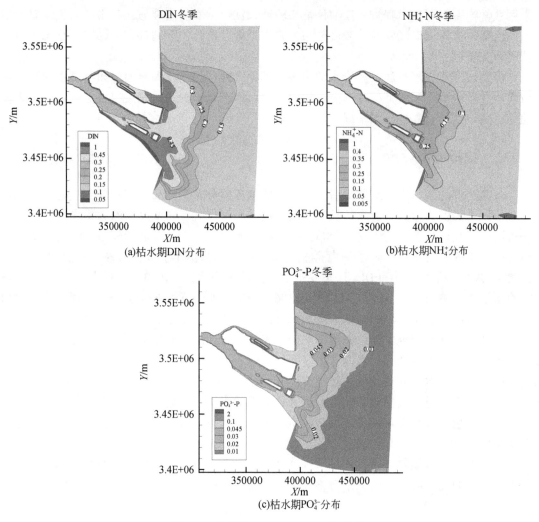

图 7-5　枯水期 DIN、NH_4^+、PO_4^{3-} 分布

　　丰水期长江口门以上 DIN 浓度局部区域超过 0.7mg/L，长江口门以外大部分区域 DIN 浓度为 0.15~0.3mg/L，0.15mg/L 等浓度线一直延伸至 122.5°E 以外；整个模拟区域 NH_4^+ 浓度均在 0.06~0.15mg/L，0.1mg/L 浓度线延伸至 122°E；长江口门区以上海域 PO_4^{3-} 区以上海域浓度均在 0.015~0.03mg/L，高浓度区主要集中在沿岸，长江口门区以下海域 PO_4^{3-} 浓度均在 0.015 mg/L 以下。受丰水期水动力作用的影响，等浓度线偏向东南方向（图7-6）。

　　平水期长江口门以上长江右岸局部区域 DIN 超过 0.6mg/L，长江口门以外大部分区域 DIN 浓度分布在 0.15~0.45mg/L 之间，0.15mg/L 等浓度线一直延伸至 123°E 以外；整个

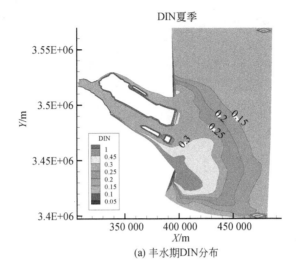

(a) 丰水期DIN分布

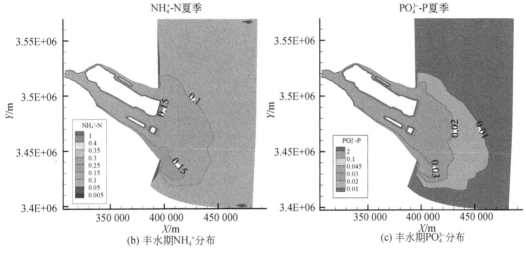

(b) 丰水期NH₄⁺分布　　　　　　　　　　(c) 丰水期PO₄³⁻分布

图 7-6　丰水期 DIN、NH₄⁺、PO₄³⁻分布

模拟区域 NH_4^+ 浓度均在 0.06~0.15mg/L,长江口门以上海域 NH_4^+ 浓度为 0.1~0.15mg/L,长江口门以下 NH_4^+ 浓度小于 0.1mg/L,0.1mg/L 等浓度线延伸至 123°E;长江口门以上区域 PO_4^{3-} 浓度均在 0.02~0.03mg/L,沿岸局部区域存在一个高浓度带,浓度超过了 0.03mg/L,长江口门以下海域 PO_4^{3-} 浓度均在 0.02 mg/L 以下,0.015 mg/L 等浓度线一致延伸至 123°E。受平水期水动力作用的影响,等浓度线偏向东南方向(图 7-7)。

从年内情况来看,枯水期高浓度区范围相对较小,但最高浓度值最大,丰、平水期高浓度区范围大,但最高浓度值相对较小。丰水期和平水期长江对河口区的影响范围要大于枯水期。

参考《海水水质标准》,对模拟结果进行统计,得到各类水体的面积,DIN 达到Ⅰ、Ⅱ类海水标准的区域占到总模拟区域的 86%,PO_4^{3-}-P 更是占到了 91% 以上,与现状 65% 和 60% 相比,高出很多,这也说明了河口区历史营养盐分布状态要远好于现状情况(表 7-8)。

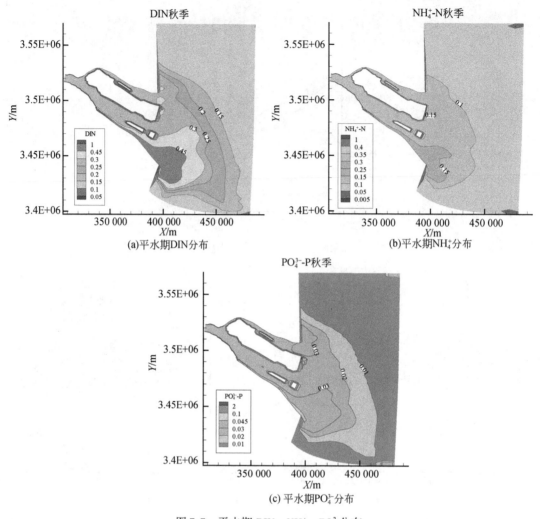

图 7-7　平水期 DIN、NH_4^+、PO_4^{3-}分布

表 7-8　营养盐达 I、II 标准区域面积比例　　　　（单位：%）

水期	DIN		PO_4^{3-}	
	I 类	II 类	I 类	II 类
枯水期	72.0	10.8	70.9	14.1
丰水期	67.3	20.4	72.7	24.8
平水期	67.5	19.6	66.8	23.6

7.3　长江口营养盐基准建议值

　　对于长江口过渡区和杭州湾，高营养盐并不能导致浮游生物的大量繁殖，生态系统对营养盐含量高低表现为不敏感。本研究中，对这两个分区不直接制定基准。对于长江口外

海区和舟山海区，营养盐含量对生态系统各组分有明显的制约作用，影响着浮游生物的物种组成与数量高低。在本研究中，分别确定这两个分区的营养盐基准值。

7.3.1　无机氮基准值的确定

前文以长江流域较少受营养盐污染的 20 世纪 60 年代的数据为条件，进行长江口营养盐模拟，推算长江口较好水质下营养盐的浓度分布状况。模拟结果表明，长江口外近海区，枯水期无机氮浓度为 0.1~0.3mg/L，大部分海域 0.1~0.15mg/L；丰水期 0.1~0.45mg/L，大部分海域 0.1~0.2mg/L；平水期 0.1~0.45mg/L，大部分海域 0.1~0.2mg/L。参照状态计算值基本处于历史模拟范围中等偏高的水平。

从营养盐历史记录中得出，20 世纪 60 年代中期之前长江口营养盐处于较低污染水平。长江口外海区 1963 年夏季硝酸盐、亚硝酸盐和氨氮的浓度范围分别为 0.005~0.15mg/L、0.005~0.01mg/L 和 0.04~0.08mg/L，秋季分别为 0.04~0.2mg/L、0.0025~0.005mg/L 和 0.02~0.14mg/L（顾宏堪等，1981，1982）。可把该时期无机氮含量作为长江口外海区无机氮的背景值。

营养盐基准值确定要着眼于营养盐参数不对环境产生不良或有害影响。在此，我们依据该海域 20 世纪 60 年代的营养盐背景值，结合已确定的营养盐参照状态，并参考国内外普遍认同的富营养化单项指标临界值（0.3 mg/L）（邹景忠等，1983；蒋国昌等，1987），保留两位有效数字，初步确定长江口外海区和舟山海区无机氮的基准值如表 7-9 所示。

表 7-9　长江口无机氮基准建议值　　　　　　　　（单位：mg/L）

季节	长江口外近海区	舟山海区
春季	0.30	0.30
夏季	0.27	0.27
秋季	0.21	0.30

7.3.2　活性磷酸盐基准值的确定

活性磷酸盐模拟结果表明，长江口外近海区，枯水期 PO_4^{3-} 浓度为 0.005~0.045mg/L，大部分海区 0.02mg/L 以下；丰水期 0.005~0.03mg/L，大部分海区 0.02mg/L 以下；平水期 0.005~0.03mg/L，大部分海区 0.02mg/L 以下。与无机氮浓度类似，参照状态计算值全部处于历史模拟数值范围内，其值基本处于中值范围，与历史文献记录的 1959 年以及 20 世纪 80 年代初的水平接近。同时，参考富营养化单项指标临界值，磷酸盐浓度不高于 0.02 mg/L（邹景忠等，1983；蒋国昌等，1987）。因此，我们依据本海域 20 世纪 60 年代的营养盐背景值，结合在前面章节确定的营养盐参照状态，并参考国内外普遍认同的富营养化单项指标临界值，保留两位有效数字，初步确定长江口外海区和舟山海区活性磷酸盐的基准值如表 7-10 所示。

表 7-10　长江口活性磷酸盐基准建议值　　　　　　（单位：mg/L）

季节	长江口外近海区	舟山海区
春季	0.014	0.020
夏季	0.010	0.018
秋季	0.018	0.020

7.4　营养盐基准在标准制定中的应用

7.4.1　基准向标准的转化方式

制定长江口营养盐标准的目的是为了保证水体水质健康以及符合预定的用途，防止水体富营养化，有效控制或减少赤潮发生。本研究中，营养盐控制标准以基准为主要依据，结合目前关于 N、P 的实际管理情况，参考《海水水质标准》（GB 3097—1997）的分级管理方式制定。在由基准向标准的转化过程中，特别需要考虑以下方面：

（1）实行营养盐分级评价标准

为进一步细化河口营养盐管理，将河口营养盐状况分为 5 个等级：优、良、一般、较差、差。其中，"优"为环境未受干扰时的背景值，也就是本研究中提出的营养盐基准建议值（特别注明除外，如口外区的活性磷酸盐）；"良"是在背景值基础上增加 50%，营养盐水平偏高，但不足以导致生态系统发生明显退化，生态系统总体上保持良好状态。以此类推，不同等级反映了营养盐偏离环境背景值的显著程度，以及生态系统恢复至良好状态的难易程度。

（2）对冬季长江口营养盐标准的考虑

冬季缺乏营养盐数据，其标准值需从其他数据推导得出。从 20 世纪 60 年代营养盐模拟结果来看，长江口冬季为枯水期，无机氮浓度基本在 0.1 ~ 0.3mg/L 之间，活性磷酸盐在 0.03mg/L 以下，数值范围与丰水期或平水期的数据相差不是很大。从历史资料来看，长江口冬季营养盐通常在四季中处于较高的水平（蒋国昌等，1987；全国海岸带办公室《海水化学调查报告》编写组，1990；赵祢美，1991），且冬季水温较低，不易发生赤潮，因此在本研究中冬季营养盐标准值将参照春、夏、秋季的最高值来确定。另外，需考虑水体的流通性以及营养盐水平随时间变化的连续性，因此相邻海区之间、相邻季节之间标准不可相差过大，需作平衡。

7.4.2　无机氮分级评价标准

7.4.2.1　长江河口区无机氮对生态系统的影响

通常来说，海域富营养化的无机氮浓度临界值为 0.2 ~ 0.3mg/L（日本水产学会，1973），近年我国近海海域的数次赤潮前期营养盐调查数据也支持了这一观点（杨鸿山等，

1990；钟思圣等，2002；李京，2008）。长江河口区有其独特的水文及化学特征，本身的营养盐循环水平较高，支持了较高的初级生产力，维持着舟山渔场的存在，这是一个必须考虑的因素。自20世纪60年代以来，长江口N输入持续增加（金海燕等，2009），N与Si含量之比迅速增大（晏维金等，2001；Li et al.，2007），同时N、P比远远大于Redfield比值，在长江口N与P含量之比为10~60，甚至更高（Zhou et al.，2008）。Egge（1998）通过营养盐加富实验指出，在营养盐充足条件下，硅藻占主导，当发生P限制时硅藻生长比例降低，而其他藻类生物量增加。与营养盐结构的变化相应，数十年来长江口及邻近海区浮游植物种类组成结构也发生了变化，硅藻的比例变化由20世纪80年代初的91%降到了80年代中期的85%，再降到1997年的64%（王奎，2007）。引发赤潮的藻类物种结构也发生了变化，有毒赤潮比例升高。以上证据表明，长江口N营养盐水平过高，以频率曲线法获得的无机氮参照状态值仍可能高于历史较好状态水平。

7.4.2.2　长江口各分区无机氮分级评价标准

如前文所述，对长江口外海区与舟山海区，春、夏、秋三季直接采用无机氮的基准建议值作为环境背景值，作为分级评价中"优"的评价标准，以此类推。冬季采用春、夏、秋三季中的同级最高值作为控制标准。

对长江口过渡区与杭州湾，本研究利用所建立的长江口营养盐数值模型，以确保长江口外近海区的无机氮浓度满足控制标准要求为前提，推导出长江口过渡区与杭州湾的无机氮控制标准建议值。

在模型推导之前首先考虑长江口的无机氮来源。河口区的无机氮来源主要包括河流输送、大气沉降和外海输送。在长江口水域，长江年平均无机氮输送量1.53×10^{11} mmol/d，外海的输送量是9.05×10^{10} mmol/d，大气沉降量是4.06×10^{8} mmol/d（李祥安，2010）。大气沉降的输送量不足长江的百分之一，其作用在此不作考虑。外海水体输送的无机氮是支持本区域水体生产力的一个重要来源，在模型中我们利用设置边界值来近似模拟外海输送。

此模型中长江口过渡区在丰水期和平水期的无机氮分布模式基本一致，长江口春、夏、秋三季基本处于长江口丰水期和平水期的时间段内，而且丰水期长江冲淡水在河口区的影响范围最大。通过模型中无机氮的浓度分布，推断出长江口过渡区的无机氮控制标准，杭州湾无机氮水平与长江口过渡区接近，此处设定的无机氮控制标准也与过渡区保持一致。

表7-11列出了长江口各分区在春、夏、秋、冬四季的无机氮浓度分级标准建议值。在各分区中，长江口过渡区与杭州湾两个分区执行同一无机氮浓度控制标准，口外近海区与舟山海区分别执行各自的无机氮浓度控制标准。

表7-11　河口及近岸海区无机氮分级浓度建议值　（单位：mg/L）

季节	海域	优	良	一般	较差
			分级		
春季	过渡区与杭州湾	0.35	0.50	0.75	1.00
	口外近海区	0.30	0.45	0.65	0.90
	舟山海区	0.30	0.45	0.65	0.90

续表

季节	海域	分级			
		优	良	一般	较差
夏季	过渡区与杭州湾	0.30	0.45	0.65	0.90
	口外近海区	0.27	0.40	0.60	0.90
	舟山海区	0.27	0.40	0.60	0.90
秋季	过渡区与杭州湾	0.30	0.45	0.65	0.90
	口外近海区	0.21	0.32	0.48	0.70
	舟山海区	0.30	0.45	0.65	0.90
冬季	过渡区与杭州湾	0.35	0.50	0.75	1.00
	口外近海区	0.30	0.45	0.65	0.90
	舟山海区	0.30	0.45	0.65	0.90

7.4.3 活性磷酸盐分级评价标准

7.4.3.1 活性磷酸盐成为长江口浮游植物生长的主要限制因子

目前，长江口活性磷酸盐含量尽管比 20 世纪四五十年代有所升高，但在长江口外近海区和舟山海区的增幅不是很大，最近几年甚至有下降迹象，总体上维持在较低水平。藻类培养实验证实，0.015mg/L 以上的无机磷含量是浮游植物生长繁殖所需的起码浓度（Harvey，1957；邹景忠等，1983)，而从前面章节得出的基准值来看，在特定海区与特定季节，活性磷酸盐的基准值显著偏低。

7.4.3.2 长江口各分区活性磷酸盐分级评价标准

如前文所述，对口外区与舟山海区，当春、夏、秋三季中活性磷酸盐基准建议值不低于 0.015mg/L 时，直接采用该活性磷酸盐基准值作为环境背景值，作为分级评价中"优"的评价标准。冬季采用春、夏、秋三季中的同级最高值作为控制标准。参考 Harvey（1957）与邹景忠等（1983）的研究结果，采用 0.015mg/L 作为分级评价中"优"的评价标准，适当放宽 P 的限制，以维持浮游植物生长繁殖所需的起码浓度。

对长江口过渡区与杭州湾，本研究利用所建立的长江口营养盐数值模型，以确保长江口外近海区的活性磷酸盐浓度满足控制标准要求为前提，推导出长江口过渡区与杭州湾的活性磷酸盐浓控制标准建议值。

在模型推导之前首先考虑长江口的活性磷酸盐来源。河口区的活性磷酸盐来源主要包括河流输送、大气沉降和外海输送。在长江口水域，长江年平均活性磷酸盐输送量 2.22 × 10^9 mmol/d，外海的输送量是 3.57×10^9 mmol/d，大气沉降量是 6.45×10^5 mmol/d（李祥安，2010）。大气沉降的输送量不足长江的百分之一，其作用在此不作考虑。外海水体输送的无机磷是支持本区域水体生产力的一个重要来源，在模型中我们利用设置边界值来近似模拟外海输送。

此模型中长江口过渡区在丰水期和平水期的活性磷酸盐分布模式基本一致，长江口春、夏、秋三季基本处于长江口丰水期和平水期的时间段内，而且丰水期长江冲淡水在河口区的影响范围最大。通过模型中活性磷酸盐的浓度分布，推断出长江口过渡区的活性磷酸盐浓度控制标准，杭州湾活性磷酸盐浓度水平与长江口过渡区接近，此处设定的活性磷酸盐浓度控制标准也与过渡区保持一致。

表 7-12 列出了长江口各分区在春、夏、秋、冬四季的活性磷酸盐浓度分级标准建议值。在各分区中，长江口过渡区与杭州湾两个分区执行同一活性磷酸盐浓度控制标准，口外近海区与舟山海区分别执行各自的活性磷酸盐浓度控制标准。

表 7-12　河口及近岸海区活性磷酸盐浓度分级建议值　（单位：mg/L）

季节	海域	分级			
		优	良	一般	差
春季	过渡区与杭州湾	0.020	0.030	0.045	0.065
	口外近海区	0.015	0.022	0.033	0.050
	舟山海区	0.020	0.030	0.045	0.065
夏季	过渡区与杭州湾	0.020	0.030	0.045	0.065
	口外近海区	0.015	0.022	0.033	0.050
	舟山海区	0.018	0.027	0.040	0.060
秋季	过渡区与杭州湾	0.025	0.037	0.050	0.075
	口外近海区	0.018	0.027	0.040	0.060
	舟山海区	0.020	0.030	0.045	0.065
冬季	过渡区与杭州湾	0.025	0.037	0.050	0.075
	口外近海区	0.018	0.027	0.040	0.060
	舟山海区	0.020	0.030	0.045	0.065

7.5　小结

本章对长江大通站营养物质通量历史记录和长江口海域营养盐浓度历史记录进行了分析，并对历史较好状态下长江口营养盐特征进行了分析，初步确定了长江口外海区和舟山海区的营养盐基准值，并根据基准值提出了两个海区的营养盐标准建议值，在长江口外海区和舟山海区标准值的基础上，利用模型推导出长江口过渡海区和杭州湾海区的营养盐标准建议值，并提出长江口各海区营养盐分级浓度建议值，此外，项目组初步探索了河口区营养盐的管理模式。

在营养盐历史记录分析方面，分别用有序聚类分析法和里海哈林法对大通站 NO_3^--N 和 DIN 通量数据进行跳跃分析，并结合长江流域社会经济发展，推断 20 世纪 70 年代初可能是长江海域富营养化的一个重点时间节点。通过对长江口外海区营养盐的历史资料来看，长江口外海区的无机氮在 20 世纪 60 年代处于较低水平，80 年代则表现较大上升，谨慎地认为 20 世纪 60 年代之前长江口海域处于较低的营养盐污染状态。

在长江口营养盐浓度模拟方面，通过对历史较好状态下长江口营养盐模拟分析，从年内情况来看，枯水期高浓度区范围相对较小，但最高浓度值最大，丰、平水期高浓度区范围大，但最高浓度值相对较小。丰水期和平水期长江对河口区的影响范围要大于枯水期。

在营养盐基准值确定方面，通过对 20 世纪 60 年代营养盐进行模拟，并结合参照状态分析，以及对历史记录的分析，提出了无机氮和活性磷酸盐的基准建议值，进而分区、分季节提出营养盐浓度分级控制标准。

参 考 文 献

陈吉余. 2007. 中国河口海岸研究与实践. 北京：高等教育出版社.

顾宏堪，马锡年，沈万仁，等. 1982. 长江口附近氮的地球化学：II、长江口附近海水中的亚硝酸盐及氨. 山东海洋学院学报，12（2）：31-38.

顾宏堪，熊孝先，刘明星，等. 1981. 长江口附近氮的地球化学：I、长江口附近海水中的硝酸盐. 山东海洋学院学报，11（4）：37-46.

顾新根，袁骐，杨蕉文，等. 1995. 长江口外水域浮游植物垂直分布研究. 中国水产科学，1：28-38.

黄尚高，杨嘉东，暨卫东，等. 1986. 长江口水体活性硅、氮、磷含量的时空变化及相互关系. 台湾海峡，5（2）：114-123.

蒋国昌，王玉衡，董恒霖，等. 1987. 浙江沿海富营养化程度的初步探讨. 海洋通报，6（4）：38-46.

金海燕，陈建芳，翁焕新，等. 2009. 长江口外赤潮多发区近几十年来的古生产力记录及环境意义. 海洋学报，31（2）：113-119.

李京. 2008. 东海赤潮高发区营养盐结构及对浮游植物优势种演替的作用研究. 中国海洋大学硕士毕业论文.

李祥安. 2010. 长江口富营养化水域营养盐输送通量与低氧区形成特征研究. 青岛：中国科学院研究生院博士学位论文.

刘录三，李子成，周娟，等. 2011. 长江口及其邻近海域赤潮时空分布研究. 环境科学，32（9）：2497-2504.

全国海岸带办公室《海水化学调查报告》编写组. 1990. 海水化学调查报告. 北京：海洋出版社.

日本水产学会. 1973. 水圈の富营养化と水产增养殖. 东京：厚生の出版社.

沈新强，胡方西. 1995. 长江口外水域叶绿素 a 分布的基本特征. 中国水产科学，2（1）：71-80.

沈志良. 1991. 三峡工程对长江口海区营养盐分布变化影响的研究. 海洋与湖沼，22（6）：540-546.

王奎. 2007. 长江口及邻近海区氮的分布、营养支持与生态效应. 国家海洋局第二海洋研究所硕士学位论文，53-57.

王正方，姚龙奎，阮小正. 1983. 长江口营养盐（N，P，Si）分布与变化特征. 海洋与湖沼，14（4）：324-332.

晏维金，章申，王嘉慧. 2001. 长江流域氮的生物地球化学循环及其对输送无机氮的影响. 地理学报，56（5）：505-514.

杨鸿山，朱启琴，戴国梁. 1990. 长江口杭州湾海区两次赤潮的调查与初步研究. 海洋环境科学，9（1）：23-27.

杨晓兰，林以安，张健. 1989. 长江口邻近海域的环境水化学特征. 东海海洋，7（2）：60-65.

翟世奎，孟伟，于志刚. 2008. 三峡工程一期蓄水后的长江口海域环境. 北京：科学出版社. 105-112.

张正龙，束炯，张勇. 2001. 长江口邻近洋山港工程海域无机氮和磷的时空变化特征. 海洋科学，35（5）：47-52.

赵祚美.1991. 舟山港域叶绿素 a 含量分布及其影响因素. 海洋环境科学, 10 (20): 32-41.

钟思胜, 李锦蓉, 罗一丹.2002. 大亚湾五角多甲藻赤潮发生的环境因素分析. 海洋环境科学, 21 (1): 34-38.

周俊丽, 刘征涛, 孟伟, 等.2006. 长江口营养盐浓度变化及分布特征. 环境科学研究, 19 (6): 139-144.

邹景忠, 董丽萍, 秦保平.1983. 渤海湾富营养化和赤潮问题的初步探讨. 海洋环境科学, 2 (2): 41-54.

Egge J K. 1998. Are diatoms poor competitors at low phosphate concentrations? Journal of Marine Systems, 16: 191-198.

Harvey H W. 1957. The chemistry and fertility of the sea water. Cambr: Cambr. Univ. Press.

Li M, Xu K, Watanabe M, et al. 2007. Long-term variations in dissolved silicate, nitrogen, and phosphorus flux from the Yangtze River into the East China Sea and impacts on estuarine ecosystem. Estuarine, Coastal and Shelf Science, 71: 3-12.

Wang Y, Shen J, He Q. 2010. A numerical model study of the transport timescale and change of estuarine circulation due to waterway constructions in the Changjiang Estuary, China. Journal of Marine Systems, 82: 154-170.

Zhou M, Shen Z, Yu R. 2008. Responses of a coastal phytoplankton community to increased nutrient input from the Changjiang (Yangtze) River. Continental Shelf Research, 28: 1483-1489.

8

河口营养盐基准研究与应用展望

　　河口是流域和海洋的交汇枢纽，这里既是流域物质的归宿，又是海洋的开始，咸淡水及海陆作用频繁，各种物理、化学和生物过程耦合多变，生态环境错综复杂，生态系统敏感脆弱。河口海岸地带通常是经济发达、人口集居之地，高强度的经济活动如流域周边森林的破坏、高坝的建设、跨流域的调水、化肥的大量使用等，赋予流域环境的压力最终向河口转移、汇聚，通过物质和能量通量的变化对河口及其邻近海域的环境产生深刻的影响。面对河口资源约束趋紧、环境污染严重、生态系统退化的严峻形势，需要从战略、规划、工程、管理等不同层次全面推进，彻底扭转河口生态环境恶化趋势，建设河口地区生态文明，实现河口地区永续发展。

8.1　突出分区在河口环境管理中的基础性地位

　　河口及其邻近海域是陆地和海洋的物质和能量交换最强烈的地带，这里发生着复杂的物理、化学、生物及地质过程，使得河口资源管理复杂化。分区可将河口划分为不同的类别，以反映特定的区域和决定河口功能的水力、沉积物和生态过程，是沿岸海域资源管理最得力的工具。分区还有助于识别不同的河口类型，从而采用不同的环境管理标准对河口资源进行区别管理。另外，分区还是营养盐基准制定的前提。目前，国际普遍采用的分区方法为层级分区法，分区依据的指标大多为地貌、河口发育阶段、水文和盐度，或综合上述方法，还有部分学者考虑了栖居地、水质、生态和集水特征等指标。另外还有建立在大尺度的非生物因子（如纬度、气候等）基础之上的河口环境分区。

　　针对长江口及邻近海域，近年来国内学者多以营养盐为基础对其进行分区研究，虽然较好地反映了长江口海域水文、化学、水动力等要素在河口区的差异性，但其分区结果显示同一区域存在不连续现象，也未考虑行政管理上的便利性，因此实际执行起来比较困难，同时分区无法反映水域的本底情况，使得据此制定的基准值参考价值降低。因此本研究基于自然生境特征对长江口及毗邻海域进行分区，并通过对各分区的水体特征、沉积物特征、水文条件进行检验，各区差异性效果较为显著，说明该分区方案总体上是合理的，且具有管理上的便利性。然而，考虑到河口海域的复杂性，以及日益剧烈的人类开发活动，需要不断完善目前的分区理念与分区方法，并对目前的分区结果进行必要的验证或调整，从而有助于规范人们的海域开发活动，保护海洋资源，改善区域生态环境。

作为陆海连接通道，河口及其邻近海域的盐度、深度、水动力特征等均呈现规律性的递变特征，不同水域对营养盐的敏感性存在显著差异。通常来说，河口最大浑浊带向外的口外水域对营养盐的敏感性较高，河口口门附近的水域对营养盐敏感性较低。在此条件下，实行分区层级管理策略是合适的。大致可表述为，对河口口外的营养盐敏感区实行基于营养盐基准的浓度管理策略，对其上游（即口门附近）实行浓度管理或浓度与总量控制相结合的管理策略。

8.2　进一步完善河口营养盐指标体系

在营养盐基准制定过程中的指标选择方面，理论上应包括用于解释河口富营养化原因和结果的所有变量，例如生物学变量（如 Chl-a）和流域特征变量（如单位土地面积的营养盐流失参数）。本研究选择活性磷酸盐、无机氮作为河口及近岸海域富营养化的原因变量，选择 Chl-a、浮游植物密度作为响应变量。另选择 COD_{Mn}、DO 作为补充指标，以完善河口营养盐基准体系。在水动力条件相对稳定、SD 受藻类影响显著的河口，可以将 SD 作为响应变量指标。

已开展的广泛研究与评估报告都表明，无机氮与活性磷酸盐是引起我国诸多河口及近岸海域水体质量下降的主要原因。对上述河口营养盐基准变量来说，考虑到富营养化有多种表现形式，以及富营养化本身受水动力条件、气温等诸多因素的影响。在这些基准变量管理上应重点突出、适当兼顾，而不采用一刀切的管理方式。其优先顺序可具体表述为，必须满足无机氮和活性磷酸盐这两个原因变量，且满足两个以上的响应变量基准（Chl-a、浮游植物密度、SD、COD_{Mn}、DO）。

8.3　实现基于流域尺度的营养盐综合管理

河口及其邻近海域营养盐的管理可作为一种理性的系列行动。在陈述河口主要营养盐压力及表现出的相关症状基础上，基于所确定的营养盐基准以及控制标准，综合考虑科学有效性、经济可行性、公众利益等因素，开展符合维持河口生态系统健康的一系列行动（图8-1），并对这些行动的成效进行评估，为后续相关行动的调整或延续提供依据。

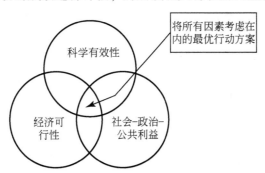

图 8-1　河口营养盐行动方案的选择框架

要系统地实现河口营养盐的全程管理,必须遵循"从山顶到海洋"的流域理念,在陆海统筹、河海兼顾的原则下,采取包括以下几方面且不局限于这些方面的对策与措施:

第一,要加强对入海污染物进行总量控制。根据沿海工农业生产及海上开发活动污染物排放实际状况,考虑入海河流水(环境)功能区划衔接要求,制定河口各类入海污染物排放总量及时空分配方案。完善陆源污染物排海总量控制的管理制度,制定污染物排放总量削减计划,合理分配初始排放配额。加强入海河流流域和沿海陆域污染治理力度,强化污染物排放及排污口监测监管,削减污染物入海总量。针对我国河口海域普遍高氮负荷问题,严格执行"近岸海域污染防治"十二五"规划",强化陆源污染控制,加快城市污水管网建设,提高沿海城市污水处理厂脱氮要求;加强陆域畜禽养殖污染控制,规模以上畜禽养殖户必须做到达标排放;积极推进分散养殖户集约管理,实现废物资源化利用;加强海水养殖污染控制,控制养殖规模,调整养殖结构和养殖方式,全面降低进入水体污染负荷。

第二,降低陆域点源污染负荷。合理调整工业布局,优化产业结构,发展循环经济,推进清洁生产,实施重点行业废水深度处理,提高再生水利用水平,从源头控制工业废水排放量。全力推进沿江、沿海地区的污水处理厂、城镇垃圾处理厂建设,保证工业废水稳定达标排放,对脱氮、脱磷效率低的城市污水处理厂要加以改造,采用具有较高的脱磷、脱氮效率的工艺。同时,加强城镇环境综合整治,完善污水处理费征收政策。

第三,要加强生态保护,控制陆源非点源污染。坚持"污染防治"和"生态保护"并重的原则,加强沿海地区生态保护和建设,深入推广生态农业;加强自然保护区、沿海湿地的保护和恢复,建设完善沿海防护林体系,加强受损生态系统与重点海域的生态修复;强化海岸带综合管理,严格控制沿岸土地的非生态开发。

第四,强化监控预警能力建设,提高预警与处置能力。河口及其毗邻海域通常既是高强度开发的海域,又是溯河性鱼蟹等海洋生物重要的洄游通道。需要增强环境河口及邻近海域环境监控与预警能力建设,实现立体观测、实时观测。坚持长期有效的河口水质监测,建立健全河口水质定期监测制度,提高河口水质监测能力,构架中国河口立体监测网络系统,建立中国河口水质监测数据库。针对赤潮频发的重点河口海域,尽快制定赤潮灾害应急处理处置预案,储备必要的赤潮灾害应急处理处置设备、材料和人力,全面提升赤潮灾害防控水平。

第五,加强环保、海洋行政、科研等部门之间的合作,鼓励利益相关者参与。河口营养盐标准制定与管理涉及部门较多,与环保、海洋、水利等部门密切相关。将这些利益相关者纳入河口营养盐管理系统,加强环保、海洋、农业等相关主管部门的合作,实现信息共享,建立多部门协调、管理机制,合理分工,明确责任。同时,加大河口营养盐管理的宣传力度,增强公众对河口水质关注度,使公众积极参与到河口营养盐管理的监督工作中。

8.4 实施河口科技基础性工作专项、开展综合性河口研究

与淡水以及远海相比,河口区位独特、过程复杂,各种影响因素在这里交汇、叠加,

未知因素不可胜数,大大增加了人们深入理解河口物理过程、化学过程、生物过程的难度。迄今为止,尽管人们对河口的关注度持续升高,也越来越深刻地认识到保护健康的河口环境对人类自身可持续发展的重要性,气象学、水文学、地质学、海洋学等学科也在这里交叉融合,河口研究已由静态的记录性描述发展到动态的监测与预警,但相较于错综复杂、瞬息万变的河口过程来说,我们的认知依然非常浅显,未来之路任重道远。就河口营养盐基准制定与管理来说,我们认为,未来应重点关注如下几方面:

(1) 深入了解我国各大入海河口的生态环境特征,大力推进不同类型河口营养盐基准制定工作

我国各个海区的地质构造、径流特征、气候气象、海洋水文、海水化学要素、生物资源状况等复杂多变,同一海区不同河口的物理、化学特征亦存在显著差异,譬如长江口冲淡水作用明显,而钱塘江口潮汐作用明显。建议通过实施河口科技基础性工作专项,系统开展我国沿海主要河口生态调查,整合现有数据资料,构建国家层面的沿海河口环境特征基础数据库,阐明入海泥沙减少、污染物质增多、生物栖息地丧失、气候变化等不同河口所面临的挑战。

如前文所述,营养盐基准属于生态型基准,它与重金属等毒理型基准不同,在不同水文情势、不同气候区、不同盐度下的基准值都有差异。另外,河口营养盐基准制定的提出也不过 10 多年时间,在程序与方法上都有待完善,也需要通过在其他河口开展类似工作,进行方法的适用性检验与调整。建议在本研究基础上,通过在黄河口、珠江口等大型河口开展营养盐基准制定工作,提出适应于不同河口实际情况的营养盐控制标准与管理策略,推动河口营养盐管理工作。

(2) 从流域层面深入研究入海河口营养盐的转移归趋行为,实现海水水质标准与淡水水质标准的有效衔接

氮、磷是目前影响我国入海河口水体质量的两个主要元素,他们从哪里来又向何处去?在不同介质之间的比例与转化行为如何?又有哪些因素、以什么方式影响他们的存在状态?营养元素与浮游藻类暴发的非线性关系在不同河口有不同表现形式,潮汐、光照、泥沙造成的浑浊度等不同因素在其中充当什么角色?其中的机理机制至今仍困扰着河口海岸带科研工作者。另外,我国目前已经开展的对河口、近岸海域监测指标中,氮、磷两营养元素常用活性磷酸盐、无机氮(氨氮、亚硝酸氮、硝酸氮)来表示 [《海水水质标准》(GB 3097—1997)]。《地表水环境质量标准》(GB 3838—2002)中,则采用总氮、总磷来表示。尽管已有研究大都表明,硝酸氮是河口水域无机氮的主要存在形式,也可用该指标指示总氮含量,但这些认识基本是建立在统计学基础上,更多是提供一种定性的认识。当然,必要合理的管理政策不能等到完全认识富营养化过程之后才去实施,在未充分认识机理机制之前,依照"输入—输出"的箱式模型,在陆海统筹的理念下执行相对严格的营养盐管理政策,显得更具现实意义。

(3) 从整个河口生态系统的视角看待富营养化问题,实施中国河口计划,提高河口海岸带环境综合管理能力

从整个河口生态系统来看,营养盐输入是其复杂生态过程中的重要一环,由于海域营养盐平衡的打破和调整,以及近年来栖息地严重退化引起陆海缓冲器与过滤器功能的削

弱,导致入海河口生态系统的结构发生显著变化,水生生物小型化、低值化现象明显,许多具有重要经济价值的类群濒临灭绝甚至消失,严重削弱了产品供给、生物多样性保护、美学价值等海洋生态系统服务功能。建议通过实施中国河口计划,综合运用污染防治、生态修复、风险预警等管理策略与技术手段,结合国家的城镇化、工业化战略,提高基于生态系统的河口海岸带综合管理水平,建设海洋生态文明。

附录1
长江口浮游植物种名录及出现季节

序号	种类名称	学　名	夏季	秋季	春季
1	*unknown phytoplankton*	*unknown phytoplankton*			+
2	铜锈微囊藻	*Microcystis aeruginosa*		+	
3	水华微囊藻	*Microcystis flos-aquae*	+	+	
4	不定微囊藻	*Microcystis incerta*		+	
5	具缘微囊藻	*Microcystis marginata*		+	
6	色球藻 sp.	*Chroococcus* sp.			+
7	湖沼色球藻	*Chroococcus limneticus*		+	
8	不定腔球藻	*Coelosphaerium dubium*	+		
9	柔软腔球藻	*Coelosphaerium kuetzingianum*	+		
10	红海束毛藻	*Trichodesmium erythraeum*	+	+	+
11	铁氏束毛藻	*Trichodesmium thiemautii*		+	
12	鞘丝藻 sp.	*Lyngbys* sp.		+	+
13	颤藻 sp.	*Oscillatoria* sp.	+	+	+
14	两栖颤藻	*Oscillatoria amphibia*		+	
15	巨颤藻	*Oscillatoria princeps*		+	
16	小颤藻	*Oscillatoria tenuis*		+	
17	大螺旋藻	*Spirulina major*	+		
18	极大螺旋藻	*Spirulina macima*	+	+	
19	卷曲鱼腥藻	*Anabaena circinalis*		+	
20	颗粒直链藻	*Melosira granulata*	+	+	+
21	朱吉直链藻	*Melosira jurgensi*	+		
22	拟货币直链藻	*Melosira nummuloides*		+	
23	具槽直链藻	*Melosira sulcata*	+	+	+
24	变异直链藻	*Melosira varians*		+	+
25	颗粒直链藻最窄变种	*Melosira granulata v. angustissima*		+	+
26	颗粒直链藻螺旋变型	*Melosiragranulatav. angustissimaf. spiralis*		+	+

序号	种类名称	学　名	夏季	秋季	春季
27	念珠直链藻	*Melosira moniliformis*			+
28	星形明盘藻	*Hyalodiscus stelliger*	+	+	
29	细弱明盘藻	*Hyalodiscus subtilis*	+	+	+
30	掌状冠盖藻	*Stephanopyxis palmeriana*		+	+
31	塔形冠盖藻	*Stephanopyxis turris*		+	
32	小环毛藻	*Corethron hystrix*	+	+	+
33	海洋环毛藻	*Corethrom pelagicum*		+	
34	中肋骨条藻	*Skeletonema costatum*	+	+	+
35	优美施罗藻	*Schroederella delicatula*	+	+	+
36	辐杆藻 sp.	*Bacteriastrum* sp.		+	
37	丛毛辐杆藻	*Bacteriastrum comosum*		+	
38	优美辐杆藻	*Bacteriastrum delicatulum*		+	
39	长辐杆藻	*Bacteriastrum elongatum*		+	
40	透明辐杆藻	*Bacteriastrum hyalinum*	+	+	+
41	变异辐杆藻	*Bacteriastrum varians*		+	
42	海链藻 sp.	*Thalassiosira* sp.			+
43	密集海链藻	*Thalassiosira condensata*	+		
44	诺登海链藻	*Thalassiosira nordenskioeldii*	+	+	
45	太平洋海链藻	*Thalassiosira pacifica*	+		
46	圆海链藻	*Thalassiosira rotula*	+	+	+
47	细弱海链藻	*Thalassiosira subtilis*	+	+	
48	北方劳德藻	*Lauderia borenlio*		+	+
49	萎软几内亚藻	*Gyinardia flaccida*		+	
50	地中海指管藻	*Dactyliosolen mediterraneus*	+	+	
51	丹麦细柱藻	*Leptocylindrus danicus*	+	+	
52	柏氏角管藻	*Cerataulina bergonii*		+	
53	紧密角管藻	*Ceratanlina compacta*	+	+	
54	热带戈四斯藻	*Gosslerilla tropica*	+		
55	小环藻 sp.	*Cyclotella* sp.			+
56	条纹小环藻	*Cyclotella striata*	+	+	+
57	柱状小环藻	*Cyclotella stylorum*		+	
58	扭曲小环藻	*Cyclotella comta*			+
59	圆筛藻 sp.	*Coscinodiscus* sp.	+	+	
60	善美圆筛藻	*Coscinodiscus angstii*	+		
61	狭线形圆筛藻	*Coscinodiscus anguste-lineatus*		+	

续表

序号	种类名称	学 名	夏季	秋季	春季
62	蛇目圆筛藻	*Coscinodiscus argus*	+	+	+
63	星脐圆筛藻	*Coscinodiscus astromphalus*	+	+	+
64	有翼圆筛藻	*Coscinodiscus bipartitus*	+	+	+
65	中心圆筛藻	*Coscinodiscus centralis*	+	+	+
66	整齐圆筛藻	*Coscinodiscus concinnus*	+	+	
67	弓束圆筛藻	*Coscinodiscus curvatulus*	+	+	+
68	弓束圆筛藻小型变种	*Coscinodiscus curvatulus v. minor.*	+		
69	减小圆筛藻	*Coscinodiscus decresens*	+		
70	畸形圆筛藻	*Coscinodiscus deformatus*	+	+	
71	相异圆筛藻	*Coscinodiscus diversus*	+		
72	多束圆筛藻	*Coscinodiscus divisus*	+	+	+
73	偏心圆筛藻	*Coscinodiscus excentricus*	+	+	+
74	巨圆筛藻	*Coscinodiscus gigas*	+	+	+
75	巨圆筛藻交织变种	*Coscinodiscus gigas v. paraetexta*		+	
76	格氏圆筛藻	*Coscinodiscus granii*	+		
77	强氏圆筛藻	*Coscinodiscus janischii*	+	+	+
78	琼氏圆筛藻	*Coscinodiscus jonesianus*	+	+	+
79	琼氏圆筛藻小型变种	*Coscinodiscusjonesianusv. commutata*	+	+	
80	线形圆筛藻	*Coscinodiscus lineatus*	+	+	+
81	具边线形圆筛藻	*Coscinodiscus marginato-lineatus* *Coscinodiscus marginato-lineatus* *Coscinodiscus marginato-lineatusmarginato-lineatus*		+	
82	具边圆筛藻	*Coscinodiscus marginatus*	+	+	
83	光亮圆筛藻	*Coscinodiscus nitidus*		+	+
84	结节圆筛藻	*Coscinodiscus nodulifer*	+	+	+
85	暗色圆筛藻	*Coscinediscus obscurus*		+	
86	小眼圆筛藻	*Coscinodiscus oculatus*	+	+	+
87	虹彩圆筛藻	*Coscinodiscus oculus-iridis*	+	+	+
88	辐射圆筛藻	*Coscinodiscus radiatus*	+	+	+
89	洛氏圆筛藻	*Coscinodiscus rothii*	+	+	+
90	有棘圆筛藻	*Coscinodiscus spinosus*	+	+	
91	亚沟圆筛藻	*Coscinodiscus subaulacodiscoidalis*	+		
92	微凹圆筛藻	*Coscinodiscus subconcavus*		+	
93	细弱圆筛藻	*Coscinodiscus subtilis*	+	+	+
94	苏氏圆筛藻	*Coscinodiscus thorii*	+	+	+

序号	种类名称	学 名	夏季	秋季	春季
95	威氏圆筛藻	*Coscinodiscus wailesii*	+		
96	维廷圆筛藻	*Coscinodiscus wittianus*		+	
97	爱氏辐环藻	*Actinocyclus ehrenbergii*	+	+	+
98	洛氏辐环藻	*Actinocyclus roperi*	+	+	
99	厚辐环藻	*Actinocyclus crassus*	+	+	
100	方格罗氏藻	*Roperia tesselata*	+		
101	广卵罗氏藻	*Roperia latiovala*			+
102	哈氏半盘藻	*Hemidiscus hardmanianus*	+		
103	环状辐裥藻	*Actinoptychus annulatus*		+	
104	华美辐裥藻	*Actinoptychus splendens*	+	+	+
105	三舌辐裥藻	*Actinoptychus trilingulatus*	+	+	
106	波状辐裥藻	*Actinoptychus undulatus*	+	+	+
107	纹筛蛛网藻	*Arachnoidiscus ornarus*	+	+	+
108	克氏星脐藻	*Asteromphalus cleveanus*		+	
109	布氏双尾藻	*Ditylum brightwellii*	+	+	+
110	太阳双尾藻	*Ditylum sol*	+	+	+
111	锤状中鼓藻	*Bellerochea malleus*	+	+	+
112	细纹三角藻	*Triceratium affine*	+	+	
113	蜂窝三角藻	*Triceratium favus*	+	+	+
114	美丽三角藻	*Triceratium formosum*	+		+
115	垂纹三角藻	*Triceratium perpendiculare*	+		
116	五角星三角藻四凹边变型	*Triceratium pentacrinus f. quadrata*			+
117	谢德三角藻	*Triceratium shadboldtianum*			+
118	黄埔水生藻	*Hydrosera whampoensis*			+
119	盒形藻 sp.	*Biddulphia sp.*		+	
120	横滨盒形藻	*Biddulphia gruendleri*		+	+
121	异角盒形藻	*Biddulphia heteroceros*	+	+	+
122	活动盒形藻	*Biddulphia mobiliensis*	+	+	+
123	钝头盒形藻	*Biddulphia obtusa*		+	+
124	美丽盒形藻	*Biddulphia pulchella*	+	+	+
125	高盒形藻	*Biddulphia regia*	+	+	+
126	网状盒形藻	*Biddulphia retiformis*	+		+
127	中华盒形藻	*Biddulphia sinensis*	+	+	+
128	霍氏半管藻	*Hemiaulus hauckii*		+	
129	薄壁半管藻	*Hemiaulus membranaceus*	+	+	

续表

序号	种类名称	学 名	夏季	秋季	春季
130	中华半管藻	*Hemiaulus sinensis*		+	
131	双凹梯形藻	*Climacodium biconcavum*		+	
132	长角弯角藻	*Eucampia cornuta*	+	+	+
133	短角弯角藻	*Eucampia zoodiacus*	+	+	+
134	扭鞘藻	*Streptotheca thamesis*	+	+	+
135	角毛藻 sp.	*Chaetoceros sp.*		+	
136	异常角毛藻	*Chaetoceros abnormis*	+	+	+
137	窄隙角毛藻	*Chaetoceros affinis*	+	+	+
138	大西洋角毛藻	*Chaetocera atlanticus*			+
139	北方角毛藻	*Chaetoceros borealis*		+	
140	短孢角毛藻	*Chaetoceros brevis*		+	
141	卡氏角毛藻	*Chaetoceros castracanei*	+	+	+
142	密聚角毛藻	*Chaetoceros coarctatus*		+	+
143	扁面角毛藻	*Chaetoceros compressus*		+	
144	发状角毛藻	*Chaetoceros crinitus*		+	
145	旋链角毛藻	*Chaetoceros curvisetus*	+	+	+
146	丹麦角毛藻	*Chaetoceros danicus*	+	+	+
147	柔弱角毛藻	*Chaetoceros debilis*			+
148	并基角毛藻	*Chaetoceros decipiens*	+	+	+
149	并基角毛藻单胞变型	*Chaetoceros decipiens f. singularis*		+	+
150	密联角毛藻	*Chaetoceros densus*	+	+	+
151	细齿角毛藻	*Chaetoceros denticulata*			+
152	双突角毛藻	*Chaetoceros didymus*	+	+	+
153	远距角毛藻	*Chaetoceros distans*		+	
154	异角毛藻	*Chaetoceros diversus*		+	
155	爱氏角毛藻	*Chaetoceros eibenii*	+	+	
156	印度角毛藻	*Chaetoceros indicum*		+	
157	垂缘角毛藻	*Chaetoceros laciniosus*		+	
158	洛氏角毛藻	*Chaetoceros lorenzianus*	+	+	+
159	牟勒氏角毛藻	*Chaetoceros muelleri*		+	
160	日本角毛藻	*Chaetoceros nipponicicum*		+	
161	奇异角毛藻	*Chaetoceros paradoxum*		+	
162	海洋角毛藻	*Chaetoceros pelagicus*	+	+	
163	秘鲁角毛藻	*Chaetoceros peruvianus*	+	+	+
164	假弯角毛藻	*Chaetoceros pseudocurvisetus*	+	+	

序号	种类名称	学　名	夏季	秋季	春季
165	嘴状角毛藻	*Chaetoceros rostratum*		+	
166	冕孢角毛藻	*Chaetoceros subsecundus*		+	
167	圆柱角毛藻	*Chaetoceros teres*		+	+
168	范氏角毛藻	*Chaetoceros van-heurcki*		+	
169	尖根管藻	*Rhizosolenia acuminata*		+	
170	翼根管藻纤细变型	*Rhizosolenia alata f. gracillima*	+	+	+
171	翼根管藻印度变型	*Rhizosolenia alata f. indica*		+	+
172	伯戈根管藻	*Rhizosolenia bergonii*		+	+
173	距端根管藻	*Rhizosolenia calcar-avis*	+	+	+
174	卡氏根管藻	*Rhizosolenia castracanei*	+		
175	厚棘根管藻	*Rhizosolenia crassispina*		+	
176	圆柱根管藻	*Rhizosolenia cylindrus*		+	
177	柔弱根管藻	*Rhizosolenia delicatula*	+	+	+
178	透明根管藻	*Rhizosolenia hyalina*			+
179	脆根管藻	*Rhizosolenia fragilissima*	+	+	
180	钝棘根管藻半刺变种	*Rhizosolenia hebetata v. semispina*		+	
181	覆瓦根管藻	*Rhizosolenia imbricata*		+	+
182	粗根管藻	*Rhizosolenia robusta*			+
183	刚毛根管藻	*Rhizosolenia setigera*	+	+	+
184	斯托根管藻	*Rhizosolenia stolterfothii*	+	+	+
185	笔尖形根管藻	*Rhizosolenia stylifsrmis*	+	+	+
186	笔尖形根管藻粗径变种	*Rhizosolenia styliformis v. latissima*		+	
187	笔尖形根管藻长棘变种	*Rhizosolenia styliformis v. longispina*		+	+
188	翼根管藻模式变型	*Rhizosolenia alata f. genuina*		+	+
189	翼茧形藻	*Amphiprora alata*			+
190	斜纹藻 sp.	*Pleurosigma* sp.		+	
191	端尖斜纹藻宽形变种	*Pleurosigma acutum v. latum*			+
192	艾希斜纹藻	*Pleurosigma aestuarii*	+	+	
193	相似斜纹藻	*Pleurosigma affine*	+	+	+
194	宽角斜纹藻	*Pleurosigma angulatum*			+
195	宽角斜纹藻镰刀变种	*Pleurosigma angulatum v. falcatum*	+	+	+
196	宽角斜纹藻方形变种	*Pleurosigma angulatum v. quadratum*			+
197	柔弱斜纹藻	*Pleurosigma delicatulum*		+	+
198	镰刀斜纹藻	*Pleurosigma falx*	+	+	+
199	美丽斜纹藻	*Pleurosigma formosum*	+	+	

续表

序号	种类名称	学 名	夏季	秋季	春季
200	中型斜纹藻	*Pleurosigma intermedium*		+	
201	大斜纹藻	*Pleurosigma major*	+	+	+
202	舟形斜纹藻	*Pleurosigma naviculaceum*			+
203	诺马斜纹藻	*Pleurosigma normanii*	+		
204	诺马斜纹藻化石变种	*Pleurosigma normanii*	+		+
205	海洋斜纹藻	*Pleurosigma pelagicum*	+	+	+
206	直边斜纹藻	*Pleurosigma rectum*		+	
207	菱形斜纹藻	*Pleurosigma rhombeum*	+		
208	坚实斜纹藻	*Pleurosigma rigidum*		+	
209	布纹藻 sp.	*Gyrosigma* sp.			+
210	尖布纹藻	*Gyrosigma acuminatum*	+		+
211	波罗的海布纹藻	*Gyrosigma balticum*	+	+	+
212	波罗的海布纹藻中华变种	*Gyrosigma balticum* v. *sinensis*		+	+
213	波罗的海布纹藻中国变种	*Gyrosigma balticum* v. *sinicum*	+		+
214	簇生布纹藻	*Gyrosigma fasciola*	+		
215	长尾布纹藻	*Gyrosigma macrum*			+
216	斯氏布纹藻	*Gyrosigma spencerii*	+		+
217	柔弱布纹藻	*Gyrosigma tenuissimum*	+	+	
218	肋缝藻 sp.	*Frustulia* sp.			+
219	长端节肋缝藻	*Frustulia lewisiana*	+		+
220	双壁藻 sp.	*Diploneis* sp.	+		
221	椭圆双壁藻	*Diploneis elliptica*			+
222	紫心辐节藻	*Stauroneis phoenicenteron*	+	+	
223	辐节藻 sp.	*Stauroneis* sp.			+
224	粗纹藻 sp.	*Trachyneis* sp.		+	
225	粗纹藻	*Trachyneis aspera*	+	+	+
226	帆状粗纹藻	*Trachyneis velata*	+		
227	羽纹藻 sp.	*Pinnularia* sp.	+		+
228	大羽纹藻	*Pinnularia major*		+	+
229	微绿羽纹藻	*Pinnularia viridis*		+	+
230	著名羽纹藻	*Pinnularia nobilis*		+	
231	同族羽纹藻	*Pinnularia gentilis*		+	
232	舟形藻 sp.	*Navicula* sp.	+	+	+
233	膜状舟形藻	*Navicula membranacea*	+		
234	小形舟形藻	*Navicula parva*		+	

序号	种类名称	学　名	夏季	秋季	春季
235	喙头舟形藻	*Navicula rhynchocephala*		+	
236	微绿舟形藻	*Naviculla viridula*		+	
237	双眉藻 sp.	*Amphora sp.*	+		+
238	桥弯藻 sp.	*Cymbella sp.*			+
239	粗糙桥弯藻	*Cymbella aspera*	+		
240	膨胀桥弯藻	*Cymbella tumida*		+	
241	双生双楔藻	*Didymosphenia geminata*			+
242	中间异极藻	*Gomphonema intricatum*		+	
243	美丽星杆藻	*Asterionellaformosa*			+
244	伏氏海毛藻	*Thalassiothrix frauenfeldii*	+	+	+
245	长海毛藻	*Thalassiothrix longissima*	+	+	+
246	菱形海线藻	*Thalassionema nitzschioides*	+	+	+
247	钝脆杆藻	*Fragilaria capucina*		+	+
248	中型脆杆藻	*Fragilaria intermedia*		+	
249	美丽斜斑藻	*Plagiogramma pulchellum*	+		
250	针杆藻 sp.	*Synedra sp.*	+	+	+
251	华丽针杆藻	*Synedreformosa*	+		
252	海氏针杆藻	*Synedra hennedyana*	+	+	
253	美丽针杆藻	*Synedra pulcherrima*		+	
254	平片针杆藻	*Synedra tabulata*		+	
255	肘状针杆藻	*Synedra ulna*	+	+	+
256	波边针杆藻	*Synedra undulata*	+		
257	尖针杆藻	*Synedra acus*		+	+
258	波状斑条藻	*Grammatophora undulata*	+		
259	楔形藻 sp.	*Licmophora sp.*			+
260	短楔形藻	*Licmophora abbreviata*	+		
261	点状杆线藻	*Rhabdonema mirincum*		+	
262	亚得里亚海杆线藻	*Rhabdonema adriaticum*			+
263	扁圆卵形藻	*Cocconeis placentula*			+
264	爪哇曲壳藻	*Achnanthes jaranica*			+
265	斑纹窗纹藻	*Epithemia zebra*		+	
266	菱形藻 sp.	*Nitzschia sp.*		+	+
267	新月菱形藻	*Nitzschia closterium*		+	+
268	簇生菱形藻	*Nitzschia fasciculata*	+		
269	长菱形藻弯端变种	*Nitzschia longissima v. reversa*	+		

续表

序号	种类名称	学 名	夏季	秋季	春季
270	长菱形藻	*Nitzschia longissima*	+	+	
271	洛氏菱形藻	*Nitzschia lorenziana*	+	+	
272	弯菱形藻	*Nitzschia sigma*	+	+	+
273	弯菱形藻中型变种	*Nitzschia sigma v. intercedens*			
274	拟螺形菱形藻	*Nitzschia sigmoidea*	+	+	+
275	匙形菱形藻	*Nitzschia spathulata*		+	
276	纤细菱形藻	*Nitzschia subtilis*			+
277	奇异棍形藻	*Bacillaria paradoxa*	+	+	+
278	小伪菱形藻	*Pseudonitzschia sicula*		+	
279	尖刺拟菱形藻	*Pseudonitzschia pungens*	+	+	+
280	柔弱拟菱形藻	*Pseudonitzschia delicatissima*	+	+	+
281	成列拟菱形藻	*Pseudonitzschia seriata*		+	
282	卵形褶盘藻	*Tryblioptychus cocconeiformis*		+	+
283	双菱藻 sp.	*Surirella* sp.		+	
284	美丽双菱藻	*Surirella elegans*			+
285	美丽双菱藻挪威变种	*Surirella elegans v. norvegica*	+	+	+
286	华壮双菱藻	*Surirella fastuosa*		+	+
287	芽形双菱藻	*Surirella gemma*	+	+	
288	端毛双菱藻	*Surirella capronii*			+
289	库氏双菱藻	*Surirella kurzii*		+	
290	粗壮双菱藻	*Surirella robusta*		+	
291	粗壮双菱藻纤细变种	*Surirella robusta v. splendida*		+	
292	线形双菱藻	*Surirella linearis*		+	
293	马鞍藻 sp.	*Campylodiscus* sp.	+	+	+
294	布氏马鞍藻	*Campylodiscus brightwellii*	+		
295	双角马鞍藻	*Campylodiscus biangulatus*			+
296	地美马鞍藻	*Campylodiscus daemelianus*			+
297	尖顶马鞍藻	*Campylodiscus ecclesianus*	+	+	
298	小等刺硅鞭藻	*Dictyocha fibula*			+
299	六异刺硅鞭藻	*Distephanus speculum*	+	+	
300	六异刺硅鞭藻八角变种	*Distephanus speculum v. octonarium*	+	+	
301	*Hillea sp.*	*Hillea* sp.		+	+
302	原甲藻 sp.	*Prorocentrum* sp.		+	
303	尖叶原甲藻	*Prorocentrum triestinum*		+	
304	具齿原甲藻	*Prorocentrum dentatum*		+	+

续表

序号	种类名称	学　名	夏季	秋季	春季
305	微小原甲藻	*Prorocentrum minimum*			+
306	鳍藻 sp.	*Dinophysis* sp.	+		
307	具尾鳍藻	*Dinophysis caudata*	+	+	+
308	鸟尾藻 sp.	*Ornithocercus* sp.		+	
309	四叶鸟尾藻	*Ornithocercus steinii*		+	
310	裸甲藻 sp.	*Gymnodinium* sp.	+	+	+
311	深绿裸甲藻	*Gymnodinium aeruginosum*		+	
312	红色裸甲藻	*Gymnodinium sanguineum*	+	+	
313	裸甲藻	*Gymnodinium vestifici*	+	+	
314	*Gymnodinium nelsonii*	*Gymnodinium nelsonii*		+	
315	密氏卡伦藻	*Kalenia mikimotoi*	+	+	
316	螺旋环沟藻	*Gyrodinium spirale*		+	+
317	灰下沟藻	*Katodinium glaucum*		+	
318	夜光藻	*Noctiluca scientillans*	+	+	+
319	不对称翼藻	*Diplopsalis asymmetrica*	+	+	
320	透镜翼藻	*Diplopsalis lenticula*	+	+	+
321	多甲藻 sp.	*Peridinium* sp.		+	+
322	窄脚多甲藻	*Peridinium claudicans*		+	
323	双曲多甲藻	*Peridinium conicoides*	+	+	+
324	锥形多甲藻	*Peridinium conicum*	+	+	+
325	厚甲多甲藻	*Peridinium crassipes*	+	+	+
326	扁形多甲藻	*Peridinium depressum*	+	+	
327	叉分多甲藻	*Peridinium divergens*	+	+	
328	脚膜多甲藻	*Peridinium fatulipes*	+	+	
329	大多甲藻	*Peridinium grande*		+	
330	里昂多甲藻	*Peridinium leonis*		+	+
331	长顶多甲藻	*Peridinium longipes*	+		
332	海洋多甲藻	*Peridinium oceanicum*	+	+	
333	光甲多甲藻	*Peridinium pallidum*			+
334	灰甲多甲藻	*Peridinium pellucidum*			+
335	卵形多甲藻	*Peridinium ovum*	+	+	
336	五边多甲藻	*Peridinium pentagonum*	+	+	+
337	点刺多甲藻	*Peridinium punctulatum*	+	+	
338	梨形多甲藻	*Peridinium pyriforme*	+	+	
339	斯氏多甲藻	*Peridinium steinii*		+	

续表

序号	种类名称	学 名	夏季	秋季	春季
340	膨胀多甲藻	*Peridinium tumidum*		+	
341	环状多甲藻	*Peridinium roseum*		+	
342	长形多甲藻	*Peridinium oblongum*	+		
343	二角多甲藻	*Peridinium bipes*			+
344	岛屿多甲藻	*Peridinium islandicum*	+	+	
345	锥状施克里普藻	*Scrippsiella trochoidea*	+	+	+
346	三角异帽藻	*Heterocapsa triqueta*		+	+
347	底刺膝沟藻	*Gonyanlax spinifera*			+
348	塔马亚历山大藻	*Alexandrium tamarense*	+	+	
349	链状亚历山大藻	*Alexandrium fraterculus*	+	+	
350	角藻 sp.	*Ceratium sp.*	+	+	
351	羊头角藻	*Ceratium arietinum*		+	
352	短角角藻	*Ceratium breve*	+		
353	臼齿角藻	*Ceratium digitatum*	+	+	
354	镰角藻	*Ceratium falcatum*	+	+	
355	叉状角藻	*Ceratium furca*	+	+	
356	纺锤角藻	*Ceratium fusus*	+	+	+
357	驼背角藻	*Ceratium gibberum*	+	+	+
358	低顶角藻	*Ceratium humile*	+	+	
359	膨角藻	*Ceratium inflatum*	+	+	+
360	线形角藻	*Ceratium lineatum*		+	
361	长角角藻	*Ceratium longissimum*		+	
362	大角角藻	*Ceratium macroceros*	+	+	+
363	大角角藻窄变种	*Ceratium macroceros v. gallicum*		+	
364	马西利亚角藻	*Ceratium massiliense*	+	+	+
365	柔弱角藻	*Ceratium molle*		+	
366	美丽角藻	*Ceratium pulchellum*		+	
367	苏门答腊角藻	*Ceratium sumatranum*		+	
368	三叉角藻	*Ceratium trichoceors*		+	
369	三角角藻	*Ceratium tripos*	+	+	+
370	钟扁甲藻斯氏变种	*Pyrophacus horologicum v. steinii*	+	+	+
371	纺锤梨甲藻	*Pyrocystis fusiformis*		+	
372	新月梨甲藻	*Pyrocystis lunula*		+	
373	夜光梨甲藻	*Pyrocystis noctiluca*		+	
374	拟夜光梨甲藻	*Pyrocystis pseudonoctiluca*			+

续表

序号	种类名称	学 名	夏季	秋季	春季
375	粗梨甲藻	*Pyrocystis robusta*			+
376	菱形梨甲藻	*Pyrocystis rhomboides*		+	
377	多面异沟藻	*Heteraulacus polyedricus*	+	+	
378	裸藻 sp.	*Euglena* sp.	+	+	+
379	梭形裸藻	*Euglena acus*			
380	扭曲扁裸藻	*Phacus tortus*		+	
381	纤维藻 sp.	*Ankistrodesmum* sp.			+
382	镰形纤维藻	*Ankistrodesmum falcatus*		+	
383	拟新月藻	*Closteriopsis longissima*		+	
384	单突盘星藻	*Pediastrum simplex*	+	+	
385	单突盘星藻具孔变种	*Pediastrum simplex v. duodenarium*	+	+	+
386	二角盘星藻	*Pediastrum duplex*	+	+	+
387	二角盘星藻纤细变种	*Pediastrum duplex v. tetraodon*	+		
388	双射盘星藻	*Pediastrum briadiatum*		+	+
389	四尾栅藻	*Scenedesmus quadricauda*		+	+
390	斜生栅藻	*Scenedesmus obliquus*			+
391	四角十字藻	*Crucigenia quadrata*			+
392	丝藻 sp.	*Ulothrix* sp.		+	
393	水绵 sp.	*Spirogyra* sp.	+	+	+
394	新月藻 sp.	*Closterium* sp.			+
395	中型新月藻	*Closterium intermedium*		+	
396	纤细角星鼓藻	*Staurastrum gracile*		+	

附录 2
长江口浮游动物种名录及出现季节

序号	种类名称	学　名	夏季	秋季	春季
1	夜光虫	*Noctiluca scientillans*			+
2	水螅水母类	*Hydropolypse* sp.		+	
2	高手水母属	*Bougainvillia* sp.			
4	不列颠高手水母	*Bougainvillia britannica*	+	+	
5	束状高手水母	*Bougainvillia ramosa*	+	+	
6	囊状塔水母	*Turris vesicaria*		+	
7	小介穗水母	*Podocoryne minima*		+	+
8	顶室真囊水母	*Euphysora apiciloculifera* sp. nov			+
9	真囊水母	*Euphysora bigelowi*	+		+
10	日本长管水母	*Sarsia nipponica*			
11	耳状囊水母	*Euphysa aurata*	+	+	+
12	双手水母	*Amphinema dinema*			
13	外肋水母属	*Ectopleura* sp.	+		
14	杜氏外肋水母	*Ectopleura dumortieri*	+		+
15	崤状镰螅水母	*Zanclea costata*	+		
16	锥状多管水母	*Aequorea conica*	+	+	
17	薮枝螅水母	*Obelia* sp.			+
18	隔膜水母属	*Leuckartiara* sp.			+
19	嵊山秀氏水母	*Sugiura chengshanense*	+	+	+
20	锡兰和平水母	*Eirene ceylonensis*	+	+	
21	四手触丝水母	*Lovenella assimilis*	+		
22	罗氏水母属	*Lovenella* sp.			+
23	半球杯水母	*Phialidium hemisphaerica*	+	+	+
24	黑球真唇水母	*Eucheilota duodecimalis*			+
25	杯水母属	*Phialidium* sp.	+	+	
26	真拟杯水母	*Phialucium mbenga*			+

序号	种类名称	学 名	夏季	秋季	春季
27	厚伞拟杯水母	*Phialucium condensum*			+
28	拟杯水母属	*Phialella* sp.	+		
29	卡马拉水母	*Malagazzia carolinae*	+		+
30	四叶小舌水母	*Liriope tetraphylla*	+	+	+
31	半口壮丽水母	*Aglaura hemistoma*		+	+
32	二手筐水母	*Solmundella bitentaculata*	+	+	+
33	华丽盛装水母	*Agalma elegans*	+	+	
34	气囊水母	*Physophora hydrostatica*			+
35	双生水母	*Diphyes chamissonis*	+	+	+
36	拟双生水母	*Diphyes bojani*			+
37	拟细浅室水母	*Lensia subtiloides*	+		+
38	五角水母	*Muggiaea atlantica*	+		+
39	栉水母类	*Chelophyes* sp.	+	+	
40	球型侧腕水母	*pleurobrachia globosa*	+	+	+
41	浮游多毛类	*Polychaeta* sp.	+	+	+
42	游蚕	*Pelagobia longicirrata*		+	
43	鼻蚕	*Rhynchonerella gracilis*	+		
44	浮蚕属	*Tomopteris* sp.	+		
45	太平洋浮蚕	*Tomopteris pacifica*	+	+	
46	盲蚕	*Typhloscolex mulleri*	+	+	
47	浮游螺类	*Fuyoulolei* sp.	+		
48	明螺属	*Atlanta* sp.	+	+	
49	胖琥螺	*Limacina inflata*	+		
50	马蹄琥螺	*Limacina trochiformis*	+	+	
51	玻杯螺	*Hyalocyliz striata*		+	
52	长轴螺	*Peraclis reticulata*	+		
53	双喙耳乌贼	*Sepiola birostrata*			
54	鸟喙尖头蚤	*Penilia avirostris*	+	+	
55	诺氏三角蚤	*Evadne nordmanni*	+		
56	肥胖三角蚤	*Evadne tergestina*	+		
57	针刺真浮萤	*Euconchoecia aculeata*	+		+
58	后圆真浮萤	*Euconchoecia maimai*			+
59	中华哲水蚤	*Calanus sinicus*	+	+	+
60	微刺哲水蚤	*Canthocalanus pauper*	+		
61	小哲水蚤	*Nannocalanus minor*	+	+	

续表

序号	种类名称	学　名	夏季	秋季	春季
62	普通波水蚤	*Undinula vulgaris*		+	
63	亚强真哲水蚤	*Eucalanus subcrassus*	+	+	
64	强真哲水蚤	*Eucalanus crassus*			+
65	瘦长真哲水蚤	*Eucalanus subtenuis*			+
66	细角新哲水蚤	*Neocalanus tenuicornis*			
67	针刺拟哲水蚤	*Paracalanus aculeatus*	+	+	+
68	强额拟哲水蚤	*Paracalanus crassirostris*	+		+
69	小拟哲水蚤	*Paracalanus parvus*	+		+
70	隆线拟哲水蚤	*Calanoides carinatus*			
71	平滑真刺水蚤	*Euchaeta plana*			+
72	精致真刺水蚤	*Euchaeta concinna*	+	+	+
73	芦氏拟真刺水蚤	*Euchaeta russelli*	+	+	+
74	海洋真刺水蚤	*Euchaeta marina*	+	+	
75	长刺小厚壳水蚤	*Scolecithricella longispinosa*	+		
76	缘齿厚壳水蚤	*Scolecithrix nicobarica*	+		
77	太平洋真宽水蚤	*Eurytemora pacifica*	+		
78	异尾宽水蚤	*Temora discaudata*		+	
79	锥形宽水蚤	*Temora turbinata*	+	+	
80	粗乳点水蚤	*Pleuromamma robusta*	+		
81	背针胸刺水蚤	*Centropages dorsispinatus*	+	+	
82	奥氏胸刺水蚤	*Centropages orsinii giesbrecht*	+		
83	中华胸刺水蚤	*Centropages sinensis*	+	+	
84	瘦尾胸刺水蚤	*Centropages tenuiremis*	+		
85	中华华哲水蚤	*Sinocalanus sinensis*	+		+
86	火腿许水蚤	*Schmackeria poplesia*	+	+	
87	伯氏平头水蚤	*Candacia bradyi*	+	+	
88	汤氏长足水蚤	*Calanopia thompsoni*	+	+	
89	双刺唇角水蚤	*Labidocera bipinnata*	+	+	
90	真刺唇角水蚤	*Labidocera euchaeta*	+	+	+
91	科氏唇角水蚤	*Labidocera kroyeri*	+		
92	左突唇角水蚤	*Labidocera sinilobata*	+	+	
93	钝简角水蚤	*Pontellopsis ysnadae*	+	+	
94	克氏纺锤水蚤	*Acartia clausi*	+		+
95	太平洋纺锤水蚤	*Acartia pacifica*	+	+	
96	瘦歪水蚤	*Tortanus gracilis*	+		

序号	种类名称	学　名	夏季	秋季	春季
97	刺尾歪水蚤	*Tortanus spinicaudatus*	+		
98	虫肢歪水蚤	*Tortanus vermiculus*	+	+	+
99	长腹剑水蚤属	*Oithona* sp.	+	+	
100	隆剑水蚤属	*Oncaea* sp.	+		
101	丽隆剑水蚤	*Oncaea venusta*	+	+	
102	剑水蚤目	*Cyclopoida*			
103	拟长腹剑水蚤	*Oithona similis*			+
104	伪长腹剑水蚤	*Oithona fallax*			+
105	近缘大眼剑水蚤	*Corycaeus affinis*	+		+
106	挪威小星猛水蚤	*Microsetella norvegica*	+	+	
107	猛水蚤科	*Harpacticidae* sp.		+	
108	粗毛猛水蚤科	*Macroseteuidae* sp.			
109	美丽拟节糠虾	*Hemisiriella pulchra*			+
110	中华节糠虾	*Siriella sinensis*	+	+	
111	漂浮小井伊糠虾	*Iiella pelagicus*	+	+	+
112	台湾小井伊糠虾	*Iiella formosensis*			+
113	新糠虾属	*Neomysis* sp.		+	
114	日本新糠虾	*Neomysis japonica*	+		
115	长额刺糠虾	*Acanthomysis longirostris*	+	+	+
116	宽尾刺糠虾	*Acanthomysis latiscauda*			+
117	涟虫属	*Bodotria* sp.	+		
118	针尾涟虫属	*Diastylis* sp.	+	+	+
119	棒鞭水虱属	*Cleantis* sp.		+	
120	纺锤水虱科	*Aegidae* sp.			
121	钩虾属	*Gammaridea* sp.	+	+	+
122	绒类	*Hyperiidae* sp.	+		
123	细长脚虫戎	*Themisto gracilipes*	+		+
124	裂颏蛮虫戎	*Lestrigonus schizogeneios*	+	+	+
125	克氏尖头虫戎	*Oxucephalus clausi*	+	+	
126	麦秆虫	*Caprella* sp.			+
127	中华假磷虾	*Pseudeuphausia sinica*	+	+	+
128	磷虾属	*Euphausia* sp.	+		
129	小型磷虾	*Euphausia nana*	+		+
130	太平洋磷虾	*Euphausiapacifica*		+	+
131	三刺樱磷虾	*Euphausia tricuspidata*	+		

续表

序号	种类名称	学　名	夏季	秋季	春季
132	双突磷虾	*Euphausia sanzoi*			+
133	柔嫩磷虾	*Euphausia tenera*	+	+	
134	隆突手磷虾	*Stylocheiron carinatum*	+		
135	中国毛虾	*Acetes chinensis*	+	+	
136	日本毛虾	*Acetes japonicus*		+	+
137	中型莹虾	*Lucifer intermedius*	+	+	+
138	正型莹虾	*Lucifer typus*	+		+
139	细螯虾	*Leptochela gracilis*	+	+	+
140	白虾属	*Exopalaemon* sp.		+	+
141	海洋昆虫	Marina insecte			+
142	箭虫属	*Sagitta* sp.	+	+	
143	强壮箭虫	*Sagitta crassa*			+
144	百陶箭虫	*Sagitta bedoti*	+	+	
145	肥胖箭虫	*Sagitta enflata*	+	+	
146	拿卡箭虫	*Sagitta nagae*	+	+	+
147	凶形箭虫	*Sagitta ferox*			+
148	住囊虫属	*Oikopleura* sp.	+	+	
149	角胃住囊虫	*Oikopleura cornutogastra*			+
150	异体住囊虫	*Oikopleura dioica*	+	+	+
151	长尾住囊虫	*Oikopleura longicauda*	+	+	+
152	软拟海樽	*Dolioletta gegenbauri*	+	+	
153	小齿海樽	*Doliolum denticulatum*			+
154	多毛类担轮幼虫	*Trochophora* larvae	+	+	
155	腕足类舌贝幼虫	*Lingula* larvae		+	
156	桡足类无节幼虫	*Nauplius* larvae（Copepoda）	+	+	+
157	蔓足类腺介幼虫	*Cypris* larvae	+		
158	长尾类幼虫	*Mccrura* larvae	+	+	+
159	磷虾带叉幼体	*Furcilia* larvae			+
160	磷虾幼体	*Euphausia* larvae			+
161	短尾类蚤状幼虫	*Zoea* larva（Brachyura）	+	+	+
162	磁蟹蚤状幼虫	*Zoea* larva（Porcellana）	+	+	
163	短尾类大眼幼虫	*Megalopa* larvae	+	+	+
164	瓣鳃类面盘幼虫	*Viliger* larvae	+		
165	幼蛤	*Lamevllibranchia* larvae	+	+	
166	腹足类幼体	Gastropod post larvae			+

序号	种类名称	学　名	夏季	秋季	春季
167	蛇尾长腕幼虫	*Ophiopluteus* larva	+	+	
168	桡足类幼体	*Copepodite* larva	+	+	
169	阿利玛幼虫	*Alima* larva	+	+	
170	鱼卵	Fish eggs	+	+	
171	仔鱼	Fish larva	+	+	+
172	栉水母幼体	*Ctenophora* larva	+	+	
173	箭虫幼体	*Sagitta* larva	+	+	
174	口足类幼体	*Stomatopoda* larva	+		
175	多毛类幼虫	*Polychgaeta* larva	+	+	+
176	软体动物面盘幼虫	*Veliger* larva	+		
177	棘皮动物羽腕幼虫	*Echinodermata bipinnaria* larva		+	

附录 3
长江口大型底栖动物名录

序号	科中名	科拉丁名	种中名	种拉丁名
			多毛类	
1	白毛虫科	Pilargiidae	鳃叶虫	*Otopsis longipes* Ditlevsen
2	不倒翁虫科	Sternaspidae	不倒翁虫	*Sternaspis scutata*（Ranzani）
3	长手沙蚕科	Magelonidae	尖叶长手沙蚕	*Magelona cincta* Ehlers
4	长手沙蚕科	Magelonidae	太平洋长手沙蚕	*Magelona paeifica* Monro
5	长手沙蚕科	Magelonidae	长手沙蚕	*Magelona* sp.
6	齿吻沙蚕科	Nephtyidae	双鳃内卷沙蚕	*Aglaophamus dibranchis*
7	齿吻沙蚕科	Nephtyidae	直叶内卷齿蚕	*Aglaophamus jeffreysii*
8	齿吻沙蚕科	Nephtyidae	中华内卷齿蚕	*Aglaophamus sinensis* Fauvel
9	齿吻沙蚕科	Nephtyidae	内卷齿蚕	*Aglaophamus* sp.
10	齿吻沙蚕科	Nephtyidae	无疣齿蚕	*Inermonephtys inermis*（Ehlers）
11	齿吻沙蚕科	Nephtyidae	寡鳃齿吻沙蚕	*Nephtys oligobranchia* Southern
12	齿吻沙蚕科	Nephtyidae	多鳃齿吻沙蚕	*Nephtys polybranchia* Southern
13	单指虫科	Cossuridae	拟单指虫	*Cossurella dimorpha* Hartman
14	多鳞虫科	Polynoidae	夜鳞虫	*Arctonoella* sp.
15	多鳞虫科	Polynoidae	哈鳞虫	*Harmothoë* sp.
16	海蛹虫科	Opheliidae	角海蛹	*Ophelina acumilata* öersted
17	海稚虫科	Spionidae	后指虫	*Laonice cirrata*（Sars）
18	海稚虫科	Spionidae	后指虫属一种	*Laonice* sp.
19	海稚虫科	Spionidae	印度锤稚虫	*Malacoceros indicus*（Fauvel）
20	海稚虫科	Spionidae	羽鳃奇稚齿虫	*Paraprionospio pinnata* Ehlers
21	海稚虫科	Spionidae	袋稚齿虫	*Prionospio ehlersi* Fauvel
22	海稚虫科	Spionidae	稚齿虫	*Prionospio pinnata*
23	海稚虫科	Spionidae	昆士兰稚齿虫	*Prionospio queenslandica*
24	海稚虫科	Spionidae	腹钩虫	*Scolelepis* sp.
25	海稚虫科	Spionidae	光稚虫	*Spiophanes* sp.

续表

序号	科中名	科拉丁名	种中名	种拉丁名
多毛类				
26	矶沙蚕科	Eunicidae	滑指矶沙蚕	*Eunice indica* Kinberg
27	矶沙蚕科	Eunicidae	贝氏岩虫	*Marphysa bellii*
28	矶沙蚕科	Eunicidae	岩虫	*Marphysa* sp.
29	角吻沙蚕科	Goniadidae	日本角吻沙蚕	*Goniada japonica* Izuka
30	欧菲虫科	Onuphidae	巢沙蚕属一种	*Diopatra* sp.
31	欧菲虫科	Onuphidae	巢沙蚕	*Diopatra amboinensis*
32	欧菲虫科	Onuphidae	福建欧菲虫	*Onuphis fukianensis*
33	欧菲虫科	Onuphidae	欧菲虫	*Onuphis* sp.
34	欧文虫科	Oweniidae	欧文虫	*Owenia fusiformis*
35	沙蚕科	Nereidae	琥珀刺沙蚕	*Neanthes succiea*
36	沙蚕科	Nereidae	锤角全刺沙蚕	*Nectoneanthes alotopalis*
37	沙蚕科	Nereidae	刺沙蚕	*Neanthes vaali*
38	沙蚕科	Nereidae	全刺沙蚕属一种	*Nectoneanthes* sp.
39	沙蚕科	Nereidae	沙蚕属一种	*Nereis* sp.
40	沙蚕科	Nereidae	背褶沙蚕	*Tambalagamia fauveli* Pillai
41	沙蚕科	Nereidae	中华背褶沙蚕	*Tambalagamia sinica*
42	沙蚕科	Nereidae	软疣沙蚕	*Tylonereis bogoyawleskyi*
43	沙蚕科	Nereidae	围沙蚕	*Perinereis* sp.
44	扇毛虫科	Flabelligeridae	孟加拉海扇虫	*Pherusa bengalensis* Fauvel
45	双栉虫科	Ampharetidae	扇栉虫	*Amphicteis gunneri* (Sars)
46	丝鳃虫科	Cirratulidae	独毛虫	*Tharyx* sp.
47	丝鳃虫科	Cirratulidae	斑纹独毛虫	*Tharyx tesselata* Hartman
48	索沙蚕科	Lumbrineridae	异足索沙蚕	*Lumbrineris heteropoda*
49	索沙蚕科	Lumbrineridae	索沙蚕	*Lumbrineris latreilli*
50	索沙蚕科	Lumbrineridae	长叶索沙蚕	*Lumbrineris longiforlia*
51	索沙蚕科	Lumbrineridae	索沙蚕属一种	*Lumbrineris* sp.
52	特矶蚕科	Euniphysidae	特矶蚕	*Euniphysa* sp.
53	吻沙蚕科	Glyceridae	长吻沙蚕	*Glycera chirori* Izuka
54	吻沙蚕科	Glyceridae	中锐吻沙蚕	*Glycera rouxii*
55	吻沙蚕科	Glyceridae	吻沙蚕	*Glycera unicornis*
56	吻沙蚕科	Glyceridae	吻沙蚕属一种	*Glycera* sp.
57	吻沙蚕科	Glyceridae	方格吻沙蚕	*Glycera tesselata* Grube
58	吻沙蚕科	Glyceridae	卷旋吻沙蚕	*Glycera tridactyla* Schmarda
59	锡鳞虫科	Sigalionidae	强鳞虫	*Sthenolepis japonica* McIntosh

续表

序号	科中名	科拉丁名	种中名	种拉丁名
多毛类				
60	小头虫科	Capitellidae	典型小头虫	*Capitella capitata*
61	小头虫科	Capitellidae	丝异蚓虫	*Heteromastus filiforms*
62	小头虫科	Capitellidae	中蚓虫	*Mediomastus californiensis*
63	小头虫科	Capitellidae	背蚓虫	*Notomastus latericeus* Sars
64	叶须虫科	Phyllodocidae	乳突半突虫	*Anaitides papillosa*
65	异毛虫科	Paraonidae	单独指虫	*Aricidea simplex*
66	异毛虫科	Paraonidae	尖毛虫亚属一种	*Acmira* sp.
67	异稚虫科	Heterospionidae	中华异稚虫	*Heterospio sinica* Wu et Chen
68	缨鳃虫科	Sabellidae	尖刺缨虫	*Potamilla* cf. *acuminata*
69	杂毛虫科	Poecilochaetidae	热带杂毛虫	*Poecilochaetus tropicus* Okuda
70	蛰龙介科	Terebellidae	琴蛰虫	*Lanice conchilega* (Palla)
71	蛰龙介科	Terebellidae	扁蛰虫	*Loimia medusa* (Savigny)
72	蛰龙介科	Terebellidae	树蛰虫属一种	*Pista* sp.
73	竹节虫科	Maldanidae	太平洋拟节虫	*Praxillellapacifica* Berkeley
74	竹节虫科属一种	Maldanidae	拟节虫属一种	*Praxillella praetermissa*
75	竹节虫科	Maldanidae	拟节虫属一种	*Praxillella* sp.
76	竹节虫科	Maldanidae	拟节虫属一种	*Praxillella* sp2.
77	锥头虫科	Orbiniidae	红刺尖锥虫	*Scoloplos rubra* (Webster)
78	帚毛虫科	Sabellariidae	帚毛虫属一种	*Sabellaria* sp.
79	原瑞虫科	Protoclrilidae	原瑞虫属一种	*Protodrilus* sp.
80	竹节虫科	Maldanidae	短脊虫属一种	*Asychis* sp.
81	顶须虫科	Acrocorridae	顶须虫属一种	*Acrocirrus* sp.
82	笔帽虫科	Pectinaridae	笔帽虫属一种	*Pictinaria* sp.
83	蛰龙介科	Terebellidae	龙介虫属一种	*Serpula* sp.
棘皮动物				
84	辐蛇尾科	Ophiactidae	四齿蛇尾	*Paramphichondrius tetradontus*
85	锚参科	Synaptidae	棘刺锚参	*Protankyra asymmetrica*
86	锚参科	Synaptidae	变化柄锚参	*Oestergrenia variabilis*
87	锚参科	Synaptidae	柄板锚参	*Labidoplax dubia*
88	锚参科	Synaptidae	锚参属一种	*Protankyra* sp.
89	锚参科	Synaptidae	柄锚参属一种	*Oestergrenia* sp.
90	锚参科	Synaptidae	未定种	
91	阳遂足科	Amphiuridae	光亮倍棘蛇尾	*Amphioplus lucidus* Koehler
92	阳遂足科	Amphiuridae	日本倍棘蛇尾	*Amphioplus japonicus*

续表

序号	科中名	科拉丁名	种中名	种拉丁名
			棘皮动物	
93	阳遂足科	Amphiuridae	倍棘蛇尾	*Amphioplus* sp.
94	阳遂足科	Amphiuridae	小指阳遂足	*Amphiura digitula*
95	阳遂足科	Amphiuridae	似环阳遂足	*Amphiura iridoides*
96	阳遂属科	Amphiuridae	阳遂足一种	*Amphiura* sp.
97	阳遂足科	Amphiuridae	滩栖阳遂足	*Amphiura vadicola* Matsumoto
98	阳遂足科	Amphiuridae	女神蛇尾	*Ophionephthys difficilis*
99	真蛇尾科	Ophiuridae	金氏真蛇尾	*Ophiura kinbergi* (Ljungman)
100	真蛇尾科	Ophiuridae	蛇尾（幼体）	*Ophiura* sp.
101	芋参科	Molpadiidae	紫纹芋参	*Molpacia roretzi*
102	芋参科	Molpadiidae	未定种	*Molpadiidae*
103	沙鸡子科	Phyllophoridae	双尖陶圣参	*Thorsonia advarsania*
104	瓜参科	Cucumariidae	赛瓜参	*Thyone* sp.
105	瓜参科	Cucumariidae	未定种	*Cucumariidae*
			甲壳类	
106	玻璃虾科	Palaemonidae	尖尾细螯虾	*Leptochela aculeocaudata*
107	玻璃虾科	Palaemonidae	细螯虾	*Leptochela gracilis*
108	玻璃虾科	Palaemonidae	细螯虾属一种	*Leptochela sydniensis*
109	长臂虾科	Palaemonidae	脊尾白虾	*Exopalaemon carinicauda*
110	长臂虾科	Palaemonidae	安氏白虾	*Exopalaemon annandalei*
111	长臂虾科	Palaemonidae	巨指长臂虾	*Palaemin macrodactylus*
112	长臂虾科	Palaemonidae	葛氏长臂虾	*Palaemin gravieri*
113	长臂虾科	Palaemonidae	锯齿长臂虾	*Palaemin serrifer*
114	长臂虾科	Palaemonidae	安氏白虾	*Exopalaemon annandalei*
115	长臂虾科	Palaemonidae	日本沼虾	*Macrobrachium nipponense*
116	长脚蟹科	Goneplacidae	仿盲蟹	*Typhlocarcinops* sp.
117	长脚蟹科	Goneplacidae	长脚蟹科一种	*Goneplacidae*
118	长尾虫科	Aspeudidae	长尾虫	*Aspeudes* sp.
119	豆蟹科	Pinnotheridae	豆形短眼蟹	*Xenophthalmus pinnotheroides*
120	对虾科	Penaeidae	长眼对虾	*Miyadiell podophthalmus*
121	方蟹科	Grapsidae	狭颚绒螯蟹	*Eriocheir leptognathus*
122	方蟹科	Grapsidae	无齿相手蟹	*Sesarma* (Holometopus) *dehaani*
123	方蟹科	Grapsidae	狭颚绒螯蟹	*Ericheir leptognathus*
124	方蟹科	Grapsidae	大眼蟹（幼体）	*Eriocheir larvae*
125	鼓虾科	Alpheidae	鲜明鼓虾	*Alpheus distinguendus*

序号	科中名	科拉丁名	种中名	种拉丁名
			甲壳类	
126	鼓虾科	Alpheidae	日本鼓虾	*Alpheus japonicus*
127	鼓虾科	Alpheidae	鼓虾属一种	*Alpheus* sp.
128	蜾蠃蜚科	Corophiidae	拟钩虾属一种	*Gammaropsis* sp.
129	蜾蠃蜚科	Corophiidae	亮钩虾属一种	*Photis* sp.
130	合眼钩虾科	Oedicerotidae	江湖独眼钩虾	*Monoculodes limnophilus*
131	合眼钩虾科	Oedicerotidae	凹板钩虾属一种	*Caviplaxus* sp.
132	合眼钩虾科	Oedicerotidae	同掌华眼钩虾	*Sinoediceros homopalmulus*
133	合眼钩虾科	Oedicerotidae	蚤钩虾属一种	*Pontocrates* sp.
134	介形类	Cyprioma	未定种	*Cyprioma*
135	浪漂水虱科	Cymothidae	日本浪漂水虱	*Cirolana japonensis*
136	浪漂水虱科	Cymothidae	浪漂水虱属一种	*Cirolana* sp.
137	马尔他钩虾科	Melitidae	塞切尔泥钩虾	*Eriopisella sechellensis*
138	美人虾科	Callianassidae	美人虾属一种	*Callianassa* sp.
139	美人虾科	Callianassidae	日本美人虾	*Callianassa japonica*
140	拟花尾水虱科	Paranthuridae	日本拟背水虱	*Paranthura japonica*
141	双眼钩虾科	Ampeliscidae	双眼钩虾属一种	*Ampelisca* sp.
142	双眼钩虾科	Ampeliscidae	沙钩虾属一种	*Byblis* sp.
143	虾蛄科	Squillidae	口虾蛄	*Oratosquilla oratoria*
144	牙蟹科	Grapsidae	绒毛近方蟹	*Hemigrapsus penicllatus*
145	针尾涟虫科	Diastylidae	针尾涟虫属一种	*Diastylis* sp.
146	樱虾科	Sergestidae	中国毛虾	*Acetes chinensis*
147	樱虾科	Sergestidae	日本毛虾	*Acetes japonicus*
148	麦杆虫科	Caprellidae	麦杆虫属一种	*Caprella* sp.
149	盔蟹科	Corystidae	显著琼娜蟹	*Jonas distincta* (de Haan)
150	瓷蟹科	Porcellamidae	绒毛细足蟹	*Raphidopus ciliatus*
151	关公蟹科	Dorippidae	端正关公蟹	*Dorippe polita*
152	玉蟹科	Leucosiidae	七刺栗壳蟹	*Arcania heptacantha*
153	玉蟹科	Leucosiidae	钝额玉蟹	*Leucosia obtusifroms*
154	寄居蟹科	Paguridae	寄居蟹属一种	*Pagurus* sp.
155	馒头蟹科	Calappidae	红线黎明蟹	*Matuta planipes*
156	梭子蟹科	Portunidae	细点圆趾蟹	*Oralipes punctatus*
157	瓷蟹科	Porcellanidae	锯额豆瓷蟹	*Pisidia serratifrons*
158	长脚蟹科	Goneplacidae	泥脚隆背蟹	*Carcinoplax vestitus*
159	长脚蟹科	Goneplacidae	隆线强蟹	*Eucrate crenata*

序号	科中名	科拉丁名	种中名	种拉丁名
			甲壳类	
160	巨蟹科	Pinnotheridae	中型三强蟹	*Tritodynamia intermedia*
161	藻虾科	Hippolytidae	安乐虾属一种	*Eualus* sp.
162	管鞭虾科	Solenoceridae	中华管鞭虾	*Solenocera sinensis*
163	藻虾科	Hippolytidae	鞭腕虾	*Hippolysmata vittata*
164	长眼虾科	Ogyridae	纹尾长眼虾	*Ogyrides striaticauda*
165	对虾科	Penaeidae	戴氏赤虾	*Metapenaeopsis dalei*
166	对虾科	Penaeidae	周氏新对虾	*Metapenaeus joyneri*
167	对虾科	Penaeidae	细巧仿对虾	*Parapenaeopsis tenellus*
168	对虾科	Penaeidae	刀额仿对虾	*Parapenaeopsis cultrirostris*
169	巨吻蜘蛛科	Pycnogonida	巨吻蜘蛛	*Colossendeis*
170	（异足目）	Anisopoda	未定种	Anomura
171	（短尾类）	Branchvura	蟹（幼体）	Crab larua
172	钩虾科	Gammaridae	钩虾	*Gammaridae*
			软体动物	
173	塔螺科	Turridae	乳色短口螺	*Brachytoma cf alabaster*
174	塔螺科	Turridae	肋芒果螺	*Mangelia costulata*
175	塔螺科	Turridae	次环塔螺	*Maoridaphne subzonata*
176	塔螺科	Turridae	新石若螺	*Neoguralens* sp.
177	塔螺科	Turridae	代承异管螺	*Paradrillia dainichiensis*
178	塔螺科	Turridae	梅异管螺	*Paradrillia inconstaes* prunulum
179	塔螺科	Turridae	亚耳克拉螺	*Etrema subauriformis*
180	塔螺科	Turridae	斑痕光肋螺	*Tompleura cicatrigula*
181	塔螺科	Turridae	蕾形拟塔螺	*Turricula gemmulaeformis*
182	塔螺科	Turridae	假奈拟塔螺	*Turridrupa nelliae* spurius
183	塔螺科	Turridae	紫端腹螺	*Etrema texta*
184	塔螺科	Turridae	腹螺属	*Etrema* sp.
185	塔螺科	Turridae	玛丽亚光螺	*Eulima maria*
186	塔螺科	Turridae		*Comitas minigranulus*
187	塔螺科	Turridae	齿舌精致螺	*Cythareopsis radulina*
188	塔螺科	Turridae	克珲蕾螺	*Gemmula koolhoveni*
189	塔螺科	Turridae	细肋蕾螺	*Gemmula deshayesii*
190	塔螺科	Turridae	棕色裁判螺	*Inquisitor chocolatus*
191	塔螺科	Turridae	假主棒螺	*Inquisitor pseudoprinciplis*
192	塔螺科	Turridae	白龙骨乐巨螺	*Lophiotoma leucotropis*

序号	科中名	科拉丁名	种中名	种拉丁名
			软体动物	
193	塔螺科	Turridae	异管螺	*Paradrillia melvilli*
194	塔螺科	Turridae	传代异管螺	*Paradrillia patruelis*
195	塔螺科	Turridae	拟桂螺属一种	*Pseudoduphnella* sp.
196	塔螺科	Turridae	隐层螺属一种	*Pulsarella* sp.
197	塔螺科	Turridae	爪哇拟塔螺	*Turricula javana*
198	塔螺科	Turridae	软体动物	*Splendrillia* sp.
199	塔螺科	Turridae	尖肋螺属一种	*Tompleura* sp.
200	塔螺科	Turridae	波塔螺	*Turridrupa bijubata*
201	塔螺科	Turridae	毛刺桂螺	*Veprecula gracilispira*
202	塔螺科	Turridae	稀肋桂螺	*Veprecula vacillata*
203	塔螺科	Turridae	弯曲腹螺	*Etrema streptonota*
204	小塔螺科	Pyramidellidae	多旋红泽螺	*Chemnitzia multigyar*
205	小塔螺科	Pyramidellidae	金螺属一种	*Mormura* sp.
206	小塔螺科	Pyramidellidae	双带棒形螺	*Bacteridium vittatum*
207	小塔螺科	Pyramidellidae		*Chemnitzia* sp.
208	小塔螺科	Pyramidellidae	长塔螺属一种	*Longchaeus* sp.
209	小塔螺科	Pyramidellidae	笋金螺	*Mormula terebra*
210	小塔螺科	Pyramidellidae		*Syrnoda cinnamomea*
211	小塔螺科	Pyramilellidae		*Actaeopyramis pareximia*
212	小塔螺科	Pyramilellidae	微角齿口螺	*Odostomia subuangulata*
213	小塔螺科	Pyramilellidae	方尖塔螺属一种	*Tiberia ebarana*（Yokoyama）
214	梯螺科	Epitoniidae	横山薄梯螺	*Papyriscala yokoyama*
215	梯螺科	Epitonidae		*Amea* sp.
216	梯螺科	Epitoniidae	耳梯螺	*Depressiscala aurita*
217	梯螺科	Epitoniidae	日本海狮螺	*Spiniscala japonica*
218	梯螺科	Epitoniidae	海狮螺属一种	*Spiniscala* sp.
219	织纹螺科	Nassariidae	秀丽织纹螺	*Nassarius festivus* Powys
220	织纹螺科	Nassariidae	半褶织纹螺	*Nassarius semiplicatus*
221	织纹螺科	Nassariidae	织纹螺	*Nassarius* sp.
222	织纹螺科	Nassariidae	红带织纹螺	*Nassarius succinctus*（A. Adams）
223	织纹螺科	Nassariidae	西格织纹螺	*Nassarius siquijorensis*
224	织纹螺科	Nassariidae	纵肋细纹螺	*Nassarius variciferus*（Adams）
225	织纹螺科	Nassariidae	雕刻织纹螺	*Nassarius*（*Zeuxis Caelatus*）
226	织纹螺科	Nassariidae	细雕织纹螺	*Nassarius*（*Zeuxis*）*siquinjorensis*

续表

序号	科中名	科拉丁名	种中名	种拉丁名
			软体动物	
227	织纹螺科	Nassariidae	织纹螺属一种	Nassarius (Zeuxis) sp.
228	笋螺科	Terebridae	粒笋螺	Terebra pereoa
229	笋螺科	Terebridae	笋螺	Terebra bellanodosa
230	笋螺科	Terebridae	笋螺	Terebra nitida
231	笋螺科	Terebridae	白带笋螺	Terebra dussumieri
232	笋螺科	Terebridae		Noditenebra kirai Ogama
233	笋螺科	Terebridae	笋螺属一种	Terebra sp.
234	笋螺科	Terebridae	笋螺	Terebra venilia
235	马蹄螺科	Trochidae	兄弟丽口螺	Tristichotrochus consors
236	马蹄螺科	Trochidae	项链螺属一种	Monilea sp.
237	马蹄螺科	Trochidae	单齿螺属一种	Monodonta sp.
238	马蹄螺科	Trochidae	未定种	
239	吻状蛤科	Nuculanidae	薄云母蛤	Yoldia similis
240	吻状蛤科	Nuculanidae	小囊蛤属一种	Saccella sp.
241	吻状蛤科	Nuculanidae	吻状蛤属一种	Nuculana sp.
242	樱蛤科	Tellimidae	樱蛤	Angulus sp.
243	樱蛤科	Tellimidae	彩虹明樱蛤	Moerella iridescens
244	樱蛤科	Tellimidae	江户明樱蛤	Moerella jedoensis (Lischke)
245	樱蛤科	Tellimidae	樱蛤	Moerella sp.
246	樱蛤科	Tellimidae	虹光亮樱蛤	Nitidotellina iridella (Martens)
247	樱蛤科	Tellimidae	小亮樱蛤	Nitidotellina minuta (Lischke)
248	贻贝科	Mytilidae	偏顶蛤属一种	Modiolus sp.
249	贻贝科	Mytilidae	贻贝	Mytilus edulis Linnaeus
250	贻贝科	Mytilidae	(幼体)	Mytilidae laroae
251	光滑角贝科	Laevidentaliidae	肋变角贝	Dentalium octangulaatum
252	光滑角贝科	Laevidentaliidae	胶州湾角贝	Episiphon kiaochowwanense
253	光滑角贝科	Laevidentaliidae	角贝	Episiphon sp.
254	核螺科	Pyrenidae	丽核螺	Mitrella bella (Reeve)
255	核螺科	Pyrenidae	布尔小笔螺	Mitrella burcharde
256	核螺科	Pyrenidae	核螺属一种	Mitrella (Indomitrella) yabei (Nomura)
257	双带蛤科	Semelidae	理蛤	Theora late (Hinds)
258	双带蛤科	Semelidae	滑理蛤	Theora lubrica Gould
259	玉螺科	Naticidae	扁玉螺	Neverita didyma (Roding)
260	玉螺科	Naticidae	玉螺属一种	Natica sp.

序号	科中名	科拉丁名	种中名	种拉丁名
			软体动物	
261	三叉螺科	Triolidae	圆筒原核螺	*Eocylichna cylindrella*
262	红带螺科	Fasciolariidae	长旋螺	*Fusinus salisburyi*
263	壳蛞蝓科	Philinidae	壳蛞蝓	*Philine* sp.
264	露齿螺科	Ringiculidae	耳口露齿螺	*Ringicula (Ringiculina) doliaris*
265	缝栖蛤科	Hiatellidae	东方缝栖蛤	*Hiatella orientalis*
266	蹄蛤科	Ungulinidae	津知圆蛤	*Cycladicama tsuchii*
267	蓝蛤科	Aliodidae	黑龙江河蓝蛤	*Potamocorbula amurensis*
268	蓝蛤科	Aliodidae	光滑河蓝蛤	Potamocorbula laevis
269	海笋科	Pholadidae	未定种	
270	帘蛤科	Veneridae	凸镜蛤	*Dosinia (Sinodia) derupta*
271	牙螺科	Columbellidae	未定种	
272	竹蛏科	Solenidae	短竹蛏	*Solen dunkerianus* Clessin
273	蚬科	Corbiculidae	刻纹蚬蛤	*Corbicula largillierti*（Philippi）
274	锥螺科	Turridae	拟腹螺	*Pseudotrema fortilirata* Smith
275	蛾螺科	Buccinidae	褶纺锤螺	*Plicifusus* sp.
276	缢蛏科	Seolenidae	缢蛏	*Sinonovacula constricta*
277	骨螺科	Muricidae	鹬头螺属一种	*Haustellum* sp.
278	囊螺科	Retusidae	碗梨螺	*Pyrunculus phialus*（A. Adams）
279	囊螺科	Retusidae	婆罗囊螺	*Retusa boenensis*
280	芋螺科	Conidae	假欧氏芋螺	*Conus pseudorbignyi*
281	笔螺科	Mitridae	笔螺属一种	*Mitra* sp.
282	钥孔虫戚科	Fissidentalium	枝沟角贝	*Striodentalium rhabdotum*
283	衲螺科	Cancellariidae	白带三角口螺	*Trigonaphera bocageama*
284	塔螺科	Turridae	黄短口螺	*Brachytoma flavidula*
285	塔螺科	Turridae	假主棒螺	*Crassispira pseudopriciplis*
286	阿地螺科	Atyidae	泥螺	*Bullacta exarata*
287	海兔科	Aplysiidae	海兔	*Aplysia* sp.
288	枪乌贼科	Lologinidea	火枪乌贼	*Loligo beka*
289	刀蛏科	Cultellidae	小荚蛏	*Siliquc minina* Gmelin
290	刀蛏科	Cultellidae	小刀蛏	*Cuuellus attennatus* Dunker
291	骨螺科	Murvcidae	脉红螺	*Rapana venosa*
292	非洲大蜗牛科	Achatinidae		*Aclis angulifera*
293	左锥螺科	Triphoridae	王子左锥螺	*Tetraphora princeps*
294		Gostropoda	未定种	

序号	科中名	科拉丁名	种中名	种拉丁名
			鱼类	
295	虾虎鱼科	Gobiidae	蝌蚪虾虎鱼	*Lophiogobius ocellicauda*
296	虾虎鱼科	Gobiidae	阿匍虾虎鱼	*Aboma* sp.
297	虾虎鱼科	Gobiidae	复虾虎鱼	*Synechogobius* sp.
298	鳗虾虎鱼科	Taenioididae	钟馗鰕虎鱼	*Triaenopogon barbatus*
299	鳗虾虎鱼科	Taenioididae	六丝矛尾鰕虎鱼	*Chaeturichthys hexanema*
300	鳗虾虎鱼科	Taenioididae	矛尾鰕虎鱼	*Chaeturichthys stigmatias*
301	鳗虾虎鱼科	Taenioididae	大鳞孔鰕虎鱼	*Trypauchen taenia*
302	鳗虾虎鱼科	Taenioididae	中华栉孔虾虎鱼	*Ctenotrypauchen chinensis*
303	鳗虾虎鱼科	Taenioididae	红狼牙虾虎鱼	*Odontamblyopus rubicundus*
304	鳗虾虎鱼科	Taenioididae	孔虾虎鱼	*Trypauchen vagina*
305	鳗虾虎鱼科	Taenioididae	虾虎鱼	*Odontamblyopus* sp.
306	鳀科	Engraulidae	黄鲫	*Setipinna taty*
307	鳀科	Engraulidae	凤鲚	*Coilia mystus*
308	狗头鱼科	Synodontidae	龙头鱼	*Harpodon nehereus*
309	石首鱼科	Sciaenidae	皮氏叫姑鱼	*Johnius belengerii*
310	石首鱼科	Sciaenidae	棘头梅童鱼	*Collichthys lucidus*
311	石首鱼科	Sciaenidae	黑鳃梅童鱼	*Collichthys niveatus*
312	鲳科	Stromateidae	银鲳	*Stromateus argenteus*
313	鲂鮄科	Triglidae	红娘鱼属一种	*Lepidotrigla* sp.
314	鳀科	Engraulidae	鳀	*Engraulis japonicus*
315	梭子蟹科	Portunidae	双斑蟳	*Charybdis bimaculata*
316	梭子蟹科	Portunidae	美人蟳	*Charybdis callianassa*
317	梭子蟹科	Portunidae	日本蟳	*Charybdis japonica*
318	海鲇科	Ariidae	中华海鲇	*Arius sinensis*
319	舌鳎科	Cynoglossidae	半滑舌鳎	*Cynoglossus semilaevis*
320	舌鳎科	Cynoglossidae	三线舌鳎	*Cynoglossus* sp.
321	舌鳎科	Cynoglossidae	窄体舌鳎	*Cynoglossus gracilis*
322	鳗鲡科	Anguillidae	鳗鲡	*Anguilla* sp.
			其他类群	
323	螠形动物门	Bonelliidae	未定种	*Bonelliidae*
324	纽虫动物门	Nemertinea	未定种	*Nemertinea*
325	腔肠沙箸科	Virgulariidae	沙箸	*Virgularia* sp.
326	海仙人掌科	Cavernulariidae	海仙人掌	*Carernularia* sp.
327	腔肠动物门	Actiniaria	海葵目一种	*Actiniaria*
328	蠕虫	Vermes	未定种	*Vermes*
329	扁虫	Polycladida	未定种	*Polycladida*

附录 4
基于本研究的主要论著

蔡文倩，刘录三，孟伟，等．2012a．AMBI 方法评价环渤海潮间带底栖生态质量的适用性．环境科学学报，32（4）：992-1000．

蔡文倩，刘录三，乔飞，等．2012b，渤海湾大型底栖生物群落结构变化及原因探讨．环境科学，33（9）：161-166．

贾海波，胡颢琰，唐静亮，等．2011．长江口及其邻近海域表层沉积物中重金属含量对大型底栖生物的影响．海洋环境科学，30（6）：809-813．

贾海波，胡颢琰，唐静亮，等．2011．陆源有机污染对舟山海域底栖生物分布的影响．中国环境监测，27（5）：65-69．

贾海波，胡颢琰，唐静亮，等．2011．浙江南海近岸海域大型底栖动物生态．台湾海峡，30（4）：585-590．

贾海波，胡颢琰，唐静亮，等．2012．2009 年春季舟山海域大型底栖生物群落结构的生态特征．海洋学研究，30（1）：27-33．

李新正，刘录三，李宝泉，等．2010．中国海洋大型底栖生物——研究与实践．北京：海洋出版社．

刘录三，李子成，周娟，等．2011．长江口及其邻近海域赤潮时空分布研究．环境科学，32（9）：2497-2504．

刘录三，郑丙辉，李宝泉，等．2012．长江口大型底栖动物群落的演变过程及原因研究．海洋学报，34（3）：134-145．

刘录三，郑丙辉，孟伟，等．2011．基于自然地理特征的长江口水域分区．生态学报，31（17）：5042-5054．

王益鸣，吴烨飞，王键，等．2011．长江口柱状沉积物中氮的形态特征研究．海洋学研究，29（3）：194-201．

王益鸣，张立，柴小平，等．2011．2001 年以来浙江近岸海域环境功能区达标趋势分析．中国环境监测，28（3）：63-67．

郑丙辉，周娟，刘录三，等．2013a．长江口及邻近海域富营养化指标参照状态的初步确定——原因变量．生态学报，33（9）．

郑丙辉，朱延忠，刘录三，等．2013b．长江口及邻近海域富营养化指标参照状态的初步确定——响应变量．生态学报，33（9）．

朱延忠, 刘录三, 郑丙辉, 等. 2011. 春季长江口及毗邻海域浮游动物空间分布及与环境因子的关系. 海洋科学, 35 (1): 59-65.

Liu Lusan, Zheng Binghui. 2010. Secondary production of macrobenthos in the Yangtze River estuary and its adjacent waters. Chin. J. Appl. Environ. Biol. , 16 (5): 667-671.

Liu Lusan, Zhou Juan, Zheng Binghui, et al. 2013. Temporal and spatial distribution of red tide outbreaks in Yangtze River estuary and adjacent waters, China. Marine Pollution Bulletin, In press.

Meng Wei, Liu Lusan. 2010. On approaches of estuarine ecosystems health studies. Estuarine, Coastal and Shelf Science, 86: 313-316.

Wenqian Cai, Ángel Borja, Lusan Liu, et al. 2013. Assessing benthic health under multiple human pressures in Bohai Bay (China), using AMBI and M-AMBI. Marine Ecology, In press.